大学数学入門編

# 初めから解ける 演習 線形代数

■ キャンパス・ゼミ ■

大学数学を楽しく練習できる演習書！

馬場敬之

MATHEMA

マセマ出版社

# はじめに

みなさん，こんにちは。マセマの**馬場敬之(けいし)**です。既刊の『**初めから学べる 線形代数キャンパス・ゼミ**』は多くの読者の皆様のご支持を頂いて，**大学数学入門編のための教育のスタンダードな参考書**として定着してきているようです。そして，マセマには連日のように，この『初めから学べる 線形代数キャンパス・ゼミ』で養った実力をより確実なものとするための『**演習書(問題集)**』が欲しいとのご意見が寄せられてきました。このご要望にお応えするため，新たに，この『**初めから解ける 演習 線形代数キャンパス・ゼミ**』を上梓することができて，心より嬉しく思っています。

**推薦入試**や**AO入試**など，本格的な大学受験の洗礼を受けることなく大学に進学して，大学の**線形代数**の講義を受けなければならない皆さんにとって，その基礎学力を鍛えるために**問題練習は欠かせません。**

この『**初めから解ける 演習 線形代数キャンパス・ゼミ**』は，そのための**最適な演習書**と言えます。

ここで，まず本書の特徴を紹介しておきましょう。

●『初めから学べる 線形代数キャンパス・ゼミ』に準拠して全体を3章に分け，各章毎に，解法のパターンが一目で分かるように，(*methods & formulae*)(要項)を設けている。

●マセマオリジナルの頻出典型の演習問題を，各章毎に**分かりやすく体系立てて配置**している。

●各演習問題には(ヒント)を設けて解法の糸口を示し，また(解答＆解説)では，定評あるマセマ流の読者の目線に立った**親切で分かりやすい解説**で明快に解き明かしている。

● **2色刷り**の美しい構成で，読者の理解を助けるため**図解も豊富**に掲載している。

さらに，本書の具体的な利用法についても紹介しておきましょう。

●まず，各章毎に，(*methods & formulae*)(要項)と演習問題を一度**流し読み**して，学ぶべき内容の全体像を押さえる。

●次に，(*methods & formulae*)(要項)を**精読**して，公式や定理それに解法パターンを頭に入れる。そして，各演習問題の(解答 & 解説)を見ずに，問題文と(ヒント)のみを読んで，**自分なりの解答**を考える。

●その後，(解答 & 解説)をよく読んで，自分の解答と比較してみる。そして間違っている場合は，**どこにミスがあったかをよく検討**する。

●後日，また(解答 & 解説)を見ずに**再チャレンジ**する。

●そして，問題がスラスラ解けるようになるまで，何度でも納得がいくまで**反復練習**する。

以上の流れに従って練習していけば，大学の線形代数の基本を確実にマスターできますので，**線形代数の講義にも自信をもって臨める**ようになります。また，易しい問題であれば，**十分に解きこなすだけの実力**も身につけることができます。どう？やる気が湧いてきたでしょう？

この『**初めから解ける 演習 線形代数キャンパス・ゼミ**』では，“**複素指数・対数関数**”や“**固有値・固有ベクトル**”や“**実2次・3次正方行列の対角化**”，さらに，“**行列式の計算**”や“**複素3次正方行列の対角化**”など，高校数学では扱わない分野でも，**大学数学で重要なテーマの問題は積極的に掲載**しています。したがって，これで確実に**高校数学から大学数学へステップアップ**していけます。

この演習書で，読者の皆様が，大学の線形代数の面白さに目覚め，さらに楽しみながら実力を身に付けて行かれることを願ってやみません。この演習書が，これからの皆様の数学学習の**良きパートナーとなる**ことを期待しています。

**マセマ代表　馬場 敬之(けいし)**

この演習書は読者の皆様により親しみをもって頂けるように「演習 大学基礎数学 線形代数キャンパス・ゼミ」のタイトルを変更したものです。新たに，補充問題として，空間ベクトルの外積の問題を加えました。

# ◆ 目 次 ◆

## 講義1 複素数平面



## 講義2 行列と1次変換［線形代数入門（I）］

講　義　Lecture 1　複素数平面　methods & formulae

## § 1.　複素数平面の基本

“**複素数**” $\alpha = a + bi$ と，その “**共役複素数**（きょうやく）” $\overline{\alpha}$ の定義を下に示す。

### 複素数の定義

一般に複素数 $\alpha$ は次の形で表される。

$\alpha = a + bi$　（$a$，$b$ : 実数，$i$ : 虚数単位 $(i^2 = -1)$）

（$a$：実部，$bi$：虚部）

ここで，$\begin{cases} a \text{ は，} \alpha \text{ の “実部”} \\ b \text{ は，} \alpha \text{ の “虚部”} \end{cases}$　と呼び，

$a = \mathrm{Re}(\alpha)$，$b = \mathrm{Im}(\alpha)$　と表す。

また，複素数 $\alpha = a + bi$ に対して “**共役複素数**（きょうやく）”

$\overline{\alpha}$ は，$\overline{\alpha} = a - bi$　で定義される。

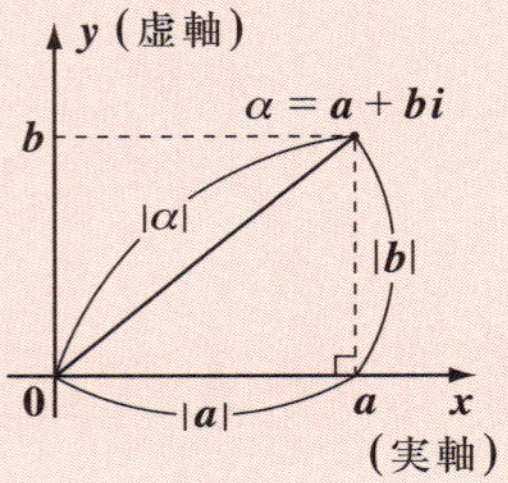


一般に，複素数 $\alpha = a + bi$ について，

（i）$b = 0$ のとき，$\alpha = a$ となって “**実数**” となる。

（ii）$a = 0$ $(b \neq 0)$ のとき，$\alpha = bi$ となる。これを “**純虚数**（じゅんきょすう）” という。

次に，2つの複素数 $\alpha$，$\beta$ の相等と，四則計算の公式を示す。

### 複素数の計算公式

$\alpha = a + bi$，$\beta = c + di$　（$a$，$b$，$c$，$d$ : 実数，$i$ : 虚数単位）のとき，

$\alpha$ と $\beta$ の相等と四則演算を次のように定義する。

(1) 相等 : $\alpha = \beta \iff a = c$ かつ $b = d$　←（実部同士，虚部同士が等しい。）

(2) 和　: $\alpha + \beta = (a + c) + (b + d)i$

(3) 差　: $\alpha - \beta = (a - c) + (b - d)i$

(4) 積　: $\alpha \cdot \beta = (ac - bd) + (ad + bc)i$

(5) 商　: $\dfrac{\alpha}{\beta} = \dfrac{ac + bd}{c^2 + d^2} + \dfrac{bc - ad}{c^2 + d^2}i$　（ただし，$\beta \neq 0$）

$\alpha = a + bi$ ($a, b$ : 実数) のとき，$\alpha$ の**絶対値** $|\alpha|$ を $|\alpha| = \sqrt{a^2 + b^2}$ で定義する。これは，原点 $0$ と点 $\alpha$ との距離を表す。

## $\alpha$，$\overline{\alpha}$，絶対値の公式

複素数 $\alpha$ について，次の公式が成り立つ。

(1) $|\alpha| = |\overline{\alpha}| = |-\alpha| = |-\overline{\alpha}|$

4 点 $\alpha$，$\overline{\alpha}$，$-\alpha$，$-\overline{\alpha}$ の原点からの距離はすべて等しい。

(2) $|\alpha|^2 = \alpha\overline{\alpha}$

複素数の絶対値の 2 乗は，この公式を使って展開する。

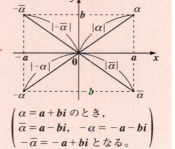

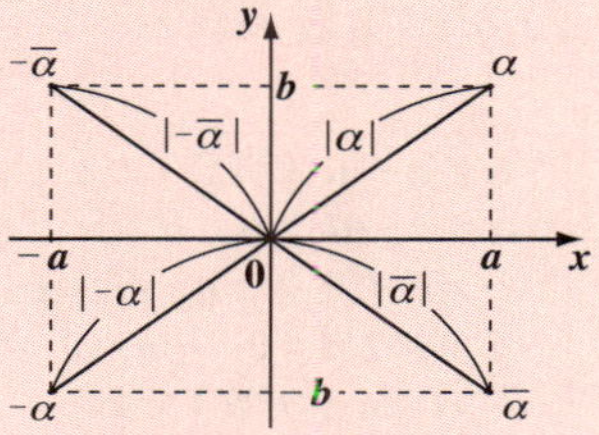


($\alpha = a + bi$ のとき，$\overline{\alpha} = a - bi$，$-\alpha = -a - bi$，$-\overline{\alpha} = -a + bi$ となる。)

2 つの複素数 $\alpha$，$\beta$ の共役複素数と絶対値の公式を下に示す。

## $\alpha$，$\beta$ の共役複素数と絶対値の性質

(Ⅰ) 共役複素数の性質

(1) $\overline{\alpha + \beta} = \overline{\alpha} + \overline{\beta}$　　(2) $\overline{\alpha - \beta} = \overline{\alpha} - \overline{\beta}$

(3) $\overline{\alpha \cdot \beta} = \overline{\alpha} \cdot \overline{\beta}$　　(4) $\overline{\left(\dfrac{\alpha}{\beta}\right)} = \dfrac{\overline{\alpha}}{\overline{\beta}}$ ($\beta \neq 0$)

(Ⅱ) 絶対値の性質

(1) $|\alpha \cdot \beta| = |\alpha| \cdot |\beta|$　　(2) $\left|\dfrac{\alpha}{\beta}\right| = \dfrac{|\alpha|}{|\beta|}$ ($\beta \neq 0$)

(3) $|\alpha| - |\beta| \leqq |\alpha + \beta| \leqq |\alpha| + |\beta|$

絶対値は実数だから，大小関係が存在する。

この公式は，図形的に証明できる。

(ex) $\alpha = 2 - 3i$，$\beta = 3 + 2i$ のとき，$\overline{\alpha} = 2 + 3i$，$\overline{\beta} = 3 - 2i$ より，

$$\overline{\left(\frac{\alpha}{\beta}\right)} = \frac{\overline{\alpha}}{\overline{\beta}} = \frac{2 + 3i}{3 - 2i} = \frac{(2 + 3i)(3 + 2i)}{(3 - 2i)(3 + 2i)}$$

分子・分母に $3 + 2i$ をかけた。

$$= \frac{6 + 4i + 9i + 6 \cdot i^2}{9 - 4 \cdot i^2} = \frac{13i}{13} = i$$ となる。

($i^2 = -1$)

次に，複素数$\alpha$の(i)実数条件と(ii)純虚数条件を下に示す。

## 複素数の実数条件，純虚数条件

複素数$\alpha = a + bi$について，

(i) $\alpha$が実数 $\Leftrightarrow$ $\alpha = \overline{\alpha}$

- $\alpha = a + 0i$（実数）のとき，$\overline{\alpha} = a - 0i$より，$\alpha = \overline{\alpha}$となる。
- $\alpha = \overline{\alpha}$のとき，$a + bi = a - bi$より，$2bi = 0$　$b = 0$
  $\therefore \alpha = a$（実数）である。

(ii) $\alpha$が純虚数 $\Leftrightarrow$ $\alpha + \overline{\alpha} = 0$，かつ$\alpha \neq 0$

- $\alpha = 0 + bi\ (b \neq 0)$のとき，$\alpha + \overline{\alpha} = 0 + bi + 0 - bi = 0$となる。
- $\alpha + \overline{\alpha} = 0$のとき，$a + bi + a - bi = 0$より，$2a = 0$　$a = 0$
  $\therefore \alpha = bi\ (b \neq 0)$（純虚数）である。

一般に，複素数$z = a + bi$ ($a$, $b$：実数)は次のように"**極形式**(きょくけいしき)"で表される。

## 複素数の極形式

$z = 0$を除く複素数$z = a + bi$ ($a$，$b$：実数)は，

絶対値$|z| = r$とおき，また
**偏角**(へんかく) $\arg z = \theta$とおくと，

"アーギュメント$z$"と読む。
実軸($x$軸)の正の向きと線分$0z$のなす角のこと

極形式 $z = r(\cos\theta + i\sin\theta)$ で表せる。

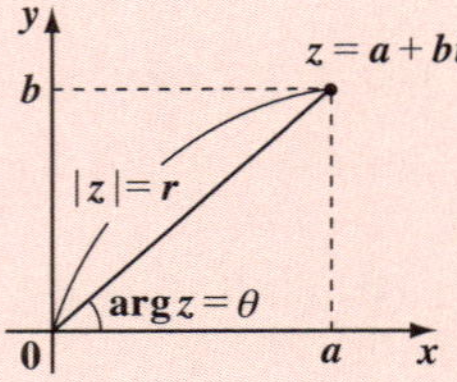


オイラーの公式：$e^{i\theta} = \cos\theta + i\sin\theta$ より，極形式は $z = r \cdot e^{i\theta}$ とも表せる。

## 極形式表示の複素数の積と商

$z_1 = r_1(\cos\theta_1 + i\sin\theta_1)$，$z_2 = r_2(\cos\theta_2 + i\sin\theta_2)$のとき，

(1) $z_1 z_2 = r_1 r_2\{\cos(\theta_1 + \theta_2) + i\sin(\theta_1 + \theta_2)\}$ ← 複素数同士の"かけ算"では，偏角は"たし算"になる。

(2) $\dfrac{z_1}{z_2} = \dfrac{r_1}{r_2}\{\cos(\theta_1 - \theta_2) + i\sin(\theta_1 - \theta_2)\}$ ← 複素数同士の"わり算"では，偏角は"引き算"になる。

これらの公式も，$z_1 = r_1 e^{i\theta_1}$，$z_2 = r_2 e^{i\theta_2}$のとき，

(1) $z_1 z_2 = r_1 r_2 e^{i(\theta_1+\theta_2)}$, (2) $\dfrac{z_1}{z_2} = \dfrac{r_1}{r_2} e^{i(\theta_1-\theta_2)}$ と簡潔に表せる。

次に，ド・モアブルの定理と複素数の指数法則を示す。

**ド・モアブルの定理**

$(\cos\theta + i\sin\theta)^n = \cos n\theta + i\sin n\theta$ $[(e^{i\theta})^n = e^{in\theta}]$ ($n$：整数)

**複素数の指数法則**

(1) $z^0 = 1$　(2) $z^m \times z^n = z^{m+n}$　(3) $(z^m)^n = z^{m\times n}$

(4) $(z\times w)^m = z^m \times w^m$　(5) $\dfrac{z^m}{z^n} = z^{m-n}$　(6) $\left(\dfrac{z}{w}\right)^m = \dfrac{z^m}{w^m}$

(ただし，$z$，$w$：複素数 ((5)では $z \neq 0$，(6)では $w \neq 0$)，$m$，$n$：整数)

## §2. 複素数と平面図形

**内分点・外分点の公式**

(Ⅰ) 点 $\gamma$ が 2 点 $\alpha$，$\beta$ を結ぶ線分を $m:n$ の比に内分するとき，$\gamma = \dfrac{n\alpha + m\beta}{m+n}$

(点 $\gamma$ が，2 点 $\alpha$，$\beta$ を結ぶ線分を $t:1-t$ の比に内分するとき，$\gamma = (1-t)\alpha + t\beta$)

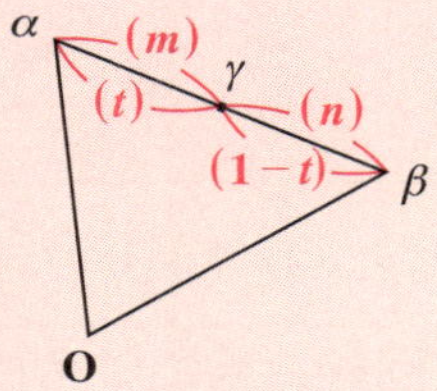


特に，点 $\gamma$ が，2 点 $\alpha$，$\beta$ を結ぶ線分の中点のとき，$\gamma = \dfrac{\alpha+\beta}{2}$ となる。

(Ⅱ) 3 点 $\alpha$，$\beta$，$\gamma$ でできる $\triangle\alpha\beta\gamma$ の重心を $\delta$ とおくと，$\delta = \dfrac{1}{3}(\alpha+\beta+\gamma)$ となる。

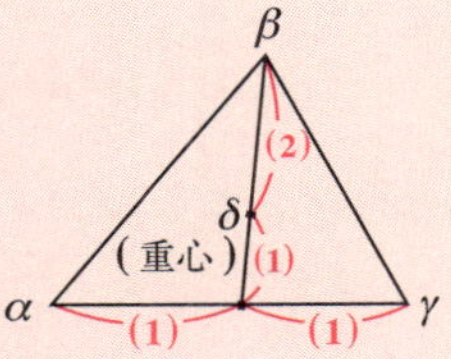


(Ⅲ) 点 $\gamma$ が，2 点 $\alpha$，$\beta$ を結ぶ線分を $m:n$ の比に外分するとき，

$\gamma = \dfrac{-n\alpha + m\beta}{m-n}$ となる。

(ⅰ) $m > n$ のとき

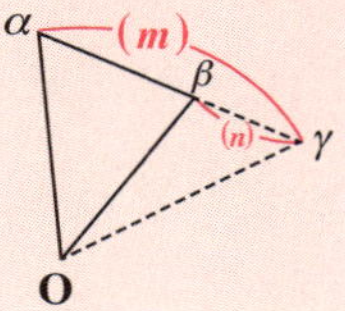


(ⅱ) $m < n$ のとき

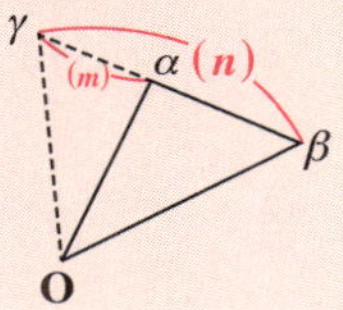

次に，円の方程式，および円と直線の方程式を示す。

## 円の方程式

$|z-\alpha|=r$

$\begin{pmatrix} z,\ \alpha：複素数 \\ r：正の実数 \end{pmatrix}$

$(\alpha：中心,\ r：半径)$

円のベクトル方程式
$|\overrightarrow{OP}-\overrightarrow{OA}|=r$
とソックリだ。

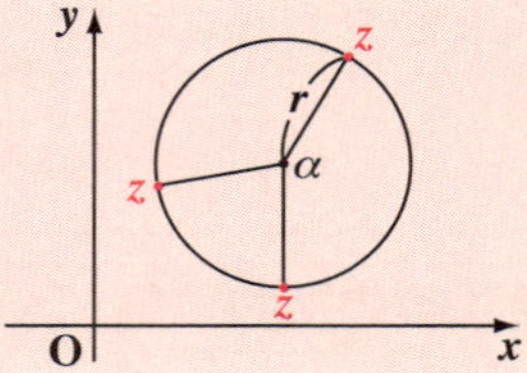


## 円と直線の方程式

$c_1 z\bar{z}+\bar{\alpha}z+\alpha\bar{z}+c_2=0$ ……(*)

(ただし，$z$：複素変数，$\alpha$：複素定数　$c_1$，$c_2$：実定数)

( i ) $c_1=0$ のとき，(*)は直線を表し，

( ii ) $c_1 \neq 0$ のとき，(*)は円を表す。(ただし，円にならない場合もある。)

$c_1 \neq 0$ のとき，(*)の両辺を $c_1$ で割って，$z\bar{z}+\frac{\bar{\alpha}}{c_1}z+\frac{\alpha}{c_1}\bar{z}+\frac{c_2}{c_1}=0$
ここで，$\frac{\bar{\alpha}}{c_1}$，$\frac{\alpha}{c_1}$，$\frac{c_2}{c_1}$ を新たに $\bar{\alpha}$，$\alpha$，$c$ とおけば，円の方程式になるからね。

原点 0 のまわりの回転と相似の合成変換の公式は次のようになる。

## 回転と相似の合成変換 ( I )

$\frac{w}{z}=r(\cos\theta+i\sin\theta)$ ……① $(z\neq 0)$ のとき，

点 $w$ は点 $z$ を原点のまわりに $\theta$ だけ回転して $r$ 倍に拡大(または縮小)したものである。

これを“相似変換”と呼ぶ。

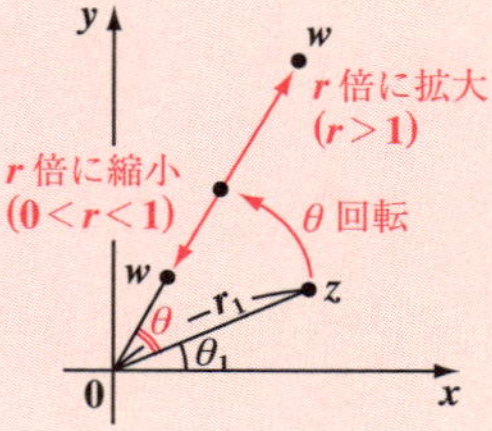


①の公式は，$\frac{w}{z}=re^{i\theta}$ $(z\neq 0)$ と表してもよい。

さらに，原点以外の点 $\alpha$ のまわりの回転と相似の合成変換の公式を示す。

## 回転と相似の合成変換（Ⅱ）

$$\frac{w-\alpha}{z-\alpha}=r(\cos\theta+i\sin\theta)\cdots\cdots② \quad (z\neq\alpha)$$

のとき，点 $w$ は，点 $z$ を点 $\alpha$ のまわりに $\theta$ だけ回転して，$r$ 倍に拡大（または縮小）したものである。

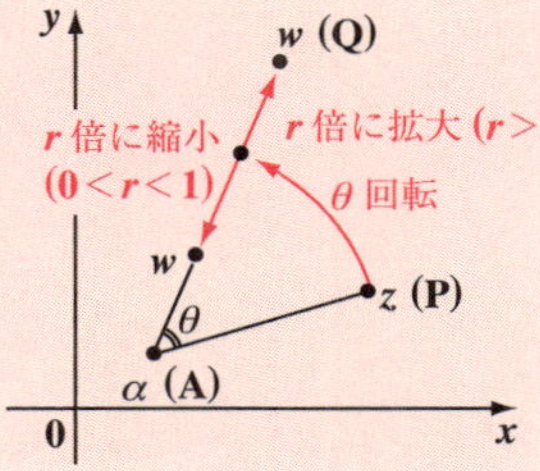


②の公式は，$\dfrac{w-\alpha}{z-\alpha}=re^{i\theta}$ $(z\neq\alpha)$ と表してもよい。

**(ex)** 点 $z=-3-2i$ を点 $\alpha=-1-i$ のまわりに $\dfrac{\pi}{3}$ だけ回転して $2$ 倍に拡大した点 $w$ を求めると，公式②より

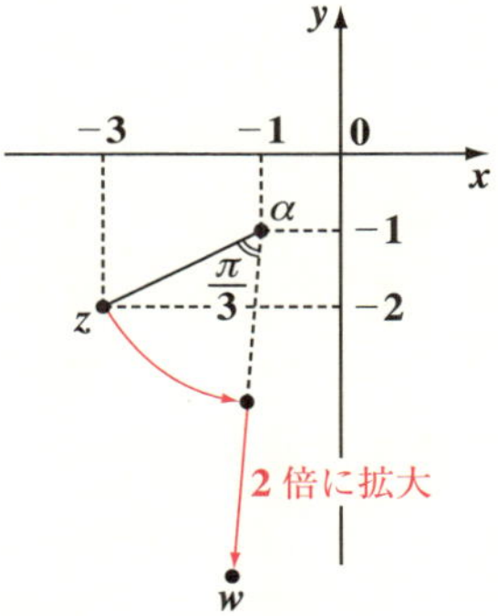


$$\frac{w-\alpha}{z-\alpha}=2e^{i\frac{\pi}{3}}$$

$$w=2\left(\frac{1}{2}+\frac{\sqrt{3}}{2}i\right)(z-\alpha)+\alpha$$

$e^{i\frac{\pi}{3}}=\cos\frac{\pi}{3}+i\sin\frac{\pi}{3}$　　$-3-2i-(-1-i)=-2-i$　　$-1-i$

$$=(1+\sqrt{3}i)(-2-i)-1-i$$

$$=-2-i-2\sqrt{3}i-\sqrt{3}\underset{(-1)}{i^2}-1-i$$

$$=-3+\sqrt{3}-(2+2\sqrt{3})i$$

$\therefore w=-\sqrt{3}(\sqrt{3}-1)-2(1+\sqrt{3})i$ となる。

# §3. 複素指数関数・対数関数

オイラーの公式：$e^{i\theta}=\cos\theta+i\sin\theta$ ……(*) で用いられる定数 $e$ は，ネイピア数と呼ばれ，極限の式：$\lim_{h\to 0}(1+h)^{\frac{1}{h}}=e$ により導かれる。$e$ は，具体的には，$e=2.71828\cdots$ である。

そして，大学数学で(実)指数関数と言えば，$y=e^x$ を表し，(実)対数関数と言えば，$y=\log_e x$ を表す。

底 $e$ を表記せず，$y=\log x$ と表す。(これを自然対数関数という)

一般に，複素関数 $w=f(z)$ に関して，$z=x+iy$，$w=u+iv$ $(x,\ y,\ u,\ v$：実数$)$ とおくと，$w=f(z)$ は，2変数 $x$，$y$ から2変数 $u$，$v$ への関数となる。よって，右図に示すように，複素関数 $w=f(z)$ によって，$xy$ 平面（$z$ 平面）上の図形（点や曲線や領域）は，$uv$ 平面（$w$ 平面）上の図形（点や曲線や領域）に移される。

複素関数 $w=f(z)$ のグラフのイメージ

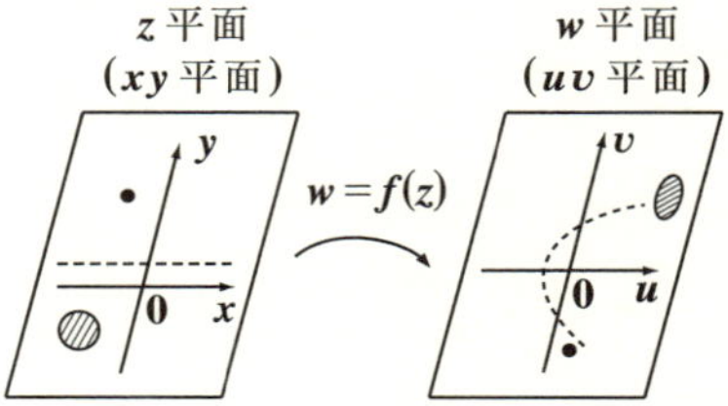


次に，複素指数関数 $w=e^z$ の定義を示す。

**指数関数 $w=e^z$**

複素数 $z=x+iy$ $(x,\ y$：実数$)$ に対して，$e$（ネイピア数）の $z$ 乗を次のように定義する。

$w=e^z=e^{x+iy}=e^x(\cos y+i\sin y)$ ……(**)

$(ex)$ $e^{2+3i}=e^2(\cos 3+i\sin 3)$

次に，複素対数関数 $w=\log z$ と複素自然対数関数の定義を示す。

**対数関数 $w=\log z$**

2つの複素数 $z,\ w$ について，$z=e^w$ の関係があるとき，
$w=\log z$（ただし，$z\neq 0$）と表し，この $\log z$ を複素数 $z$ の"**自然対数**"と呼ぶ。

## 複素自然対数の定義

$z = re^{i\theta}$ $(r > 0)$ のとき，この複素自然対数は

$\log z = \log r + i(\theta + 2n\pi)$ $(n = 0, \pm 1, \pm 2, \cdots)$ となる。

このように，$\log z$ は無数の値を表すので，$\arg z = \theta + 2n\pi$ を特に，$-\pi < \arg z \leqq \pi$ の範囲に制限した，$\log z$ の 1 つの値を主値（しゅち）といい，$\mathrm{Log}\,z$ で表す。

これから，$z = re^{i\theta}$（または，$z = re^{i(\theta+2n\pi)}$）$(-\pi < \theta \leqq \pi)$ のとき，

- 自然対数 $\log z = \log r + i(\theta + 2n\pi)$ $(n$: 整数$)$
- その主値 $\mathrm{Log}\,z = \log r + i\theta$ となる。 ← $n=0$ のときの 1 つの値

(ex) $z = 2e^{\frac{\pi}{4}i}$ のとき，

$$\log z = \log 2 + i\left(\frac{\pi}{4} + 2n\pi\right) \quad (n:\text{整数}),\quad \mathrm{Log}\,z = \log 2 + \frac{\pi}{4}i \text{ である。}$$

## 対数法則

共に 0 でない 2 つの複素数 $z_1$，$z_2$ に対して，次の公式が成り立つ。

(1) $\log z_1 z_2 = \log z_1 + \log z_2$　　(2) $\log \dfrac{z_1}{z_2} = \log z_1 - \log z_2$

さらに，$i^i$ のような複素数のベキ乗について，その定義式を下に示す。

## 複素数のベキ乗

2 つの複素数 $\alpha$，$\beta$ $(\alpha \neq 0)$ について，

$\alpha^\beta = e^{\beta \log \alpha}$ と定義する。

ここで，$\alpha = re^{i\theta}$ $(-\pi < \theta \leqq \pi)$ とすると，

$\alpha^\beta = e^{\beta\{\log r + i(\theta + 2n\pi)\}}$ となる。

（$\log \alpha$ の主値 $\mathrm{Log}\,\alpha$ をとれば，$\alpha^\beta = e^{\beta(\log r + i\theta)}$ となる。）

この定義は，実数 $a$，$b$ $(a > 0)$ のとき成り立つ公式 $a^b = e^{\log a^b} = e^{b \log a}$ を複素数にまで拡張したものだ！

(ex) $i^i = e^{i \log i} = e^{i \cdot \{\log 1 + i(\frac{\pi}{2} + 2n\pi)\}} = e^{-(\frac{\pi}{2} + 2n\pi)} = e^{-\frac{\pi}{2} - 2n\pi}$ $(n$: 整数$)$　（$\log 1 = 0$）

$i = 1 \cdot (0 + 1 \cdot i) = 1 \cdot \left(\cos\dfrac{\pi}{2} + i \sin\dfrac{\pi}{2}\right) = 1 \cdot e^{\frac{\pi}{2}i}$

# 複素数の計算(I)

| 演習問題 1 | CHECK 1 | CHECK 2 | CHECK 3 |
|---|---|---|---|

次の複素数を簡単にせよ。($i$：虚数単位)

(1) $(2+3i)(3-2i)$　　(2) $(\sqrt{3}-3i)\left(3+\frac{1}{\sqrt{3}}i\right)$

(3) $(2+i)(1+2i)(2-i)(1-2i)$　　(4) $(1+i)^6$

(5) $(3-i)^2(2+\sqrt{2}i)^2$　　(6) $\frac{2-4i}{1+i}$

(7) $\frac{(-5+10i)^2}{3+4i}$　　(8) $\frac{3+2i}{1-i}+\frac{3-2i}{1+i}$

(9) $\frac{1+2i}{3+i}-\frac{5-i}{5i}$

**ヒント！** 複素数の計算の基本問題だ。$i^2=-1$ となることを使って，いずれも最終的には $a+bi$ ($a, b$：実数) の形にまとめよう。

## 解答＆解説

(1) $(2+3i)(3-2i)=6-4i+9i-6\cdot \underset{(-1)}{i^2}=6+6+(9-4)i=12+5i$ ………(答)

(2) $(\sqrt{3}-3i)\left(3+\frac{1}{\sqrt{3}}i\right)=3\sqrt{3}+i-9i-\sqrt{3}\underset{(-1)}{i^2}$

$=3\sqrt{3}+\sqrt{3}+(1-9)i=4\sqrt{3}-8i$ ………(答)

(3) $(2+i)(1+2i)(2-i)(1-2i)=(2+i)(2-i)\cdot(1+2i)(1-2i)$

$(2+i)(2-i)=2^2-i^2=4-(-1)$，$(1+2i)(1-2i)=1^2-4i^2=1-4\cdot(-1)$

$=(4+1)\cdot(1+4)=25$ ………(答)

(4) $(1+i)^6=\{(1+i)^2\}^3=(2i)^3=8\cdot i^3=-8i$ ………(答)

$(1+i)^2=1^2+2i+\underset{-1}{i^2}=1+2i-1$，$i^3=i^2\cdot i=-1\cdot i=-i$

(5) $(3-i)^2\cdot(2+\sqrt{2}i)^2=(9-6i+\underset{-1}{i^2})(4+4\sqrt{2}i+2\cdot\underset{(-1)}{i^2})$

$=(8-6i)(2+4\sqrt{2}i)=16+32\sqrt{2}i-12i-24\sqrt{2}\underset{(-1)}{i^2}$

$\therefore (3-i)^2(2+\sqrt{2}i)^2 = 16+24\sqrt{2}+(32\sqrt{2}-12)i$

$= 8(2+3\sqrt{2})+4(8\sqrt{2}-3)i$ ……………………………(答)

(6) $\dfrac{2-4i}{1+i} = \dfrac{(2-4i)(1-i)}{(1+i)(1-i)}$ ← 分子・分母に $(1-i)$ をかけて分母を実数にする。

$(1+i)(1-i) = 1^2-i^2 = 1+1 = 2$

$= \dfrac{\cancel{2}\cdot(1-2i)(1-i)}{\cancel{2}} = (1-2i)(1-i) = 1-i-2i+2\cdot i^2 = -1-3i$ ……(答)

$i^2 = (-1)$

(7) $\dfrac{(-5+10i)^2}{3+4i} = \dfrac{\cancel{25}(-1+2i)^2(3-4i)}{(3+4i)(3-4i)}$ ← 分子・分母に $(3-4i)$ をかけた。

$(-5+10i)^2 = 5^2\cdot(-1+2i)^2$

$(3+4i)(3-4i) = 9-16i^2 = 9+16 = \cancel{25}$

$= (1-4i+4i^2)(3-4i) = -(3+4i)(3-4i)$

$= -(9-16i^2) = -(9+16) = -25$ ……………………………(答)

(8) $\dfrac{3+2i}{1-i}+\dfrac{3-2i}{1+i} = \dfrac{(3+2i)(1+i)+(3-2i)(1-i)}{(1-i)(1+i)}$ ← 通分した。

$(1-i)(1+i) = 1^2-i^2 = 2$

$= \dfrac{1}{2}(3+\cancel{3i}+\cancel{2i}-2+3-\cancel{3i}-\cancel{2i}-2) = \dfrac{1}{2}\times 2 = 1$ ……………………(答)

(9) $\dfrac{1+2i}{3+i}-\dfrac{5-i}{5i} = \dfrac{(1+2i)(3-i)}{(3+i)(3-i)}+\dfrac{i^{\cancel{2}}(5-i)}{5\cancel{i}}$

$(3+i)(3-i) = 9-i^2 = 9+1 = 10$

$= \dfrac{3-i+6i+2}{10}+\dfrac{5i+1}{5} = \dfrac{5+5i}{10}+\dfrac{1+5i}{5}$

$= \dfrac{5+5i+2+10i}{10} = \dfrac{7+15i}{10} = \dfrac{7}{10}+\dfrac{3}{2}i$ ……………………………(答)

# 複素数の計算（Ⅱ）

**演習問題 2** CHECK 1 CHECK 2 CHECK 3

$\alpha = \dfrac{4+3i}{1+2i}$, $\beta = \dfrac{4+3i}{i}$ （$i$：虚数単位）のとき，$\alpha \cdot \overline{\beta}$ と $\dfrac{\beta}{\overline{\alpha}}$ を求め，

$|\alpha \cdot \overline{\beta}|$ と $\left|\dfrac{\beta}{\overline{\alpha}}\right|$ を求めよ。

ヒント！ 共役複素数と絶対値についての基本問題だ。まず，$\alpha$, $\beta$ を $a+bi$ （$a$, $b$：実数）の形にして，正確に計算していこう。

## 解答＆解説

・$\alpha = \dfrac{4+3i}{1+2i} = \dfrac{(4+3i)(1-2i)}{(1+2i)(1-2i)} = \dfrac{4-8i+3i-6\cdot i^2}{5} = \dfrac{10-5i}{5}$

（$i^2 = (-1)$，$(1+2i)(1-2i) = 1^2-4i^2=5$）

$\therefore \alpha = 2-i$ ……①

・$\beta = \dfrac{3i+4}{i} = \dfrac{3i-4\cdot i^2}{i}$

$\therefore \beta = 3-4i$ ……②

①，②より，$\overline{\alpha} = 2+i$ ……①′，　$\overline{\beta} = 3+4i$ ……②′

$z=a+bi$ のとき，$\overline{z}=a-bi$

よって，①，②，①′，②′より，

$\alpha \cdot \overline{\beta} = (2-i)(3+4i) = 6+8i-3i-4i^2 = 10+5i$ ……③ ………………（答）

（$i^2 = (-1)$）

$\dfrac{\beta}{\overline{\alpha}} = \dfrac{3-4i}{2+i} = \dfrac{(3-4i)(2-i)}{(2+i)(2-i)} = \dfrac{6-3i-8i+4i^2}{5}$

（$i^2 = (-1)$，$(2+i)(2-i) = 4-i^2=5$）

$= \dfrac{2}{5} - \dfrac{11}{5}i$ ………………………………………………④ ………………（答）

③，④より，

$|\alpha \cdot \overline{\beta}| = |10+5i| = 5|2+1\cdot i|$

$= 5\sqrt{2^2+1^2} = 5\sqrt{5}$ ………………（答）

$z=a+bi$ のとき，$|z| = \sqrt{a^2+b^2}$

$\left|\dfrac{\beta}{\overline{\alpha}}\right| = \left|\dfrac{2}{5} - \dfrac{11}{5}i\right| = \dfrac{1}{5}|2-11i| = \dfrac{1}{5}\sqrt{2^2+(-11)^2} = \dfrac{5\sqrt{5}}{5} = \sqrt{5}$ …………（答）

（$4+121=125=5^3$）

# 複素数の計算（III）

## 演習問題 3

CHECK 1　CHECK 2　CHECK 3

複素数 $z$ が $z+\frac{1}{z}=2i$ ……① をみたす。このとき，

(i) $z^2+\frac{1}{z^2}$，(ii) $z^3+\frac{1}{z^3}$，(iii) $z^4+\frac{1}{z^4}$，(iv) $z^5+\frac{1}{z^5}$ を求めよ。

ヒント！ (i)は，①の両辺を2乗し，(ii)では，①の両辺を3乗すれば求まる。(iii)，(iv)は，(i)と(ii)の結果を利用しよう。

## 解答＆解説

$z+\frac{1}{z}=2i$ ……① より，　← $z$ の値そのものは求める必要はない！

(i) ①の両辺を2乗して，

$\left(z+\frac{1}{z}\right)^2=(2i)^2$　　$z^2+2\cdot \underbrace{z\cdot\frac{1}{z}}_{1}+\frac{1}{z^2}=-4$

$\therefore z^2+\frac{1}{z^2}=-4-2=-6$ ……② ……………………(答)

(ii) ①の両辺を3乗して，　公式：$(a+b)^3=a^3+3a^2b+3ab^2+b^3$

$\left(z+\frac{1}{z}\right)^3=(2i)^3$　　$z^3+\underbrace{3z^2\cdot\frac{1}{z}+3z\cdot\frac{1}{z^2}}_{3\left(z+\frac{1}{z}\right)=3\cdot 2i\ (①より)}+\frac{1}{z^3}=8\underbrace{i^3}_{-i}$

$\therefore z^3+\frac{1}{z^3}=-8i-6i=-14i$ ……③ ……………………(答)

(iii) ②の両辺を2乗して，

$\left(z^2+\frac{1}{z^2}\right)^2=(-6)^2$　　$z^4+2\cdot \underbrace{z^2\cdot\frac{1}{z^2}}_{1}+\frac{1}{z^4}=36$

$\therefore z^4+\frac{1}{z^4}=36-2=34$ ……………………(答)

(iv) ②×③より，

$\left(z^2+\frac{1}{z^2}\right)\left(z^3+\frac{1}{z^3}\right)=-6\times(-14i)$

$z^5+\underbrace{z+\frac{1}{z}}_{2i}+\frac{1}{z^5}=84i$　　$\therefore z^5+\frac{1}{z^5}=84i-2i=82i$ ……………(答)

# 3次方程式と虚数解(Ⅰ)

演習問題 4　　CHECK 1　CHECK 2　CHECK 3

3次方程式 $x^3+px^2+qx-15=0$ ……① ($p$, $q$：実数定数)が1つの虚数解 $x=2+i$ をもつ。このとき，定数 $p$, $q$ の値を求めて，①のすべての解を求めよ。

ヒント！ 解 $x=2+i$ を①に代入して，$A+Bi=0$ の形にして，$A=0$, $B=0$ (複素数の相等)から $p$, $q$ の値を求めればいい。さらに，別解として，3次方程式の解と係数の関係を用いる解法についても示そう。

## 解答＆解説

$x^3+px^2+qx-15=0$ ……① ($p$, $q$：実数定数) の1つの虚数解が

$x=2+i$ より，これを①に代入して，

$(2+i)^3+p(2+i)^2+q(2+i)-15=0$

$(2+i)^2 = 4+4i+i^2=3+4i$

$(2+i)^3 = (2+i)^2\cdot(2+i)=(3+4i)(2+i)=6+3i+8i+4i^2=2+11i$

$2+11i+p(3+4i)+q(2+i)-15=0$

$3p+2q-13+(4p+q+11)i=0$ より，

$$\begin{cases} 3p+2q-13=0 & \text{……②} \\ 4p+q+11=0 & \text{……③} \end{cases}$$ となる。

複素数の相等：
$A+Bi=0$ ($A$, $B$：定数)
のとき，$A=0$ かつ $B=0$
となる。
($\because A+Bi=0+0i$)

$2\times$③$-$②より，$5p+35=0$　　$\therefore p=-7$ ……④ ………………(答)

④を③に代入して，$-28+q+11=0$　　$\therefore q=17$ ……⑤ ………………(答)

④，⑤を①に代入して，

$x^3-7x^2+17x-15=0$ ……⑥

⑥は実数係数の3次方程式より，$2+i$ が解ならば，この共役複素数 $2-i$ も解となる。よって，⑥の左辺は，

$\{x-(2+i)\}\{x-(2-i)\}$

$=x^2-(2+i+2-i)x+(2+i)(2-i)$　　($(2+i)(2-i)=4-i^2=5$)

$=x^2-4x+5$ で割り切れる。

$$\begin{array}{r} x-3 \phantom{xxxxxxxxxx} \\ x^2-4x+5 \overline{) x^3-7x^2+17x-15} \\ x^3-4x^2+\phantom{1}5x \phantom{-15} \\ \hline -3x^2+12x-15 \\ -3x^2+12x-15 \\ \hline 0 \end{array}$$

よって，⑥は，$(x-3)(x^2-4x+5)=0$ より，⑥の解は，

$x=3,\ 2\pm\underline{\sqrt{(-2)^2-5}}$ より，$\therefore x=3,\ 2\pm i$ である。……………………(答)

$\sqrt{4-5}=i$

**別解**

実数係数の 3 次方程式：

$x^3+px^2+qx-15=0$ ……① が，

解 $\alpha=2+i$ をもつとき，その共役複素数も解となるので，これを $\beta=2-i$ とおき，もう 1 つの解を $\gamma$（ガンマ）とおくと，解と係数の関係より，

$$\begin{cases} 2+i+2-i+\gamma=-p & \cdots\cdots⑦ \\ (2+i)(2-i)+(2-i)\gamma+\gamma(2+i)=q & \cdots⑧ \\ (2+i)(2-i)\gamma=15 & \cdots\cdots⑨ \end{cases}$$

となる。よって，これらをまとめて，

$$\begin{cases} 4+\gamma=-p & \cdots\cdots⑦' \\ 5+4\gamma=q & \cdots\cdots⑧' \\ 5\gamma=15 & \cdots\cdots⑨' \end{cases}$$ となる。

3 次方程式

$ax^3+bx^2+cx+d=0$ ……① $(a\neq 0)$

すなわち，

$x^3+\dfrac{b}{a}x^2+\dfrac{c}{a}x+\dfrac{d}{a}=0$ ……①′ が

3 つの解 $\alpha,\ \beta,\ \gamma$ をもつとき，

$(x-\alpha)(x-\beta)(x-\gamma)=0$ ……②

すなわち，

$x^3-(\alpha+\beta+\gamma)x^2+(\alpha\beta+\beta\gamma+\gamma\alpha)x$

$-\alpha\beta\gamma=0$ ……②′

となるので，①′と②′の係数を比較することにより，次のように 3 次方程式の解と係数の関係が導ける。

$$\begin{cases} \alpha+\beta+\gamma=-\dfrac{b}{a} \\ \alpha\beta+\beta\gamma+\gamma\alpha=\dfrac{c}{a} \\ \alpha\beta\gamma=-\dfrac{d}{a} \end{cases}$$

⑨′より，$\gamma=3$

⑦′より，$4+3=-p\quad \therefore p=-7$

⑧′より，$5+12=q\quad \therefore q=17$

以上より，$p=-7,\ q=17$，そして，①の 3 つの解は $x=3,\ 2\pm i$ である。

………(答)

**参考**

2 次方程式 $ax^2+bx+c=0\ (a\neq 0)$ が 2 つの解 $\alpha,\ \beta$ をもつときの

解と係数の関係 $\begin{cases} \alpha+\beta=-\dfrac{b}{a} \\ \alpha\beta=\dfrac{c}{a} \end{cases}$ と共に，3 次方程式の解と係数の関係もシッカリ頭に入れておこう。

# 3次方程式と虚数解 (Ⅱ)

**演習問題 5** CHECK 1 CHECK 2 CHECK 3

3次方程式 $x^3+px+10=0$ ……① が虚数解 $p+qi$ をもつとき，$p$，$q$ の値を求めよ。ただし，$p$，$q$ は実数定数とする。

**ヒント！** ①は実数係数の3次方程式より，この3つの解を $\alpha=p+qi$，$\beta=p-qi$，$\gamma$ とおいて，解と係数の関係を利用して解けばいいんだね。

## 解答＆解説

実数係数の3次方程式①が虚数解 $\alpha=p+qi$ をもつとき，$\beta=p-qi$ も解になる。さらに，もう1つの解を $\gamma$ とおくと，解と係数の関係より，

> $ax^3+bx^2+cx+d=0\ (a\neq 0)$ の解が $x=\alpha,\ \beta,\ \gamma$ のとき，
> $$\begin{cases}\alpha+\beta+\gamma=-\dfrac{b}{a}\\ \alpha\beta+\beta\gamma+\gamma\alpha=\dfrac{c}{a}\\ \alpha\beta\gamma=-\dfrac{d}{a}\end{cases}$$

$$\begin{cases}p+qi+p-qi+\gamma=0 & \cdots\cdots②\\ (p+qi)(p-qi)+(p-qi)\gamma+\gamma(p+qi)=p & \cdots③\\ (p+qi)(p-qi)\gamma=-10 & \cdots\cdots④\end{cases}$$

$p^2-q^2\cdot i^2=p^2+q^2$ となる。よって，これから，

> $1\cdot x^3+0\cdot x^2+p\cdot x+10=0$ ……①
> より，$-\dfrac{b}{a}=-\dfrac{0}{1}=0$，
> $\dfrac{c}{a}=\dfrac{p}{1}=p$，$-\dfrac{d}{a}=-\dfrac{10}{1}=-10$

$$\begin{cases}\gamma=-2p & \cdots\cdots②'\\ p^2+q^2+2p\gamma=p & \cdots\cdots③'\\ (p^2+q^2)\gamma=-10 & \cdots\cdots④'\end{cases}$$
となる。

②´を③´に代入して，$p^2+q^2-4p^2=p$　　$\therefore q^2=3p^2+p$ ………⑤

②´を④´に代入して，$-2p(p^2+q^2)=-10$　　$\therefore p(p^2+q^2)=5$ ……⑥

⑤を⑥に代入して，

$p(p^2+3p^2+p)=5$

$4p^3+p^2-5=0$

> $p=1$ のとき，
> $4+1-5=0$ となる！

> 組立て除法
>
> | | 4 | 1 | 0 | −5 |
> |---|---|---|---|---|
> | 1) | | 4 | 5 | 5 |
> | | 4 | 5 | 5 | (0) |

$(p-1)(4p^2+5p+5)=0$

> $4p^2+5p+5=0$ の判別式 $D$ は，
> $D=5^2-4\cdot 4\cdot 5<0$ より，これは実数解をもたない。

$\therefore p=1$

⑤より，$q^2=3+1=4$　　$\therefore q=\pm 2$

以上より，$p=1$，$q=\pm 2$ ………………(答)

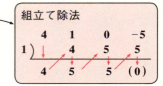

# 複素数の実数条件

## 演習問題 6

CHECK 1　CHECK 2　CHECK 3

$\dfrac{z+2}{z^2}$ が実数となるような複素数 $z$ の条件を求め，それを複素数平面上に図示せよ。

**ヒント！** 複素数 $\alpha$ の実数条件は，$\alpha=\overline{\alpha}$ だね。これを使って解いていこう。

## 解答＆解説

複素数 $\dfrac{z+2}{z^2}$ $(z\neq 0)$ が実数であるための条件は，$\dfrac{z+2}{z^2}=\overline{\left(\dfrac{z+2}{z^2}\right)}$ より，

$\left(\overline{\left(\dfrac{z+2}{z^2}\right)}=\dfrac{\overline{z+2}}{\overline{z^2}}=\dfrac{\overline{z}+2}{\overline{z}\cdot\overline{z}}=\dfrac{\overline{z}+2}{\overline{z}^2}\right)$

・複素数 $\alpha$ の実数条件
　$\alpha=\overline{\alpha}$
・複素数 $\alpha$ の純虚数条件
　$\alpha+\overline{\alpha}=0$ かつ $\alpha\neq 0$

$\dfrac{z+2}{z^2}=\dfrac{\overline{z}+2}{\overline{z}^2}$　両辺に $z^2\overline{z}^2$ をかけて，

$\overline{z}^2(z+2)=z^2(\overline{z}+2)$　　$z\overline{z}^2+2\overline{z}^2=z^2\overline{z}+2z^2$

$z\overline{z}(z-\overline{z})+2(z^2-\overline{z}^2)=0$　　$(z-\overline{z})(z\overline{z}+2z+2\overline{z})=0$ ……①

$(z^2-\overline{z}^2=(z-\overline{z})(z+\overline{z}))$

①より，(i) $z=\overline{z}$ ……② または，(ii) $z\overline{z}+2z+2\overline{z}=0$ ……③ …………(答)

(i) $z=\overline{z}$ ……②，より $z$ は実数 ← $z$ の実数条件

　よって，$z$ は，$z=0$ を除く実軸を表す。

(ii) $z\overline{z}+2z+2\overline{z}=0$ ……③ を変形して，

　$z(\overline{z}+2)+2(\overline{z}+2)=0+4$

　$(z+2)(\overline{z}+2)=4$

　$(z+2)(\overline{z+2})=4$

　$|z+2|^2=4$　　$\therefore |z-(-2)|=2$

　これは，中心 $-2$，半径 $2$ の円を表す。

　(ただし，$z=0$ は除く。)

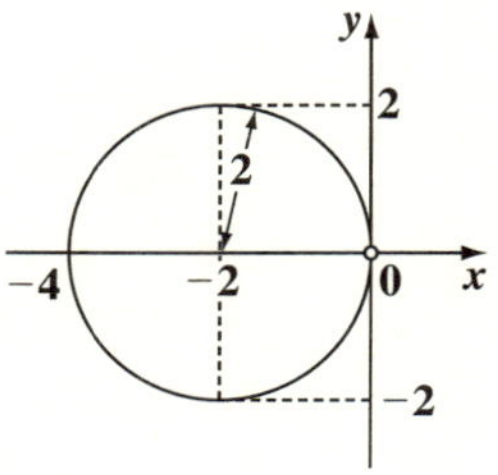


以上 (i)，(ii)より，点 $z$ は右のような図形になる。 ……………………(答)

# 複素数の極形式(I)

演習問題 7　　CHECK 1　CHECK 2　CHECK 3

偏角 $\theta$ の範囲を $-\pi < \theta \leqq \pi$ として，次の複素数を極形式で表せ。

(1) $z_1 = 4 + 4\sqrt{3}i$　　(2) $z_2 = -3 - \sqrt{3}i$　　(3) $z_3 = -5i$

ヒント！ $z = a + bi$ のとき，$r = \sqrt{a^2 + b^2}$ として，極形式 $z = r(\cos\theta + i\sin\theta)$ $(-\pi < \theta \leqq \pi)$ で表すことができるんだね。これは簡潔に，$z = re^{i\theta}$ と表すこともできる。

## 解答＆解説

(1) $z_1 = 4 + 4\sqrt{3}i$ の絶対値を $r_1$，偏角を $\theta_1$ $(-\pi < \theta_1 \leqq \pi)$ とおくと，

$r_1 = \sqrt{4^2 + (4\sqrt{3})^2} = \sqrt{16 + 48} = \sqrt{64} = 8$ より，$z_1$ を極形式で表すと，

$z_1 = 8\left(\frac{1}{2} + \frac{\sqrt{3}}{2}i\right) = 8\left(\cos\frac{\pi}{3} + i\sin\frac{\pi}{3}\right)$ となる。 ……………………(答)

$\cos\frac{\pi}{3}$　$\sin\frac{\pi}{3}$

(2) $z_2 = -3 - \sqrt{3}i$ の絶対値を $r_2$，偏角を $\theta_2$ $(-\pi < \theta_2 \leqq \pi)$ とおくと，

$r_2 = \sqrt{(-3)^2 + (-\sqrt{3})^2} = \sqrt{9 + 3} = \sqrt{12} = 2\sqrt{3}$ より，$z_2$ を極形式で表すと，

$z_2 = 2\sqrt{3}\left(-\frac{\sqrt{3}}{2} - \frac{1}{2}i\right) = 2\sqrt{3}\left\{\cos\left(-\frac{5}{6}\pi\right) + i\sin\left(-\frac{5}{6}\pi\right)\right\}$ となる。

…………(答)

$\cos\left(-\frac{5}{6}\pi\right)$　$\sin\left(-\frac{5}{6}\pi\right)$

(3) $z_3 = -5i$ の絶対値を $r_3$，偏角を $\theta_3$ $(-\pi < \theta_3 \leqq \pi)$ とおくと，

$r_3 = \sqrt{0 + (-5)^2} = \sqrt{25} = 5$

より，$z_3$ を極形式で表すと，

$z_3 = 5(0 - 1 \cdot i)$

$\cos\left(-\frac{\pi}{2}\right)$　$\sin\left(-\frac{\pi}{2}\right)$

$= 5\left\{\cos\left(-\frac{\pi}{2}\right) + i\sin\left(-\frac{\pi}{2}\right)\right\}$

となる。 ……………………(答)

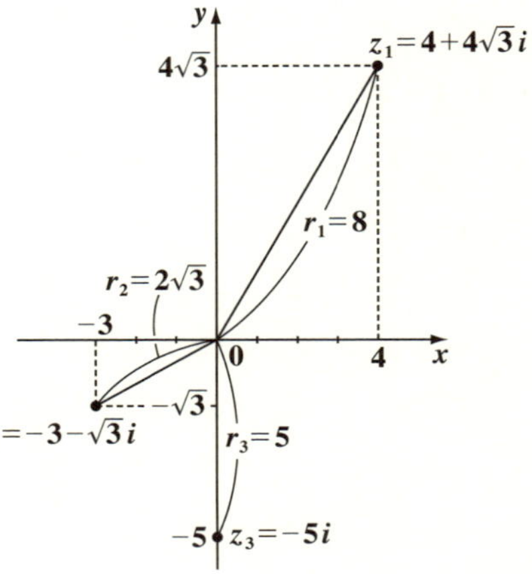

# 複素数の極形式(Ⅱ)

**演習問題 8** CHECK 1　CHECK 2　CHECK 3

2つの複素数 $\alpha = \frac{1}{2} + \frac{\sqrt{3}}{2}i$ と $\beta = \frac{1}{\sqrt{2}} + \frac{1}{\sqrt{2}}i$ を用いて，$\cos 105°$，$\sin 105°$，$\cos 15°$，$\sin 15°$ の値を求めよ。

**ヒント！** $\alpha = \cos\theta_1 + i\sin\theta_1$，$\beta = \cos\theta_2 + i\sin\theta_2$ のとき，$\alpha\beta = \cos(\theta_1+\theta_2) + i\sin(\theta_1+\theta_2)$，$\frac{\alpha}{\beta} = \cos(\theta_1-\theta_2) + i\sin(\theta_1-\theta_2)$ であることを利用すればいいんだね。

## 解答＆解説

$\alpha$，$\beta$ の偏角 $\theta$ を $-180° < \theta \leqq 180°$ の範囲で表すことにすると，

$$\begin{cases} \alpha = \frac{1}{2} + \frac{\sqrt{3}}{2}i = \cos 60° + i\sin 60° & \cdots\cdots ① \\ \beta = \frac{1}{\sqrt{2}} + \frac{1}{\sqrt{2}}i = \cos 45° + i\sin 45° & \cdots\cdots ② \end{cases}$$

となる。

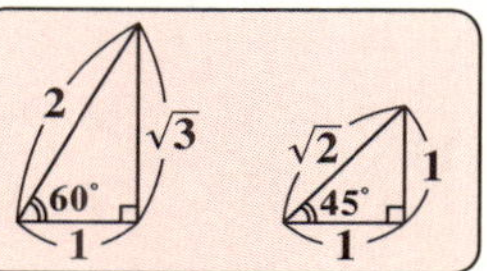


(i) よって，①×②より，

$(\cos\theta_1 + i\sin\theta_1)(\cos\theta_2 + i\sin\theta_2) = \cos(\theta_1+\theta_2) + i\sin(\theta_1+\theta_2)$

$$\alpha\beta = (\cos 60° + i\sin 60°)\cdot(\cos 45° + i\sin 45°) = \cos 105° + i\sin 105°$$

$$= \left(\frac{1}{2} + \frac{\sqrt{3}}{2}i\right)\left(\frac{1}{\sqrt{2}} + \frac{1}{\sqrt{2}}i\right) = \frac{1}{2\sqrt{2}} + \frac{1}{2\sqrt{2}}i + \frac{\sqrt{3}}{2\sqrt{2}}i + \frac{\sqrt{3}}{2\sqrt{2}}i^2 \quad (i^2 = -1)$$

$$= \frac{\sqrt{2}-\sqrt{6}}{4} + \frac{\sqrt{2}+\sqrt{6}}{4}i \qquad \therefore \cos 105° = \frac{\sqrt{2}-\sqrt{6}}{4},\ \sin 105° = \frac{\sqrt{2}+\sqrt{6}}{4}$$

…………(答)

(ii) ①÷②より，

$\frac{\cos\theta_1 + i\sin\theta_1}{\cos\theta_2 + i\sin\theta_2} = \cos(\theta_1-\theta_2) + i\sin(\theta_1-\theta_2)$

$$\frac{\alpha}{\beta} = \frac{\cos 60° + i\sin 60°}{\cos 45° + i\sin 45°} = \cos 15° + i\sin 15°$$

$$= \frac{\frac{1}{2} + \frac{\sqrt{3}}{2}i}{\frac{1}{\sqrt{2}} + \frac{1}{\sqrt{2}}i} = \frac{1+\sqrt{3}i}{\sqrt{2}(1+i)} = \frac{(1+\sqrt{3}i)(1-i)}{\sqrt{2}(1+i)(1-i)} = \frac{1-i+\sqrt{3}i-\sqrt{3}i^2}{2\sqrt{2}} \quad (i^2 = -1)$$

$(1+i)(1-i) = 1^2 - i^2 = 2$

$$= \frac{\sqrt{2}+\sqrt{6}}{4} + \frac{-\sqrt{2}+\sqrt{6}}{4}i \qquad \therefore \cos 15° = \frac{\sqrt{2}+\sqrt{6}}{4},\ \sin 15° = \frac{-\sqrt{2}+\sqrt{6}}{4}$$

…………(答)

# ド・モアブルの定理(I)

**演習問題 9** CHECK 1 CHECK 2 CHECK 3

次の問いに答えよ。

(1) $\left(\dfrac{5+\sqrt{3}i}{2-\sqrt{3}i}\right)^5$ を簡単にせよ。

(2) $(\cos\theta+i\sin\theta)^3$ を計算して，3倍角の公式：$\cos3\theta=4\cos^3\theta-3\cos\theta$ と $\sin3\theta=3\sin\theta-4\sin^3\theta$ を導け。

**ヒント！** (1)では，カッコ内を極形式にして，ド・モアブルの定理を利用しよう。(2)も，ド・モアブルの定理を使って，三角関数の3倍角の公式を導けばいい。

## 解答&解説

(1) $\dfrac{5+\sqrt{3}i}{2-\sqrt{3}i}=\dfrac{(5+\sqrt{3}i)(2+\sqrt{3}i)}{(2-\sqrt{3}i)(2+\sqrt{3}i)}=\dfrac{10+5\sqrt{3}i+2\sqrt{3}i+3i^2}{7}$

分子・分母に $(2+\sqrt{3}i)$ をかけた。

$2^2-3\cdot i^2=7$　　$i^2=(-1)$

$=\dfrac{7+7\sqrt{3}i}{7}=1+\sqrt{3}i=2\left(\dfrac{1}{2}+\dfrac{\sqrt{3}}{2}i\right)$

$2=\sqrt{1^2+(\sqrt{3})^2}$　　$\dfrac{1}{2}=\cos60^\circ$　　$\dfrac{\sqrt{3}}{2}=\sin60^\circ$

$=2(\cos60^\circ+i\sin60^\circ)$ となるので，

ド・モアブルの定理
$(\cos\theta+i\sin\theta)^n=\cos n\theta+i\sin n\theta$
($n$：整数)

$\left(\dfrac{5+\sqrt{3}i}{2-\sqrt{3}i}\right)^5=\{2(\cos60^\circ+i\sin60^\circ)\}^5$

$=2^5\{\cos(5\times60^\circ)+i\sin(5\times60^\circ)\}$

$=32(\cos300^\circ+i\sin300^\circ)=16-16\sqrt{3}i$ ……………………(答)

$\cos(-60^\circ)=\dfrac{1}{2}$　　$\sin(-60^\circ)=-\dfrac{\sqrt{3}}{2}$

(2) ド・モアブルの定理より，

$\cos3\theta+i\sin3\theta=(\cos\theta+i\sin\theta)^3$

$=\cos^3\theta+i\cdot3\cos^2\theta\sin\theta+i^2\cdot3\cos\theta\sin^2\theta+i^3\sin^3\theta$

$i^2=(-1)$　　$i^3=-i$

$=\cos^3\theta-3\cos\theta\sin^2\theta+i(3\cos^2\theta\sin\theta-\sin^3\theta)$ となる。よって，

・$\cos3\theta=\cos^3\theta-3\cos\theta\cdot\sin^2\theta=4\cos^3\theta-3\cos\theta$ と，

$\sin^2\theta=(1-\cos^2\theta)$

・$\sin3\theta=3\cos^2\theta\cdot\sin\theta-\sin^3\theta=3\sin\theta-4\sin^3\theta$ が導かれる。……(終)

$\cos^2\theta=(1-\sin^2\theta)$

## ド・モアブルの定理 (II)

● 複素数平面

| 演習問題 10 | | CHECK 1 | CHECK 2 | CHECK 3 |
|---|---|---|---|---|

$z = \cos\dfrac{2}{7}\pi + i\sin\dfrac{2}{7}\pi$ のとき，次の問いに答えよ

(1) $z + z^2 + z^3 + \cdots + z^6$ の値を求めよ。

(2) $\alpha = z + z^2 + z^4$ とおくとき，$\alpha + \overline{\alpha}$ の値を求めよ。

　　(ただし，$\overline{\alpha}$ は $\alpha$ の共役複素数を表す。)

**ヒント！** (1) ド・モアブルの定理から，$z^7 = 1$ となるので，これを利用しよう。
(2) では，$|z| = 1$ より，$|z|^2 = z \cdot \overline{z} = 1$ となる。これから，$\overline{z^k} = z^{7-k}$ （$k$：自然数）を導くことがポイントだ。

### 解答＆解説

(1) $z = \cos\dfrac{2}{7}\pi + i\sin\dfrac{2}{7}\pi$ ……① より，ド・モアブルの定理から，

等比数列の和
$a + ar + ar^2 + \cdots + ar^{n-1}$
$= \dfrac{a(1 - r^n)}{1 - r}$ （$r \neq 1$）

$z^7 = \left(\cos\dfrac{2}{7}\pi + i\sin\dfrac{2}{7}\pi\right)^7 = \underbrace{\cos 2\pi}_{1} + i\underbrace{\sin 2\pi}_{0} = 1$ ……②

となる。

よって，$z + z^2 + z^3 + \cdots + z^6$ は，初項 $z$，公比 $z$，項数 6 の等比数列の和より，

$z + z^2 + z^3 + \cdots + z^6 = \dfrac{z \cdot (1 - z^6)}{1 - z} = \dfrac{z - \overset{\text{1 (②より)}}{z^7}}{1 - z} = \dfrac{z - 1}{1 - z} = -1$ ……………(答)

(2) ① より，$|z| = \sqrt{\cos^2\dfrac{2}{7}\pi + \sin^2\dfrac{2}{7}\pi} = 1$ 　∴ $|z|^2 = z \cdot \overline{z} = 1$ より，

$\overline{z} = \dfrac{1}{z}$ となる。よって，自然数 $k$ に対して，

$\overline{z^k} = (\overline{z})^k = \left(\dfrac{1}{z}\right)^k = \dfrac{\overset{\text{1 ($z^7$ (②より))}}{1}}{z^k} = \dfrac{z^7}{z^k} = z^{7-k}$

∴ $\overline{z^k} = z^{7-k}$ ……③ （$k$：自然数）となる。$\alpha = z + z^2 + z^4$ の共役複素数は，

よって，$\overline{\alpha} = \overline{z + z^2 + z^4} = \underbrace{\overline{z}}_{z^6} + \underbrace{\overline{z^2}}_{z^5} + \underbrace{\overline{z^4}}_{z^3\,(③より)} = z^6 + z^5 + z^3$ となるので，

(1) の結果より，$\alpha + \overline{\alpha}$ の値は，

$\alpha + \overline{\alpha} = z + z^2 + z^4 + z^6 + z^5 + z^3$

$\qquad = z + z^2 + z^3 + \cdots + z^6 = -1$ となる。 ……………………(答)

# 複素数の 4 乗根

**演習問題 11** CHECK 1 CHECK 2 CHECK 3

方程式 $(z-2)^4 = -8-8\sqrt{3}i$ ……① を解け。

ヒント！ $w=z-2$ とおくと，①は $w^4=-8-8\sqrt{3}i$ となるので，$w=r(\cos\theta+i\sin\theta)$ とおいて，$r$ と $\theta$ を求めればいいんだね。そして，$z=w+2$ から $z$ の解を求めることができる。

## 解答＆解説

$(z-2)^4 = -8-8\sqrt{3}i$ ……① より，

$w=z-2$ ……②　$(z=w+2$ ……②$')$ とおくと，①は，

$w^4=-8-8\sqrt{3}i$ ……①$'$ となる。　（予め，$\theta$ の値の範囲は指定しておこう。）

ここで，$w=r(\cos\theta+i\sin\theta)$ ……③　$(r>0,\ 0\leqq\theta<2\pi)$ とおくと，

$w^4=r^4(\cos\theta+i\sin\theta)^4=r^4(\cos4\theta+i\sin4\theta)$ ……④ となる。

（ド・モアブルの定理より）

また，$-8-8\sqrt{3}i=16\left(-\frac{1}{2}-\frac{\sqrt{3}}{2}i\right)$

（$\sqrt{(-8)^2+(-8\sqrt{3})^2}=\sqrt{64+3\cdot64}=\sqrt{4\times64}=2\times8$）

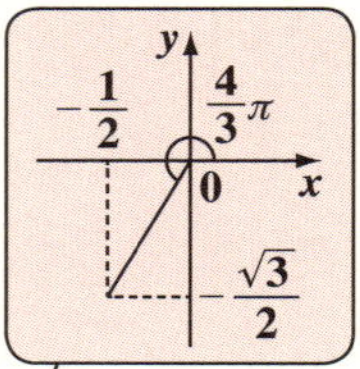


$=16\left\{\cos\left(\frac{4}{3}\pi+2n\pi\right)+i\sin\left(\frac{4}{3}\pi+2n\pi\right)\right\}$ ……⑤　$(n=0,\ 1,\ 2,\ 3)$

（①$'$は，$w$ の 4 次方程式なので，$n$ はこの 4 通りで十分。）

④，⑤を①$'$に代入して，

$r^4(\cos4\theta+i\sin4\theta)=16\left\{\cos\left(\frac{4}{3}\pi+2n\pi\right)+i\sin\left(\frac{4}{3}\pi+2n\pi\right)\right\}$

この両辺の絶対値と偏角を比較して，

$$\begin{cases} r^4=16 & \cdots\cdots⑥ \\ 4\theta=\frac{4}{3}\pi+2n\pi & \cdots\cdots⑦\quad (n=0,\ 1,\ 2,\ 3) \end{cases}$$

⑥より，$r=2$　$(\because r>0)$

⑦より，$\theta=\frac{\pi}{3}+\frac{n}{2}\pi$　$(n=0,\ 1,\ 2,\ 3)$

（具体的には，$\theta=\frac{\pi}{3},\ \frac{5}{6}\pi,\ \frac{4}{3}\pi,\ \frac{11}{6}\pi$）

①′の方程式の $w$ の解は，

$$w=2\left\{\cos\left(\frac{\pi}{3}+\frac{n}{2}\pi\right)+i\sin\left(\frac{\pi}{3}+\frac{n}{2}\pi\right)\right\}\quad (n=0,\ 1,\ 2,\ 3)$$ となる。

よって，②′より，①の方程式の求める $z$ の解は，

$$z=w+2=2\left\{\cos\left(\frac{\pi}{3}+\frac{n}{2}\pi\right)+i\sin\left(\frac{\pi}{3}+\frac{n}{2}\pi\right)\right\}+2 \cdots\cdots ⑧\quad (n=0,\ 1,\ 2,\ 3)$$

となる。$n=0,\ 1,\ 2,\ 3$ に対応するこれら 4 つの複素数解を順に $z_1$，$z_2$，$z_3$，$z_4$ とおくと，次のようになる。

$$\begin{cases} z_1=2\left(\cos\frac{\pi}{3}+i\sin\frac{\pi}{3}\right)+2=2\left(\frac{1}{2}+\frac{\sqrt{3}}{2}i\right)+2 \\ \quad =3+\sqrt{3}i \\ z_2=2\left(\cos\frac{5}{6}\pi+i\sin\frac{5}{6}\pi\right)+2=2\left(-\frac{\sqrt{3}}{2}+\frac{1}{2}i\right)+2 \\ \quad =2-\sqrt{3}+i \\ z_3=2\left(\cos\frac{4}{3}\pi+i\sin\frac{4}{3}\pi\right)+2=2\left(-\frac{1}{2}-\frac{\sqrt{3}}{2}i\right)+2 \\ \quad =1-\sqrt{3}i \\ z_4=2\left(\cos\frac{11}{6}\pi+i\sin\frac{11}{6}\pi\right)+2=2\left(\frac{\sqrt{3}}{2}-\frac{1}{2}i\right)+2 \\ \quad =2+\sqrt{3}-i \end{cases}$$ ………………(答)

これら 4 つの複素数解 $z_1$，$z_2$，$z_3$，$z_4$ を複素数平面上に描くと，右図に示すように，これら 4 点は，中心 2，半径 2 の円周上に等間隔に存在することが分かる。

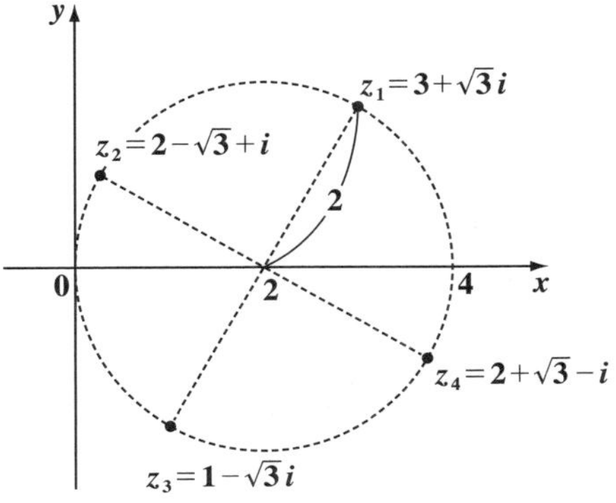

## 演習問題 12

CHECK 1　CHECK 2　CHECK 3

複素数 $\alpha = 4-2i$，$\beta = 3+2i$，$\gamma = -3i$ が表す複素数平面上の点を順に A，B，C とおく。

(1) 線分 AC の中点 M を表す複素数 $\mu$（ミュー）を求めよ。

(2) BA と BC を 2 辺とする平行四辺形 ABCD の頂点 D を表す複素数 $\delta$（デルタ）を求めよ。

(3) 線分 DM の長さを求めよ。

**ヒント！** (1) 線分 AC の中点 M を表す複素数 $\mu$ は $\mu = \dfrac{\alpha+\gamma}{2}$ で求められる。(2)も同様に，$\dfrac{\beta+\delta}{2} = \mu$ から $\delta$ を求めよう。(3) DM の長さは $|\mu-\delta|$ を計算すればいいね。

### 解答＆解説

3 点 A$(\alpha = 4-2i)$，B$(\beta = 3+2i)$，C$(\gamma = -3i)$ について，

(1) 線分 AC の中点 M を表す複素数 $\mu$ は，

$$\mu = \frac{\alpha+\gamma}{2} = \frac{4-2i-3i}{2} = 2-\frac{5}{2}i \quad \cdots\cdots ①$$

…………(答)

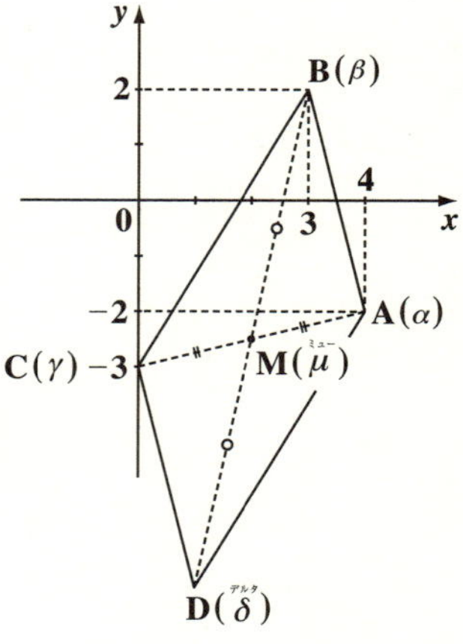


(2) 右図より，平行四辺形 ABCD の対角線 AC と BD の交点が M$(\mu)$ となる。

よって，$\mu = \dfrac{\beta+\delta}{2}$ ……② ← M は線分 BD の中点でもある。

②より，$\delta = 2\mu-\beta = 2\left(2-\dfrac{5}{2}i\right)-(3+2i)$

$\therefore \delta = 1-7i$ ………………………………③

(3) ①，③より，線分 DM の長さ $|\mu-\delta|$ は，

$$|\mu-\delta| = \left|2-\frac{5}{2}i-(1-7i)\right| = \left|1+\frac{9}{2}i\right| = \sqrt{1^2+\left(\frac{9}{2}\right)^2}$$

$$= \sqrt{\frac{4+81}{4}} = \frac{\sqrt{85}}{2}$$ である。…………………………(答)

# 複素数と平面図形 (II)

## 演習問題 13

CHECK 1　CHECK 2　CHECK 3

次の方程式をみたす複素数 $z$ の描く図形を複素数平面上に描け。

**(1)** $(2+i)z+(2-i)\overline{z}+2=0$ ……………①

**(2)** $z\overline{z}-(1-2i)z-(1+2i)\overline{z}+1=0$ ……②

**ヒント！** ①は $\overline{\alpha}z+\alpha\overline{z}+c=0$ の形をしているので直線を表し，②は $z\overline{z}-\overline{\alpha}z-\alpha\overline{z}+c=0$ の形をしているので円を表すはずだ。(1)では $z=x+iy$ を用い，(2)では $|z-\alpha|=r$ の形にもち込めばいいんだね。

## 解答&解説

**(1)** $z=x+iy$ （$x, y$：実数）とおくと，$\overline{z}=x-iy$ となる。

これを①に代入して，まとめると，

$(2+i)(x+iy)+(2-i)(x-iy)+2=0$

$(2x+2iy+ix-y)$　$(2x-2iy-ix-y)$

$4x-2y+2=0$　　$2y=4x+2$

∴①は，直線 $y=2x+1$ となる。このグラフを右上に示す。………(答)

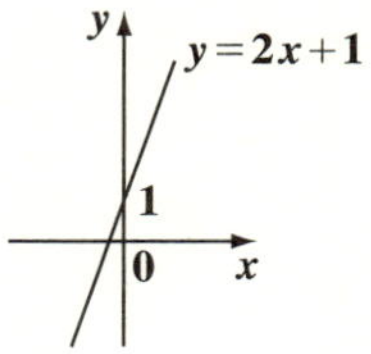


**(2)** $\alpha=1+2i$ とおくと，$\overline{\alpha}=1-2i$ となる。

これらを②に代入してまとめると，

$z\overline{z}-\overline{\alpha}z-\alpha\overline{z}+1=0$

$z(\overline{z}-\overline{\alpha})-\alpha(\overline{z}-\overline{\alpha})-\alpha\overline{\alpha}+1=0$

$(1+2i)(1-2i)=1^2-4\cdot i^2=5$

$(z-\alpha)(\overline{z}-\overline{\alpha})=4$

$(z-\alpha)(\overline{z-\alpha})=4$

$|z-\alpha|^2=4$　　$|z-\alpha|=2$

∴②は，$|z-(1+2i)|=2$ となって，

中心 $\alpha=1+2i$，半径 $r=2$ の円となる。この円を右図に示す。…………(答)

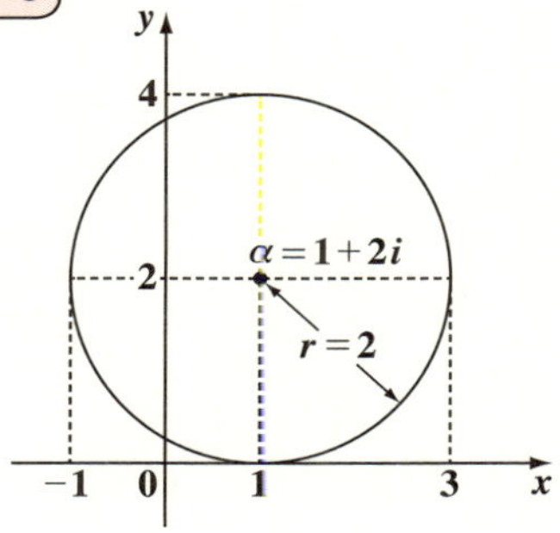

# アポロニウスの円

**演習問題 14** CHECK 1 CHECK 2 CHECK 3

$\alpha = 6$, $\beta = 6i$ の表す点を A, B とおく。動点 P が AP : BP = 1 : 2 をみたしながら動くとき，動点 P の描く図形を複素数平面上に図示せよ。

**ヒント！** これはアポロニウスの円の問題だね。AP : BP = 1 : 2 より，P を表す複素数を $z$ とおくと，$2|z-\alpha| = |z-\beta|$ となるので，これから円の方程式を導こう！

## 解答＆解説

3 点 $A(\alpha = 6)$, $B(\beta = 6i)$, $P(z)$ とおく。

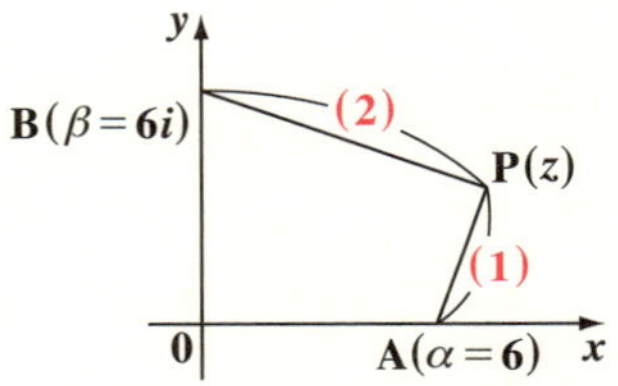


AP : BP = 1 : 2 より，

$2\underline{AP} = \underline{BP}$　$2|z-\underline{\alpha}| = |z-\underline{\beta}|$

（AP $= |z-\alpha|$，BP $= |z-\beta|$，$\alpha = 6$，$\beta = 6i$）

よって，$2|z-6| = |z-6i|$ ……① となる。

①の両辺を 2 乗して，まとめると，

これから，アポロニウスの円の方程式：$|z-\alpha| = r$ の形にまとめるんだね。

$4|z-6|^2 = |z-6i|^2$

$4(z-6)(\overline{z-6}) = (z-6i)(\overline{z-6i})$

（$\overline{z-6} = \overline{z}-6$，$\overline{z-6i} = \overline{z}+6i$）

$4(z-6)(\overline{z}-6) = (z-6i)(\overline{z}+6i)$

（$(z\overline{z}-6z-6\overline{z}+36)$，$z\overline{z}+6iz-6i\overline{z}-36i^2$，$i^2 = -1$）

$4z\overline{z}-24z-24\overline{z}+144 = z\overline{z}+6iz-6i\overline{z}+36$

$3z\overline{z}-6(4+i)z-6(4-i)\overline{z}+108 = 0$

（$4+i = \overline{\alpha}$，$4-i = \alpha$）

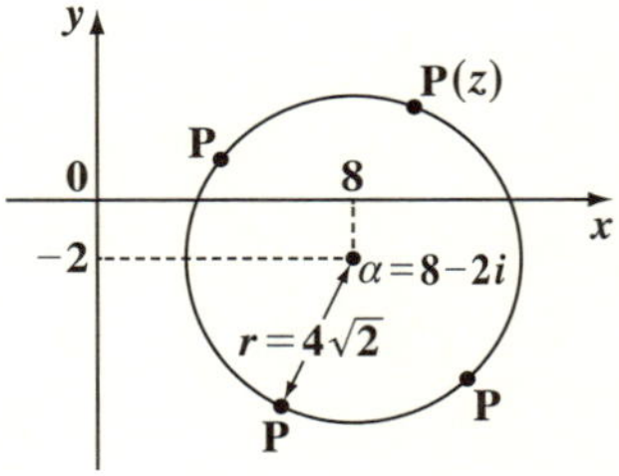


両辺を 3 で割って，$\alpha = 4-i$ とおくと，

$z\overline{z}-2\overline{\alpha}z-2\alpha\overline{z}+36 = 0$

$z(\overline{z}-2\overline{\alpha})-2\alpha(\overline{z}-2\overline{\alpha})-4\alpha\overline{\alpha}+36 = 0$

（$\alpha\overline{\alpha} = (4-i)(4+i) = 16-i^2 = 17$）

$(z-2\alpha)(\overline{z}-2\overline{\alpha}) = 68-36$　$|z-2\alpha|^2 = 32$　$|z-2\alpha| = \sqrt{32}$

（$\overline{z}-2\overline{\alpha} = \overline{z-2\alpha}$，$\alpha = 4-i$，$\sqrt{32} = 4\sqrt{2}$）

$\therefore |z-(8-2i)| = 4\sqrt{2}$ となるので，動点 $P(z)$ は，中心 $8-2i$，半径 $r = 4\sqrt{2}$ の円を描く。右上にこの円を示す。 ……………………(答)

# 回転と相似の合成変換（I）



## 演習問題 15

CHECK 1　CHECK 2　CHECK 3

$\alpha=-2-i$，$\beta=3+4i$，$\gamma=1+pi$（$p$：実数）が表す複素数平面上の点を順に A，B，C とおく。

(1) 3点 A，B，C が同一直線上にあるとき，$p$ の値を求めよ。

(2) $\angle BAC=90°$ であるとき，$p$ の値を求めよ。

**ヒント！** 複素数平面上で，(1) A，B，C が同一直線上にある条件と，(2) $\angle BAC=90°$ となる条件は，回転と相似の合成変換の特殊な場合と考えることができるんだね。

## 解答＆解説

(1) 3点 $A(\alpha=-2-i)$，$B(\beta=3+4i)$，$C(\gamma=1+pi)$ が同一直線上にあるとき，右図より，点 $B(\beta)$ は点 $C(\gamma)$ を点 $A(\alpha)$ のまわりに $\theta=0°$（または，$180°$）だけ回転して，$r$ 倍に拡大（縮小）したものなので，

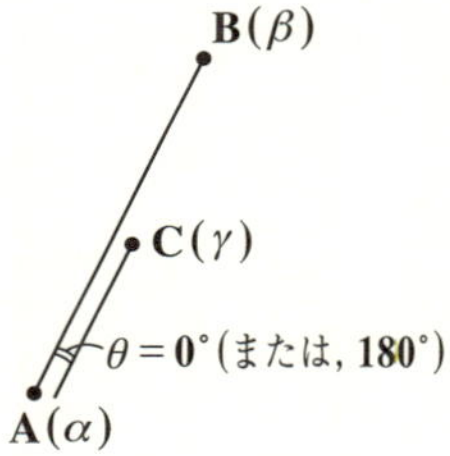


$$\frac{\beta-\alpha}{\gamma-\alpha}=r(\cos\theta+i\sin\theta)=\pm r=k\ (\text{実数})\ \text{とおける。}$$

（$k=\pm r$ とおいた。）

（$\cos\theta$：$\pm1$（$\because \cos0°=1,\ \cos180°=-1$），$\sin\theta$：$0$（$\because \sin0°=\sin180°=0$））

よって，$\dfrac{3+4i-(-2-i)}{1+pi-(-2-i)}=k$　$5+5i=k\{3+(p+1)i\}=3k+k(p+1)i$

$\therefore\ 3k=5$ ……①，$k(p+1)=5$ ……② より，

$p=2$ である。……………………………(答)

（①より，$k=\dfrac{5}{3}$ …①′　①′を②に代入して $\dfrac{5}{3}(p+1)=5$，$p+1=3$　$\therefore\ p=2$）

(2) $\angle BAC=90°$ となるとき，右図より，点 $B(\beta)$ は点 $C(\gamma)$ を点 $A(\alpha)$ のまわりに $\pm90°$ だけ回転して，$r$ 倍に拡大（縮小）したものなので，

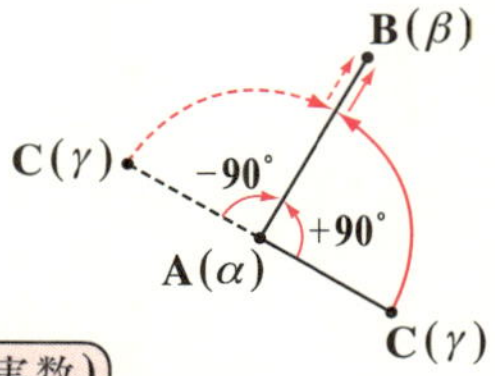


$$\frac{\beta-\alpha}{\gamma-\alpha}=r\{\cos(\pm90°)+i\sin(\pm90°)\}=\pm ri=ki$$

（$k=\pm r$ とおいた。）（$\cos(\pm90°)$：$0$，$\sin(\pm90°)$：$\pm1$）（$ki$：純虚数（$k$：実数））

よって，$\dfrac{3+4i-(-2-i)}{1+pi-(-2-i)}=ki$，$5+5i=ki\{3+(p+1)i\}=-k(p+1)+3ki$

$-k(p+1)=5$ ……③，$3k=5$ ……④ より，

$p=-4$ である。…………………………(答)

（④より，$k=\dfrac{5}{3}$ …④′　④′を③に代入して $-\dfrac{5}{3}(p+1)=5$，$-p-1=3$　$\therefore\ p=-4$）

# 回転と相似の合成変換(Ⅱ)

**演習問題 16** CHECK 1 CHECK 2 CHECK 3

複素数平面上で $\alpha=2$, $\beta$, $\gamma$, $\overset{デルタ}{\delta}=1-3i$, $\overset{イプシロン}{\varepsilon}$, $\overset{ファイ}{\varphi}$ の表す点を順に A, B, C, D, E, F とおく。点 D($\delta$) を中心とする半径 AD の円 $O_1$ に内接する 2 つの三角形△ABC と△AFE がある。ただし，△ABC, △AFE の各頂点は反時計まわりとなるように示している。

(1) △ABC が正三角形であるとき，点 B, C を表す複素数 $\beta$ と $\gamma$ を求めよ。

(2) △AFE は∠AFE＝90°, ∠FAE＝60° の直角三角形であるとき，点 E, F を表す複素数 $\varepsilon$ と $\varphi$ を求めよ。

**ヒント！** まず，図を描くことにより，(1)，(2) 共に回転と相似の合成変換の問題に帰着することが分かるはずだ。

## 解答＆解説

(1) 点 D($\delta=1-3i$) を中心とする半径 AD の円 $O_1$ に内接する△ABC が正三角形であるとき，右図に示すように，

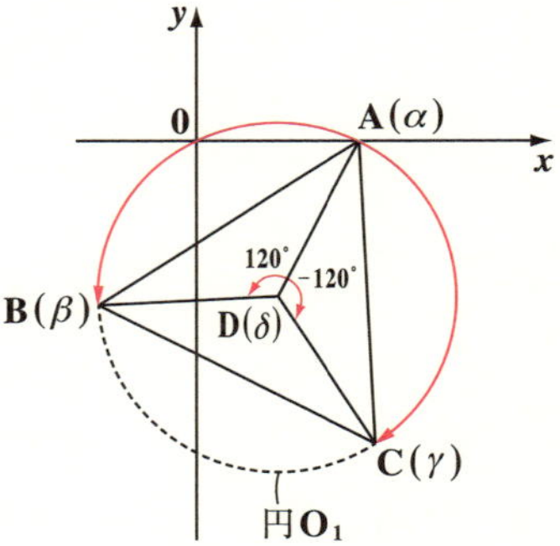


(i) 点 $\beta$ は，点 $\alpha$ を点 $\delta$ のまわりに 120° 回転したものより，

$$\frac{\beta-\delta}{\alpha-\delta}=1\cdot(\underbrace{\cos120^\circ}_{-\frac{1}{2}}+i\underbrace{\sin120^\circ}_{\frac{\sqrt{3}}{2}})$$

$$\beta=\frac{1}{2}(-1+\sqrt{3}i)\underbrace{\{2-(1-3i)\}}_{\alpha-\delta}+\underbrace{1-3i}_{\delta}=\frac{1}{2}\underbrace{(-1+\sqrt{3}i)(1+3i)}_{(-1-3i+\sqrt{3}i-3\sqrt{3})}+1-3i$$

$$=\frac{1}{2}\{-1-3\sqrt{3}+(\sqrt{3}-3)i\}+1-3i=\frac{1-3\sqrt{3}}{2}+\frac{\sqrt{3}-9}{2}i \quad \cdots\cdots(答)$$

(ii) 点 $\gamma$ は，点 $\alpha$ を点 $\delta$ のまわりに −120° 回転したものより，

$$\frac{\gamma-\delta}{\alpha-\delta}=1\cdot\{\underbrace{\cos(-120^\circ)}_{-\frac{1}{2}}+i\underbrace{\sin(-120^\circ)}_{-\frac{\sqrt{3}}{2}}\}$$

$$\gamma=\frac{1}{2}(-1-\sqrt{3}i)\underbrace{\{2-(1-3i)\}}_{\alpha-\delta}+\underbrace{1-3i}_{\delta}=\frac{1}{2}\underbrace{(-1-\sqrt{3}i)(1+3i)}_{(-1-3i-\sqrt{3}i+3\sqrt{3})}+1-3i$$

$$=\frac{1}{2}\{-1+3\sqrt{3}-(\sqrt{3}+3)i\}+1-3i=\frac{1+3\sqrt{3}}{2}-\frac{\sqrt{3}+9}{2}i \quad \cdots\cdots(\text{答})$$

(2) △AFE は∠AFE = 90°, ∠FAE = 60°, ∠AEF = 30° の直角三角形より，右図から，AE は円 $O_1$ の直径となる。

直径に対する円周角∠AFE = 90° となるからね。

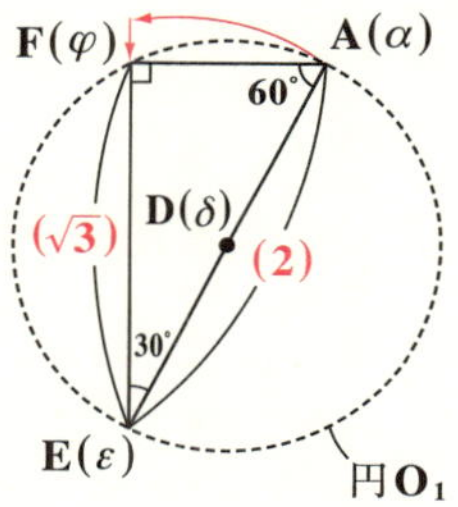


よって，点 D(δ) は線分 (直径) AE の中点となるので，

$\delta=\frac{\alpha+\varepsilon}{2}$ より，

$\varepsilon=2\delta-\alpha=2(1-3i)-2$

$\therefore\ \varepsilon=-6i$ ……………………………(答)

また，図より明らかに，点 φ は点 α を点 ε のまわりに 30° だけ回転して，$\frac{\sqrt{3}}{2}$ 倍に縮小したものより，

$$\frac{\varphi-\varepsilon}{\alpha-\varepsilon}=\frac{\sqrt{3}}{2}(\underbrace{\cos 30^\circ}_{\frac{\sqrt{3}}{2}}+i\underbrace{\sin 30^\circ}_{\frac{1}{2}})$$

$$\varphi=\frac{\sqrt{3}}{4}(\sqrt{3}+i)\underbrace{\{2-(-6i)\}}_{\alpha-\varepsilon}\underbrace{-6i}_{\varepsilon}=\frac{\sqrt{3}}{2}\underbrace{(\sqrt{3}+i)(1+3i)}_{(\sqrt{3}+3\sqrt{3}i+i-3)}-6i$$

$$=\frac{\sqrt{3}}{2}\{\sqrt{3}-3+(3\sqrt{3}+1)i\}-6i$$

$$=\frac{3-3\sqrt{3}}{2}+\frac{\sqrt{3}-3}{2}i \quad \cdots\cdots(\text{答})$$

# 回転と相似の合成変換(Ⅲ)

**演習問題 17** CHECK 1 CHECK 2 CHECK 3

右図に示すように，複素数平面の原点 $\mathbf{0}$ を $\mathbf{P_0}$ とおき，虚軸上の点 $\mathbf{2}i$ を $\mathbf{P_1}$ とおく。そして，$\mathbf{P_0}$ から $\mathbf{P_1}$ に進んだ後，正の向き（反時計まわり）に $\mathbf{45^\circ}$ 回転して，$\sqrt{2}$ だけ進んだ点を $\mathbf{P_2}$ とおく。以下同様に，$\mathbf{P}_n$ $(n = 1,\ 2,\ 3,\ \cdots)$ に進んだ後，正の向きに $\mathbf{45^\circ}$ 回転して，前回進んだ距離の $\dfrac{1}{\sqrt{2}}$ 倍だけ進んで到達する点を $\mathbf{P}_{n+1}$ とおく。このとき，点 $\mathbf{P}_n$ を表す複素数 $z_n$ について，極限 $\lim\limits_{n\to\infty} z_n$ を求めよ。

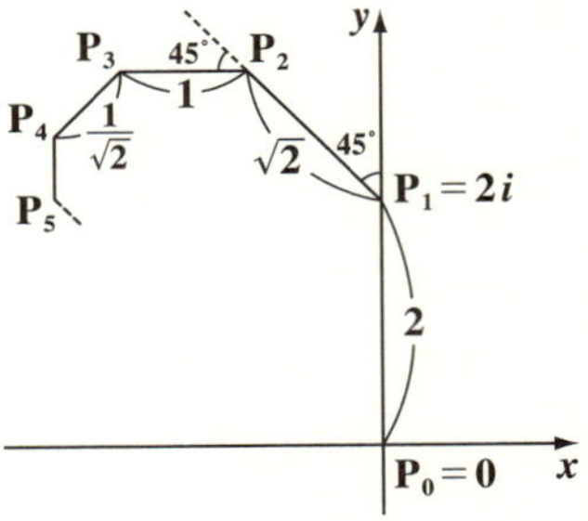


**ヒント！** ベクトルの成分表示と複素数を併用して考えよう。たとえば，$\overrightarrow{\mathbf{P_0P_1}} = (0,\ 2) = 0 + 2i$ となるんだね。さらに，$\overrightarrow{\mathbf{P_1P_2}}$ は $\overrightarrow{\mathbf{P_0P_1}}$ を $\mathbf{45^\circ}$ だけ回転して，$\dfrac{1}{\sqrt{2}}$ 倍に縮小したものであることにも気を付けて，解いていこう。

## 解答＆解説

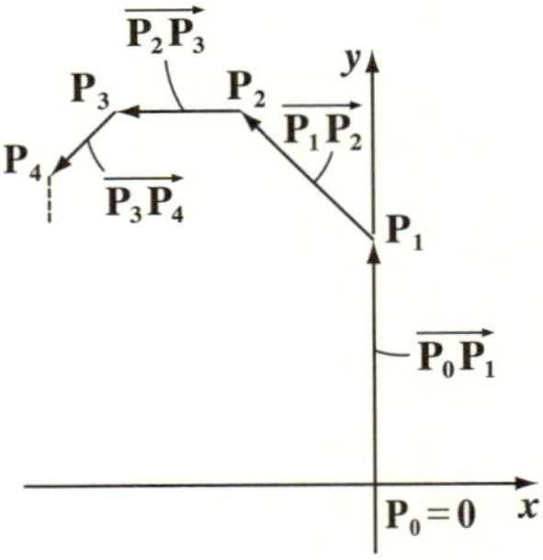


$\overrightarrow{\mathbf{P_0P}_n}$ について，まわり道の原理を用いると，

$\overrightarrow{\mathbf{P_0P}_n} = \overrightarrow{\mathbf{P_0P_1}} + \overrightarrow{\mathbf{P_1P_2}} + \overrightarrow{\mathbf{P_2P_3}} + \cdots + \overrightarrow{\mathbf{P}_{n-1}\mathbf{P}_n}$ ……①

となる。ここで，$\overrightarrow{\mathbf{P_0P_1}} = (0,\ 2)$ を複素数で表すと，

$\overrightarrow{\mathbf{P_0P_1}} = 0 + 2i = 2i$ ……②

次に，右図に示すように，$\overrightarrow{\mathbf{P_1P_2}}$ は $\overrightarrow{\mathbf{P_0P_1}}$ を $\mathbf{45^\circ}$ だけ回転して，$\dfrac{1}{\sqrt{2}}$ 倍に縮小したものなので，

$$\alpha = \frac{1}{\sqrt{2}}(\underbrace{\cos 45^\circ}_{\frac{1}{\sqrt{2}}} + i\underbrace{\sin 45^\circ}_{\frac{1}{\sqrt{2}}}) = \frac{1}{2}(1+i) \quad \cdots\cdots ③$$

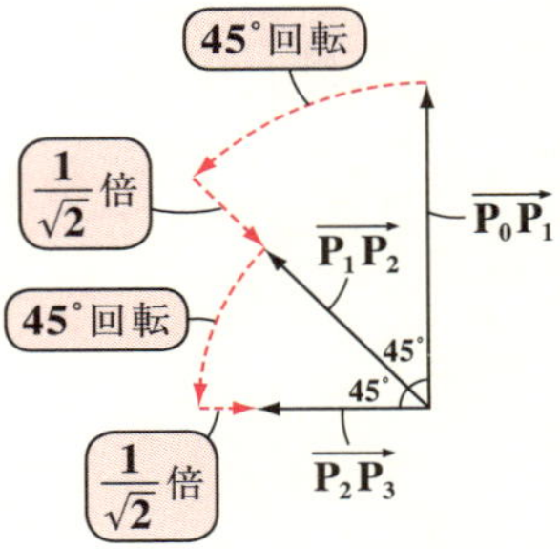


とおくと，

$\overrightarrow{\mathbf{P_1P_2}} = \alpha\,\underbrace{\overrightarrow{\mathbf{P_0P_1}}}_{2i} = 2i\cdot\alpha$ ……④ となる。

$\overrightarrow{P_2P_3}$ も $\overrightarrow{P_1P_2}$ を $45°$ だけ回転して，$\frac{1}{\sqrt{2}}$ 倍に縮小したものなので，

$\overrightarrow{P_2P_3} = \alpha\,\overrightarrow{P_1P_2} = 2i\cdot\alpha^2$ ……⑤ となる。以下同様に，

$\overrightarrow{P_3P_4} = 2i\alpha^3$ ……………………⑥

$\overrightarrow{P_4P_5} = 2i\alpha^4$ ……………………⑦

………………………………………………

$\overrightarrow{P_{n-1}P_n} = 2i\alpha^{n-1}$ ……………⑧ となる。

これら②，④，……，⑧を①に代入すると，

$$\overrightarrow{P_0P_n} = 2i + 2i\cdot\alpha + 2i\cdot\alpha^2 + 2i\cdot\alpha^3 + 2i\cdot\alpha^4 + \cdots + 2i\alpha^{n-1}$$

$$= 2i\left(\underline{1+\alpha+\alpha^2+\alpha^3+\alpha^4+\cdots+\alpha^{n-1}}\right)$$

これは，初項 1，公比 $\alpha$，項数 $n$ の等比数列の和より，$\frac{1\cdot(1-\alpha^n)}{1-\alpha}$ になる。

$\therefore\ \overrightarrow{P_0P_n} = 2i\cdot\frac{1-\alpha^n}{1-\alpha}$ ……⑨ となる。 ← これが，点 $P_n$ を表す複素数になる。

ここで，③より，$|\alpha| = \frac{1}{\sqrt{2}}$ だから，$\lim_{n\to\infty}\alpha^n = 0$ となる。よって，⑨より，

$$\lim_{n\to\infty}\alpha^n = \lim_{n\to\infty}\left\{\frac{1}{\sqrt{2}}(\cos 45° + i\sin 45°)\right\}^n = \lim_{n\to\infty}\left(\frac{1}{\sqrt{2}}\right)^n\{\cos(45°n) + i\sin(45°n)\} = 0$$

$\left(\frac{1}{\sqrt{2}}\right)^n \to 0$

これは，有限な範囲で複素数の値が変動する。

$$\lim_{n\to\infty}\overrightarrow{P_0P_n} = \lim_{n\to\infty}\frac{2i(1-\alpha^n)}{1-\alpha} = \frac{2i}{1-\alpha} = \frac{2i}{1-\left(\frac{1}{2}+\frac{1}{2}i\right)} = \frac{2i}{\frac{1}{2}-\frac{1}{2}i}$$

（$\alpha^n \to 0$）

$$= \frac{4i(1+i)}{(1-i)(1+i)} = 2(i+i^2) = -2+2i$$

分子・分母に $(1+i)$ をかけた。

$(1-i)(1+i) = 1^2 - i^2 = 2$，$i^2 = -1$

$\therefore\ P_n$ を表す複素数 $z_n$ の極限は，$\lim_{n\to\infty} z_n = -2+2i$ である。………………(答)

# 複素 2 次関数

| 演習問題 18 | CHECK 1 | CHECK 2 | CHECK 3 |
|---|---|---|---|

複素関数 $w=z^2$ により，$z$ 平面上の次の図形が $w$ 平面上でどのような図形に写されるか，調べて図示せよ。ただし，$z=x+iy$，$w=u+iv$ $(x,\ y,\ u,\ v$：実数$)$ とおく。

(1) $z+\overline{z}=2$　　　　(2) $z-\overline{z}=2i$

**ヒント！** 一般に，複素関数 $w=f(z)$ に関して，$z=x+iy$，$w=u+iv$ とおくと，$w=f(z)$ は，2 変数 $x,\ y$ から 2 変数 $u,\ v$ への関数となる。よって，右図のように，$w=f(z)$ によって，$z$ 平面 ($xy$ 平面) 上の図形は $w$ 平面 ($uv$ 平面) 上の図形に写される。

複素関数 $w=f(z)$ のグラフのイメージ

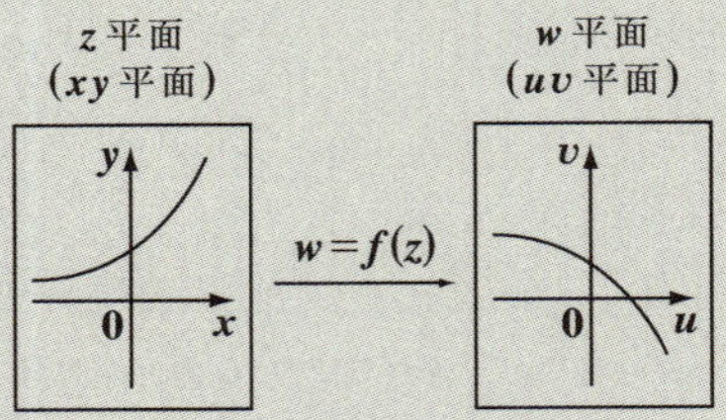


今回の問題では，$w=f(z)=z^2$ により，$xy$ 平面上の直線 (1) $x=1$ と (2) $y=1$ が $uv$ 平面上のどのような図形に写されるかを調べる。

## 解答＆解説

(1) $z=x+iy$　$(x,\ y$：実数変数$)$ とおくと，$\overline{z}=x-iy$ となる。よって，

$z$ 平面上の図形 $z+\overline{z}=2$ は，$x+iy+x-iy=2$，$2x=2$ より，

直線 $x=1$ ……①　を表す。

①が，複素 2 次関数 $w=f(z)=z^2$ ……②　により，どのような図形に写されるか調べる。$w=f(z)=z^2=u+iv$ とおくと，①より，

$$w=u+iv=(x+iy)^2=(1+iy)^2=1+i\cdot 2y+i^2y^2=1-y^2+i\cdot 2y$$

（$x$：1 (①より)，$y$ は任意に変化する変数，$1-y^2$：$u$，$2y$：$v$）

これから，

$$\begin{cases} u=1-y^2 & \cdots\cdots ③ \\ v=2y & \cdots\cdots ④ \end{cases}$$　となる。

（$y$ を媒介変数と考えると，$y$ を消去して $u$ と $v$ の関係式を導けば，それが $w$ 平面 ($uv$ 平面) 上の曲線の方程式になるんだね。）

④より，$y=\dfrac{1}{2}v$ ……④′

④´を③に代入して，

$u=1-\left(\frac{1}{2}v\right)^2=-\frac{1}{4}v^2+1$

となって，放物線の方程式が導ける。

よって，$w=z^2$ により，$z$ 平面上の直線 $x=1$ が $w$ 平面上の放物線 $u=-\frac{1}{4}v^2+1$ に写される様子を右図に示す。……………………(答)

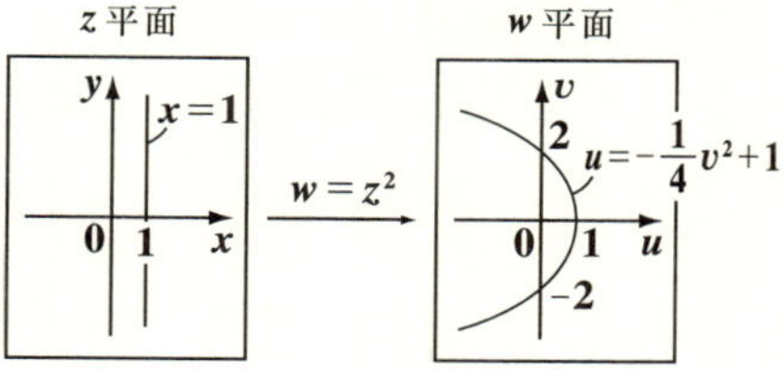


**(2)** $z=x+iy$　($x,\ y$：実数変数)とおくと，$\overline{z}=x-iy$ となる。よって，

$z$ 平面上の図形 $z-\overline{z}=2i$ は，$x+iy-(x-iy)=2i$，$2iy=2i$

より，直線 $y=1$ ……⑤ を表す。

⑤が，複素関数 $w=z^2$ ……② により，どのような図形に写されるか調べる。$w=u+iv$ とおくと，⑤より，

$w=u+iv=(x+iy)^2=(x+i)^2=x^2+i\cdot2x+i^2=x^2-1+i\cdot2x$

（$x$ は任意に変化する変数）（$y$ = 1 (⑤より)）（$x^2-1$ = $u$）（$2x$ = $v$）

これから，

$\begin{cases} u=x^2-1 & \cdots\cdots⑥ \\ v=2x & \cdots\cdots⑦ \end{cases}$　となる。

（媒介変数 $x$ を消去して，$u$ と $v$ の関係式を求めよう！）

⑦より，$x=\frac{1}{2}v$ ……⑦´

⑦´を⑥に代入して，

$u=\frac{1}{4}v^2-1$　となって，

放物線の式が導ける。

よって，$w=z^2$ により，$z$ 平面上の直線 $y=1$ が $w$ 平面上の放物線 $u=\frac{1}{4}v^2-1$ に写される様子を右図に示す。……………………(答)

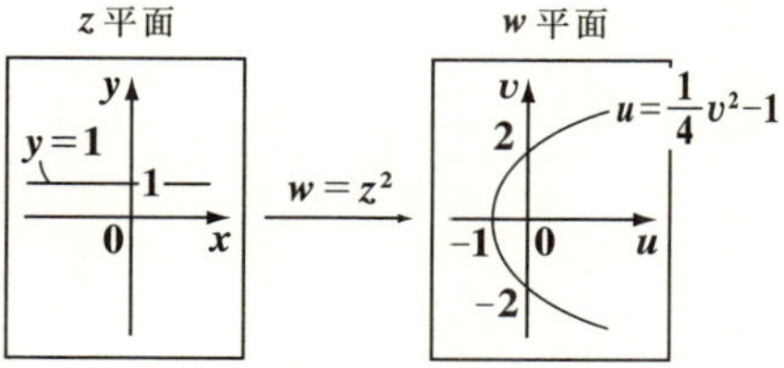

# 複素指数関数の計算（Ⅰ）

**演習問題 19** CHECK 1 CHECK 2 CHECK 3

次の複素数を $a+bi$ （$a$, $b$：実数）の形で表せ。

(1) $e^{1+\frac{\pi}{4}i}$　(2) $e^{2-\frac{\pi}{3}i}$　(3) $3e^{\frac{7}{2}\pi i}$　(4) $e^{\frac{3-11\pi i}{6}}$

(5) $e^{i(3-i)}$　(6) $e^{(1+2i)^2}$　(7) $e^{\frac{\pi}{4}i\left(\frac{2}{\pi}i-1\right)}$　(8) $e^{e^{i\theta}}$ （$\theta$：実数）

ヒント！ 複素指数関数の公式：$e^{x+iy}=e^x(\cos y+i\sin y)$ （$x$, $y$：実数）を使って計算していこう。

## 解答＆解説

公式：
$re^{i\theta}=r(\cos\theta+i\sin\theta)$
を利用して解いていこう。

(1) $e^{1+\frac{\pi}{4}i}=\underbrace{e^1}_{r}\cdot\underbrace{e^{\frac{\pi}{4}i}}_{e^{i\theta}}=e\left(\underbrace{\cos\frac{\pi}{4}}_{\frac{\sqrt{2}}{2}}+i\underbrace{\sin\frac{\pi}{4}}_{\frac{\sqrt{2}}{2}}\right)$

$=\dfrac{\sqrt{2}}{2}e+\dfrac{\sqrt{2}}{2}e\cdot i$ ……………………（答）

(2) $e^{2-\frac{\pi}{3}i}=\underbrace{e^2}_{r}\cdot\underbrace{e^{-\frac{\pi}{3}i}}_{e^{i\theta}}=e^2\left\{\underbrace{\cos\left(-\frac{\pi}{3}\right)}_{\frac{1}{2}}+i\underbrace{\sin\left(-\frac{\pi}{3}\right)}_{-\frac{\sqrt{3}}{2}}\right\}$

$=\dfrac{e^2}{2}-\dfrac{\sqrt{3}e^2}{2}i$ ……………………（答）

(3) $\underbrace{3e^{\frac{7}{2}\pi i}}_{r\cdot e^{i\theta}}=3\cdot\left(\underbrace{\cos\frac{7}{2}\pi}_{\cos\frac{3}{2}\pi=0}+i\underbrace{\sin\frac{7}{2}\pi}_{\sin\frac{3}{2}\pi=-1}\right)=3\times(-i)=-3i$ ……………（答）

(4) $e^{\frac{3-11\pi i}{6}}=\underbrace{e^{\frac{1}{2}}\cdot e^{-\frac{11}{6}\pi i}}_{r\cdot e^{i\theta}}=\sqrt{e}\left\{\underbrace{\cos\left(-\frac{11}{6}\pi\right)}_{\cos\frac{\pi}{6}=\frac{\sqrt{3}}{2}}+i\underbrace{\sin\left(-\frac{11}{6}\pi\right)}_{\sin\frac{\pi}{6}=\frac{1}{2}}\right\}$

$=\dfrac{\sqrt{3e}}{2}+\dfrac{\sqrt{e}}{2}i$ ……………………（答）

(5) $e^{i(3-i)} = e^{3i-i^2} = \underset{re^{i\theta}}{\underline{e^1 \cdot e^{3i}}} = e(\cos 3 + i\sin 3)$

$= e\cos 3 + i \cdot e\sin 3$ ……………………………………………(答)

(6) $e^{(1+2i)^2} = e^{1+4i+4\cdot i^2} = e^{1-4+4i} = \underset{re^{i\theta}}{\underline{e^{-3} \cdot e^{4i}}}$

$= \dfrac{1}{e^3}(\cos 4 + i\sin 4) = \dfrac{\cos 4}{e^3} + \dfrac{\sin 4}{e^3}i$ ……………………………(答)

(7) $e^{\frac{\pi}{4}i\left(\frac{2}{\pi}i-1\right)} = e^{\frac{i^2}{2}-\frac{\pi}{4}i} = \underset{re^{i\theta}}{\underline{e^{-\frac{1}{2}} \cdot e^{-\frac{\pi}{4}i}}}$

$= \dfrac{1}{\sqrt{e}}\left\{\underset{\cos\frac{\pi}{4}=\frac{1}{\sqrt{2}}}{\underline{\cos\left(-\dfrac{\pi}{4}\right)}} + i\underset{-\sin\frac{\pi}{4}=-\frac{1}{\sqrt{2}}}{\underline{\sin\left(-\dfrac{\pi}{4}\right)}}\right\}$

$= \dfrac{1}{\sqrt{2e}} - \dfrac{i}{\sqrt{2e}}$ ……………………………………………(答)

(8) $e^{e^{i\theta}} = e^{\cos\theta + i\sin\theta} = \underset{r\cdot e^{i\theta}\text{の形}}{\underline{e^{\cos\theta} \cdot e^{i\sin\theta}}}$

$= e^{\cos\theta}\{\cos(\sin\theta) + i\sin(\sin\theta)\}$

$= e^{\cos\theta}\cos(\sin\theta) + i\,e^{\cos\theta}\sin(\sin\theta)$ ……………………………(答)

# 複素指数関数の計算(II)

演習問題 20　CHECK 1　CHECK 2　CHECK 3

次の複素数の絶対値を求めよ。(ただし，$\theta$ は実数とする)

(1) $|e^{2i\theta}|$　(2) $|e^{2-\frac{\pi}{3}i}|$　(3) $|2e^{1+2i}|$

(4) $|e^{i(3-i)}|$　(5) $|e^{(1+2i)^2}|$　(6) $|e^{e^{i\theta}}|$

ヒント！ $e^{i\theta}=\cos\theta+i\sin\theta$ ($\theta$：実数)より，$|e^{i\theta}|=\sqrt{\cos^2\theta+\sin^2\theta}=1$ となることから，$|e^{i\cdot(\text{実数})}|=1$ となることを頭に入れて解いていこう。

## 解答＆解説

(1) $|e^{i\cdot 2\theta}|=1$ ……………(答)　($2\theta$：実数)

(2) $|e^{2-\frac{\pi}{3}i}|=|e^2\times e^{-\frac{\pi}{3}i}|=e^2|e^{-\frac{\pi}{3}i}|=e^2$ ……………(答)

($e^2$：⊕の定数，$-\frac{\pi}{3}$：実数，$|e^{-\frac{\pi}{3}i}|=1$)

(3) $|2e^{1+2i}|=|2e\times e^{2i}|=2e|e^{2i}|=2e$ ……………(答)

($2e$：⊕の定数，$2$：実数，$|e^{2i}|=1$)

(4) $|e^{i(3-i)}|=|e^{3i-i^2}|=|e^{1+3i}|=|e\times e^{3i}|=e|e^{3i}|=e$ ……………(答)

($i^2=-1$，$e$：⊕の定数，$3$：実数，$|e^{3i}|=1$)

(5) $|e^{(1+2i)^2}|=|e^{1+4i+4\cdot i^2}|=|e^{-3}\times e^{4i}|=e^{-3}|e^{4i}|=\dfrac{1}{e^3}$ ……………(答)

($i^2=-1$，$e^{-3}$：⊕の定数，$4$：実数，$|e^{4i}|=1$)

(6) $|e^{e^{i\theta}}|=|e^{\cos\theta+i\sin\theta}|=|e^{\cos\theta}\cdot e^{i\sin\theta}|$

($e^{\cos\theta}$：⊕の定数)

$=e^{\cos\theta}|e^{i\sin\theta}|=e^{\cos\theta}$ ……………(答)

($\sin\theta$：実数，$|e^{i\sin\theta}|=1$)

# 複素指数関数 $w = e^z$

演習問題 21　CHECK 1　CHECK 2　CHECK 3

複素指数関数 $w = e^z$ により，$z$ 平面上の次の図形が $w$ 平面上でどのような図形に写されるか，調べて図示せよ。ただし，$z = x + iy$，$w = u + iv$ ($x$, $y$, $u$, $v$：実数) とおく。

(1) $z + \overline{z} = 2$　　(2) $z - \overline{z} = 2i$

ヒント！ 今回は，複素指数関数 $w = e^z$ により，$z$ 平面上の (1) 直線 $x = 1$ と (2) 直線 $y = 1$ が $w$ 平面上のどのような図形に写されるかを調べるんだね。

## 解答＆解説

(1) $z = x + iy$ と $\overline{z} = x - iy$ より，$z + \overline{z} = 2$ は $x + iy + x - iy = 2$　よって，

$x = 1$ ……① となる。①を，$w = e^z = e^{x+iy}$ に代入すると，

$w = u + iv = e^z = e^{1+iy} = e(\cos y + i\sin y) = \underbrace{e\cos y}_{u} + i\underbrace{e\sin y}_{v}$ より，

$\begin{cases} u = e\cos y & \cdots\cdots\text{②} \\ v = e\sin y & \cdots\cdots\text{③} \end{cases}$ となる。

$\text{②}^2 + \text{③}^2$ より，

$u^2 + v^2 = e^2(\underbrace{\cos^2 y + \sin^2 y}_{1}) = e^2$ より，

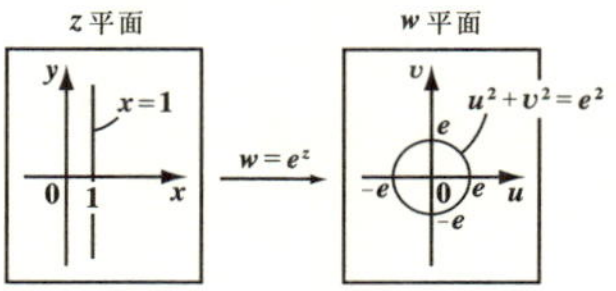


$z$ 平面上の直線 $x = 1$…①は，$w$ 平面上の原点 0，半径 $e$ の円に写される。……(答)

(2) $z = x + iy$ と $\overline{z} = x - iy$ より，$z - \overline{z} = 2i$ は $x + iy - (x - iy) = 2i$　よって，

$y = 1$ ……④ となる。④を，$w = e^z = e^{x+iy}$ に代入すると，

$w = u + iv = e^z = e^{x+i} = e^x(\cos 1 + i\sin 1) = \underbrace{e^x\cos 1}_{u} + i\underbrace{e^x\sin 1}_{v}$ より，

$\begin{cases} u = e^x\cos 1 & \cdots\cdots\text{⑤} \\ v = e^x\sin 1 & \cdots\cdots\text{⑥} \end{cases}$ となる。

⑥÷⑤より，

$\dfrac{v}{u} = \dfrac{e^x\sin 1}{e^x\cos 1} = \tan 1$

$\therefore v = (\underbrace{\tan 1}_{1.56}) \cdot u$　($u > 0$, $v > 0$) より，（⑤，⑥より）

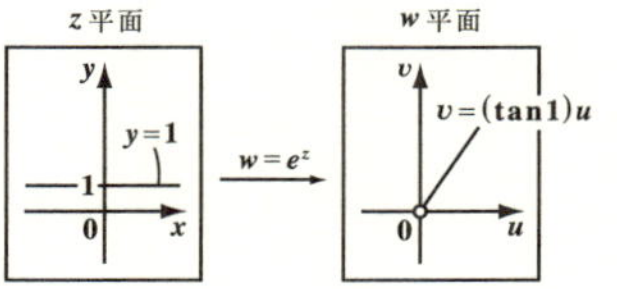


$z$ 平面上の直線 $y = 1$…④は，$w$ 平面上の半直線 $v = (\tan 1)u$ ($u > 0$) に写される。

…………(答)

# 複素対数関数の計算

**演習問題 22** CHECK 1 CHECK 2 CHECK 3

次の複素数の自然対数とその主値を求めよ。

(1) $z_1 = e^{3-\frac{\pi}{4}i}$　(2) $z_2 = e^{\frac{4+7\pi i}{6}}$　(3) $z_3 = \sqrt{3} - 3i$

(4) $z_4 = -5i$　(5) $z_5 = e^{(1-3i)^2}$　(6) $z_6 = e^{e^{2pi}}$　($p$：実数)

ヒント！ $z = re^{i\theta}$ $(-\pi < \theta \leqq \pi)$ の自然対数は，$\log z = \log r + i(\theta + 2n\pi)$ ($n$: 整数) であり，その主値は $\mathrm{Log}\,z = \log r + i\theta$ となる。この公式を使って解いていこう。

## 解答&解説

(1) $z_1 = e^3 \cdot e^{-\frac{\pi}{4}i}$ より，$|z_1| = r = e^3$，$\arg z_1 = \theta = -\dfrac{\pi}{4}$ である。

まず，$r \cdot e^{i\theta}$ の形にする。

よって，$z_1$ の自然対数 $\log z_1$ とその主値 $\mathrm{Log}\,z_1$ は，

$$\begin{cases} \cdot \log z_1 = \log e^3 + i\left(-\dfrac{\pi}{4} + 2n\pi\right) = 3 + i\left(-\dfrac{\pi}{4} + 2n\pi\right) \quad (n: \text{整数}) \\ \cdot \mathrm{Log}\,z_1 = \log e^3 + i \cdot \left(-\dfrac{\pi}{4}\right) = 3 - \dfrac{\pi}{4}i \end{cases}$$

……(答)

(2) $z_2 = e^{\frac{2}{3}} \cdot e^{\frac{7}{6}\pi i}$ より，$|z_2| = r = e^{\frac{2}{3}}$，$\arg z_2 = \theta = \dfrac{7}{6}\pi$ である。

よって，$z_2$ の自然対数 $\log z_2$ とその主値 $\mathrm{Log}\,z_2$ は，

$$\begin{cases} \cdot \log z_2 = \log e^{\frac{2}{3}} + i\left(\dfrac{7}{6}\pi + 2n\pi\right) = \dfrac{2}{3} + i\left(\dfrac{7}{6}\pi + 2n\pi\right) \quad (n: \text{整数}) \\ \cdot \mathrm{Log}\,z_2 = \log e^{\frac{2}{3}} + i \cdot \dfrac{7}{6}\pi = \dfrac{2}{3} + \dfrac{7}{6}\pi i \end{cases}$$

……(答)

(3) $z_3 = 2\sqrt{3}\left(\dfrac{1}{2} - \dfrac{\sqrt{3}}{2}i\right) = 2\sqrt{3} \cdot e^{-\frac{\pi}{3}i}$ より，$|z_3| = r = 2\sqrt{3}$，$\arg z_3 = \theta = -\dfrac{\pi}{3}$ である。

$r = \sqrt{(\sqrt{3})^2 + (-3)^2}$　$\cos\left(-\dfrac{\pi}{3}\right) + i\sin\left(-\dfrac{\pi}{3}\right)$

よって，$z_3$ の自然対数 $\log z_3$ とその主値 $\mathrm{Log}\,z_3$ は，

$$\begin{cases} \cdot \log z_3 = \log 2\sqrt{3} + i\left(-\dfrac{\pi}{3} + 2n\pi\right) \quad (n: \text{整数}) \\ \cdot \mathrm{Log}\,z_3 = \log 2\sqrt{3} - \dfrac{\pi}{3}i \end{cases}$$

……………………………(答)

(4) $z_4 = \underset{r=\sqrt{0^2+(-5)^2}}{\underline{5}}\,\underset{\cos\left(-\frac{\pi}{2}\right)+i\sin\left(-\frac{\pi}{2}\right)}{\underline{(0-i)}} = 5e^{-\frac{\pi}{2}i}$ より，$|z_4| = r = 5$，$\arg z_4 = \theta = -\dfrac{\pi}{2}$ である。

よって，$z_4$ の自然対数 $\log z_4$ とその主値 $\mathrm{Log}\, z_4$ は，

$$\begin{cases} \cdot \log z_4 = \log 5 + i\left(-\dfrac{\pi}{2} + 2n\pi\right) \quad (n: \text{整数}) \\ \cdot \mathrm{Log}\, z_4 = \log 5 - \dfrac{\pi}{2} i \end{cases}$$ ……………………………(答)

(5) $z_5 = e^{1-6i+9i^2} = \underset{re^{i\theta}\text{の形}}{\underline{e^{-8}\cdot e^{-6i}}}$ より，$|z_5| = r = e^{-8}$，$\arg z_5 = \theta = -6$ である。

よって，$z_5$ の自然対数 $\log z_5$ とその主値 $\mathrm{Log}\, z_5$ は，

$$\begin{cases} \cdot \log z_5 = \log e^{-8} + i(-6 + 2n\pi) = -8 + i(-6 + 2n\pi) \quad (n: \text{整数}) \\ \cdot \mathrm{Log}\, z_5 = \log e^{-8} + i\cdot(-6) = -8 - 6i \end{cases}$$ ……(答)

(6) $z_6 = e^{e^{2pi}} = e^{\cos 2p + i\sin 2p} = \underset{re^{i\theta}\text{の形}}{\underline{e^{\cos 2p}\cdot e^{i\cdot\sin 2p}}}$ より，

$|z_6| = r = e^{\cos 2p}$，$\arg z_6 = \theta = \sin 2p$ である。

よって，$z_6$ の自然対数 $\log z_6$ とその主値 $\mathrm{Log}\, z_6$ は，

$$\begin{cases} \cdot \log z_6 = \log e^{\cos 2p} + i(\sin 2p + 2n\pi) \\ \qquad\quad = \cos 2p + i(\sin 2p + 2n\pi) \quad (n: \text{整数}) \\ \cdot \mathrm{Log}\, z_6 = \log e^{\cos 2p} + i\sin 2p \\ \qquad\quad = \cos 2p + i\sin 2p \end{cases}$$ …………………………(答)

# 複素対数関数 $w = \mathrm{Log}\,z$（主値）

**演習問題 23**　CHECK 1　CHECK 2　CHECK 3

複素対数関数 $w = \mathrm{Log}\,z$ により，$z$ 平面上の次の図形が $w$ 平面上でどのような図形に写されるか，その方程式を求めよ。ただし，$\mathrm{Log}\,z$ は $\log z$ の主値を表すものとし，$z = x + iy$，$w = u + iv$（$x, y, u, v$：実数）とおく。

(1) $z + \overline{z} = 2$　　　(2) $z - \overline{z} = 2i$

**ヒント！** 今回は，複素対数関数（主値）$w = \mathrm{Log}\,z$ により，$z$ 平面上の (1) 直線 $x = 1$ と (2) 直線 $y = 1$ が $w$ 平面上のどのような図形の方程式に写されるかを調べる問題だ。

## 解答＆解説

(1) $z = x + iy$ と $\overline{z} = x - iy$ より，$z + \overline{z} = 2$ は $x + iy + x - iy = 2$　よって，

$x = 1$ ……①　となる。①を，$w = \mathrm{Log}\,z = \mathrm{Log}(x + iy)$ に代入すると，

$w = \mathrm{Log}(1 + iy)$ ……②　となる。

（$y$ は，$-\infty < y < \infty$ の範囲を任意に変化する変数）

ここで，$1 + iy$ を極形式 $(re^{i\theta})$ の形に変形すると，

$$1 + iy = \underbrace{\sqrt{1+y^2}}_{r}\left(\underbrace{\frac{1}{\sqrt{1+y^2}}}_{\cos\theta} + \underbrace{\frac{y}{\sqrt{1+y^2}}}_{\sin\theta}i\right) = \sqrt{1+y^2}\cdot e^{i\theta} \quad \cdots\cdots③$$

ただし，$\theta = \tan^{-1}y$ ……④　$\left(-\dfrac{\pi}{2} < \theta < \dfrac{\pi}{2}\right)$

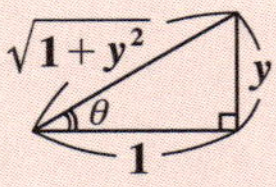


$\tan\theta = \dfrac{y}{1} = y$ より，$\theta = \tan^{-1}y$ と表せる。

③，④より，②は，

$$w = u + iv = \log r + i\theta = \underbrace{\log\sqrt{1+y^2}}_{u} + i\underbrace{\tan^{-1}y}_{v} \text{ より，}$$

$$\begin{cases} u = \log\sqrt{1+y^2} & \cdots\cdots⑤ \\ v = \tan^{-1}y & \cdots\cdots\cdots\cdots⑥ \end{cases}$$

となる。⑤より，$u \geqq 0$ $(= \log 1)$ である。これから，

⑤より，$\sqrt{1+y^2} = e^u$　　$1 + y^2 = e^{2u}$　　$y^2 = e^{2u} - 1$ ……⑤′

⑥より，$y = \tan v$ ……⑥′　となる。

⑥′を⑤′に代入して，$\tan^2 v = e^{2u} - 1$　　$\tan v = \pm\sqrt{e^{2u} - 1}$

$\therefore\ v = \tan^{-1}\left(\pm\sqrt{e^{2u}-1}\right) = \pm\tan^{-1}\sqrt{e^{2u}-1}$　$(u \geqq 0)$ となる。 ………（答）

(2) $z = x + iy$ と $\overline{z} = x - iy$ より，$z - \overline{z} = 2i$ は $x + iy - (x - iy) = 2i$ よって，

$y = 1$ ……⑦ となる。⑦を，$w = \mathrm{Log}\,z = \mathrm{Log}(x + iy)$ に代入すると，

$w = \mathrm{Log}(x + i)$ ……⑧ となる。

$x$は，$-\infty < x < \infty$の範囲を任意に変化する変数

ここで，$x + i$を極形式$(re^{i\theta})$の形に変形すると，

$$x + 1\cdot i = \underbrace{\sqrt{x^2+1}}_{r}\left(\underbrace{\frac{x}{\sqrt{x^2+1}}}_{\cos\theta} + \underbrace{\frac{1}{\sqrt{x^2+1}}}_{\sin\theta}\,i\right) = \sqrt{1+x^2}\,e^{i\theta} \quad \cdots\cdots ⑨$$

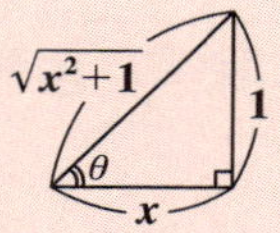


$\tan\theta = \dfrac{1}{x}$ より，

$\theta = \tan^{-1}\dfrac{1}{x}$ と表せる。

ただし，$\theta = \tan^{-1}\dfrac{1}{x}$ ……⑩ $\left(-\dfrac{\pi}{2} < \theta < \dfrac{\pi}{2},\ x \neq 0\right)$

⑨，⑩より，⑧は，

$$w = u + iv = \log r + i\theta = \underbrace{\log\sqrt{x^2+1}}_{u} + i\underbrace{\tan^{-1}\frac{1}{x}}_{v} \text{ より，}$$

$$\begin{cases} u = \log\sqrt{x^2+1} & \cdots\cdots ⑪ \quad (x \neq 0) \\ v = \tan^{-1}\dfrac{1}{x} & \cdots\cdots\cdots ⑫ \end{cases}$$

となる。⑪より，$u > 0$ $(= \log 1)$ である。これから，

⑪より，$\sqrt{x^2+1} = e^u$　　$x^2 + 1 = e^{2u}$　　$x^2 = e^{2u} - 1$ ……⑪′

⑫より，$\dfrac{1}{x} = \tan v$　　$x = \dfrac{1}{\tan v}$ ……⑫′ となる。

⑫′を⑪′に代入して，

$$\frac{1}{\tan^2 v} = e^{2u} - 1 \qquad \tan^2 v = \frac{1}{e^{2u}-1} \qquad \tan v = \pm\sqrt{\frac{1}{e^{2u}-1}}$$

$$\therefore\ v = \tan^{-1}\left(\pm\sqrt{\frac{1}{e^{2u}-1}}\right) = \pm\tan^{-1}\sqrt{\frac{1}{e^{2u}-1}} \quad (u > 0) \text{ となる。} \quad \cdots\cdots(\text{答})$$

# 複素数のベキ乗(Ⅰ)

## 演習問題 24

CHECK 1　CHECK 2　CHECK 3

次の複素数のベキ乗計算をせよ。

(1) $i^{4i}$　(2) $(-i)^{-3i}$　(3) $(-3i)^{i}$

(4) $(2i)^{2i}$　(5) $4^{\frac{1}{2}}$　(6) $81^{\frac{1}{4}}$

ヒント！ ベキ乗計算の公式：$\alpha = re^{i\theta}$ のとき $\alpha^{\beta} = e^{\beta\{\log r + i(\theta+2n\pi)\}}$ （$n$：整数）を利用して解いていけばいいんだね。頑張ろう！

## 解答＆解説

公式
$\alpha^{\beta} = e^{\beta\{\log r + i(\theta+2n\pi)\}}$
$(\alpha = r\cdot e^{i\theta})$

$1\cdot(0+i) = 1\cdot\left(\cos\frac{\pi}{2} + i\sin\frac{\pi}{2}\right) = 1\cdot e^{\frac{\pi}{2}i}$

(1) $i^{4i} = e^{4i\cdot\log i}$

$= e^{4i\left\{\log 1 + i\left(\frac{\pi}{2}+2n\pi\right)\right\}}$

$= e^{4i^2\left(\frac{\pi}{2}+2n\pi\right)} = e^{-4\left(\frac{\pi}{2}+2n\pi\right)}$

$= e^{-2\pi-8n\pi}$　（$n$：整数）……(答)

$1\cdot(0-i) = 1\cdot\left\{\cos\left(-\frac{\pi}{2}\right) + i\sin\left(-\frac{\pi}{2}\right)\right\} = 1\cdot e^{-\frac{\pi}{2}i}$

(2) $(-i)^{-3i} = e^{-3i\cdot\log(-i)}$

$= e^{-3i\left\{\log 1 + i\left(-\frac{\pi}{2}+2n\pi\right)\right\}}$

$= e^{-3i^2\left(-\frac{\pi}{2}+2n\pi\right)} = e^{3\left(-\frac{\pi}{2}+2n\pi\right)}$

$= e^{-\frac{3}{2}\pi+6n\pi}$　（$n$：整数）……(答)

$3\cdot(0-i) = 3\cdot\left\{\cos\left(-\frac{\pi}{2}\right) + i\sin\left(-\frac{\pi}{2}\right)\right\} = 3e^{-\frac{\pi}{2}i}$

(3) $(-3i)^{i} = e^{i\cdot\log(-3i)}$

$= e^{i\left\{\log 3 + i\left(-\frac{\pi}{2}+2n\pi\right)\right\}}$

$= e^{i\log 3+\frac{\pi}{2}-2n\pi} = e^{\frac{\pi}{2}-2n\pi}\cdot e^{i\log 3}$

$= e^{\frac{\pi}{2}-2n\pi}\{\cos(\log 3) + i\sin(\log 3)\}$　（$n$：整数）……(答)

$2(0+i)=2\left(\cos\frac{\pi}{2}+i\sin\frac{\pi}{2}\right)=2e^{\frac{\pi}{2}i}$

(4) $(2i)^{2i}=e^{2i\cdot\log(2i)}$

$=e^{2i\left\{\log 2+i\left(\frac{\pi}{2}+2n\pi\right)\right\}}=e^{i\cdot 2\log 2-2\left(\frac{\pi}{2}+2n\pi\right)}$

$=e^{-\pi-4n\pi}\cdot e^{i\cdot 2\log 2}$

$=e^{-\pi-4n\pi}\{\cos(2\log 2)+i\sin(2\log 2)\}$ ……………………………(答)

$4(1+0i)=4(\cos 0+i\sin 0)=4e^{0\cdot i}$

(5) $4^{\frac{1}{2}}=e^{\frac{1}{2}\log 4}$

$\log 2$

$=e^{\frac{1}{2}\{\log 4+i(0+2n\pi)\}}=e^{\frac{1}{2}\log 4}\cdot e^{n\pi i}$

$=e^{\log 2}\cdot(\cos n\pi+i\sin n\pi)$ ($n$：整数)

$2$　$\begin{cases}1 & (n：偶数)\\ -1 & (n：奇数)\end{cases}$　$0$

$a$：実数のとき，$e^{\log a}=a$

$=2\times(\pm 1)=\pm 2$ ………………………………………………(答)

$81(1+0i)=81(\cos 0+i\sin 0)=81e^{0\cdot i}$

(6) $81^{\frac{1}{4}}=e^{\frac{1}{4}\log 81}$

$\frac{1}{4}\cdot\log 3^4=\log 3$

$=e^{\frac{1}{4}\{\log 81+i(0+2n\pi)\}}=e^{\frac{1}{4}\log 81}\cdot e^{\frac{n\pi}{2}i}$

$=e^{\log 3}\left(\cos\frac{n}{2}\pi+i\sin\frac{n}{2}\pi\right)$ ($n$：整数)

$3$

$\begin{cases}1+0\cdot i=1 & (n=0,\ 4,\ 8,\ \cdots のとき)\\ 0+1\cdot i=i & (n=1,\ 5,\ 9,\ \cdots のとき)\\ -1+0\cdot i=-1 & (n=2,\ 6,\ 10,\ \cdots のとき)\\ 0-1\cdot i=-i & (n=3,\ 7,\ 11,\ \cdots のとき)\end{cases}$

$=3\times 1,\ 3\times i,\ 3\times(-1),\ 3\times(-i)$

$=\pm 3$ または $\pm 3i$ ……………………………………………………(答)

## 複素数のベキ乗 (II)

**演習問題 25**　CHECK 1　CHECK 2　CHECK 3

次の複素数のベキ乗計算をせよ。

(1) $(e^2 i)^{2i}$　　(2) $\left(\dfrac{i}{e}\right)^{-i}$　　(3) $(1+i)^{4i}$

(4) $(1-i)^{1+i}$　　(5) $(1+i)^{1-i}$

**ヒント！** これも，ベキ乗計算の公式：$\alpha^\beta = e^{\beta\{\log r + i(\theta+2n\pi)\}}$　$(\alpha = re^{i\theta})$ を使ってテンポよく解いていこう。

### 解答＆解説

(1) $(e^2 i)^{2i} = e^{2i\log(e^2 i)}$

$\left[ e^2(0+1\cdot i) = e^2\left(\cos\dfrac{\pi}{2} + i\sin\dfrac{\pi}{2}\right) = e^2\cdot e^{\frac{\pi}{2}i} \right]$

$= e^{2i\left\{\log e^2 + i\left(\frac{\pi}{2}+2n\pi\right)\right\}}$　　($\log e^2 = 2$)

$= e^{4i-2\left(\frac{\pi}{2}+2n\pi\right)} = e^{-\pi-4n\pi}\cdot e^{4i}$

$= e^{-\pi-4n\pi}(\cos 4 + i\sin 4)$　($n$：整数) ……………………………(答)

(2) $\left(\dfrac{i}{e}\right)^{-i} = (e^{-1}\cdot i)^{-i} = e^{-i\log(e^{-1}\cdot i)}$

$\left[ e^{-1}(0+1\cdot i) = e^{-1}\left(\cos\dfrac{\pi}{2} + i\sin\dfrac{\pi}{2}\right) = e^{-1}\cdot e^{\frac{\pi}{2}i} \right]$

$= e^{-i\left\{\log e^{-1} + i\left(\frac{\pi}{2}+2n\pi\right)\right\}}$　　($\log e^{-1} = -1$)

$= e^{i+\frac{\pi}{2}+2n\pi} = e^{\frac{\pi}{2}+2n\pi}\cdot e^{1\cdot i}$

$= e^{\frac{\pi}{2}+2n\pi}(\cos 1 + i\sin 1)$　($n$：整数) ……………………………(答)

(3) $(1+i)^{4i} = e^{4i\log(1+i)}$

$\left[ \sqrt{2}\left(\dfrac{1}{\sqrt{2}} + \dfrac{1}{\sqrt{2}}i\right) = \sqrt{2}\left(\cos\dfrac{\pi}{4} + i\sin\dfrac{\pi}{4}\right) = \sqrt{2}\,e^{\frac{\pi}{4}i} \right]$

$= e^{4i\left\{\log\sqrt{2} + i\left(\frac{\pi}{4}+2n\pi\right)\right\}}$　　($\log\sqrt{2} = \dfrac{1}{2}\log 2$)

$= e^{i\cdot 2\log 2 - 4\left(\frac{\pi}{4}+2n\pi\right)} = e^{-\pi-8n\pi}\cdot e^{i\cdot 2\log 2}$

$= e^{-\pi-8n\pi}\{\cos(2\log 2) + i\sin(2\log 2)\}$　($n$：整数) …………(答)

$$1-i=\sqrt{2}\left(\frac{1}{\sqrt{2}}-\frac{1}{\sqrt{2}}i\right)=\sqrt{2}\left\{\cos\left(-\frac{\pi}{4}\right)+i\sin\left(-\frac{\pi}{4}\right)\right\}=\sqrt{2}\,e^{-\frac{\pi}{4}i}$$

**(4)** $$(1-i)^{1+i}=e^{(1+i)\log(1-i)}$$

$$\log\sqrt{2}=\frac{1}{2}\log 2$$

$$=e^{(1+i)\left\{\log\sqrt{2}+i\left(-\frac{\pi}{4}+2n\pi\right)\right\}}$$

$$(1+i)\left\{\frac{1}{2}\log 2+i\left(-\frac{\pi}{4}+2n\pi\right)\right\}=\frac{1}{2}\log 2+i\left(-\frac{\pi}{4}+2n\pi\right)+i\cdot\frac{1}{2}\log 2-\left(-\frac{\pi}{4}+2n\pi\right)$$

$$=e^{(1+i)\left\{\frac{1}{2}\log 2+i\left(-\frac{\pi}{4}+2n\pi\right)\right\}}$$

$$=e^{\frac{1}{2}\log 2+\frac{\pi}{4}-2n\pi+i\left(\frac{1}{2}\log 2-\frac{\pi}{4}+2n\pi\right)}$$

$$e^{\alpha+2n\pi i}=e^{\alpha}\quad(\because e^{2n\pi i}=1)\quad(n：整数)$$

$$=e^{\frac{1}{2}\log 2+\frac{\pi}{4}-2n\pi}\cdot e^{i\left(\frac{1}{2}\log 2-\frac{\pi}{4}+\cancel{2n\pi}\right)}$$

$$=e^{\frac{1}{2}\log 2+\frac{\pi}{4}-2n\pi}\left\{\cos\left(\frac{1}{2}\log 2-\frac{\pi}{4}\right)+i\sin\left(\frac{1}{2}\log 2-\frac{\pi}{4}\right)\right\}$$

($n$：整数) …………(答)

$$1+i=\sqrt{2}\left(\frac{1}{\sqrt{2}}+\frac{1}{\sqrt{2}}i\right)=\sqrt{2}\left(\cos\frac{\pi}{4}+i\sin\frac{\pi}{4}\right)=\sqrt{2}\,e^{\frac{\pi}{4}i}$$

**(5)** $$(1+i)^{1-i}=e^{(1-i)\log(1+i)}$$

$$\log\sqrt{2}=\frac{1}{2}\log 2$$

$$=e^{(1-i)\left\{\log\sqrt{2}+i\left(\frac{\pi}{4}+2n\pi\right)\right\}}$$

$$(1-i)\left\{\frac{1}{2}\log 2+i\left(\frac{\pi}{4}+2n\pi\right)\right\}=\frac{1}{2}\log 2+i\left(\frac{\pi}{4}+2n\pi\right)-\frac{i}{2}\log 2+\frac{\pi}{4}+2n\pi$$

$$=e^{(1-i)\left\{\frac{1}{2}\log 2+i\left(\frac{\pi}{4}+2n\pi\right)\right\}}$$

$$=e^{\frac{1}{2}\log 2+\frac{\pi}{4}+2n\pi+i\left(-\frac{1}{2}\log 2+\frac{\pi}{4}+2n\pi\right)}$$

$$=e^{\frac{1}{2}\log 2+\frac{\pi}{4}+2n\pi}\cdot e^{i\left(-\frac{1}{2}\log 2+\frac{\pi}{4}+\cancel{2n\pi}\right)}$$

$$=e^{\frac{1}{2}\log 2+\frac{\pi}{4}+2n\pi}\left\{\cos\left(-\frac{1}{2}\log 2+\frac{\pi}{4}\right)+i\sin\left(-\frac{1}{2}\log 2+\frac{\pi}{4}\right)\right\}$$

($n$：整数) …………(答)

講義 Lecture 2 行列と1次変換［線形代数入門(I)］ methods & formulae

# §1. ベクトルの復習

ベクトル $\boldsymbol{a}$ は，大きさと向きをもった量のことであり，その大きさをノルムと呼び $\|\boldsymbol{a}\|$ で表す。よって，右図に示すように $\boldsymbol{a}$ と同じ向きの単位ベクトル（ノルムが1のベクトル）$\boldsymbol{e}$ は $\boldsymbol{e}=\dfrac{1}{\|\boldsymbol{a}\|}\boldsymbol{a}$ で表せる。

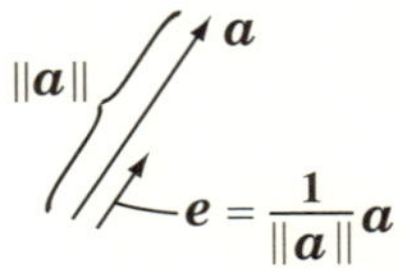


$\boldsymbol{a}$ と $\boldsymbol{b}$ が互いに平行でなく，かつ $\boldsymbol{0}$（零ベクトル（ノルムが0のベクトル））でないとき，$\boldsymbol{a}$ と $\boldsymbol{b}$ の1次結合を $\boldsymbol{p}$，すなわち，$\boldsymbol{p}=s\boldsymbol{a}+t\boldsymbol{b}$ （$s$，$t$：実数）とおくと，右図に示すように，実数 $s$ と $t$ の値を自由に変化させると，$\boldsymbol{p}$ の終点は $\boldsymbol{a}$ と $\boldsymbol{b}$ を含む1枚の2次元平面を描くことになる。この平面のことを"**$\boldsymbol{a}$ と $\boldsymbol{b}$ で張られた平面**"と呼ぶ。

$\boldsymbol{a}$ と $\boldsymbol{b}$ で張られた平面

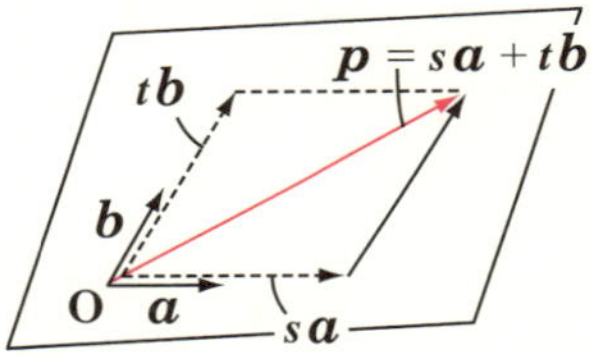


2つのベクトル $\boldsymbol{a}$ と $\boldsymbol{b}$ の内積を次のように定義する。

## ベクトルの内積

2つのベクトル $\boldsymbol{a}$ と $\boldsymbol{b}$ の内積は $\boldsymbol{a}\cdot\boldsymbol{b}$ で表し，次のように定義する。

$\boldsymbol{a}\cdot\boldsymbol{b}=\|\boldsymbol{a}\|\|\boldsymbol{b}\|\cos\theta$

（$\theta$：$\boldsymbol{a}$ と $\boldsymbol{b}$ のなす角）

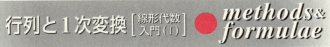

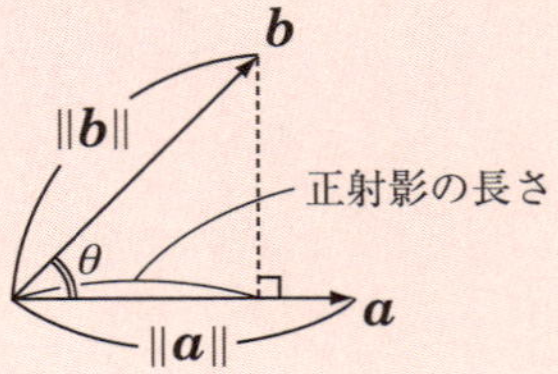


よって，$\boldsymbol{a}\perp\boldsymbol{b}$（垂直）のとき，$\boldsymbol{a}\cdot\boldsymbol{b}=0$ となる。

次に，$\boldsymbol{a}$ に垂直に真上から光が射したとき，$\boldsymbol{b}$ が $\boldsymbol{a}$ に落とす影を**正射影**（せいしゃえい）と呼び，その長さは，$\left|\dfrac{\boldsymbol{a}\cdot\boldsymbol{b}}{\|\boldsymbol{a}\|}\right|=\left|\dfrac{\|\boldsymbol{a}\|\cdot\|\boldsymbol{b}\|\cos\theta}{\|\boldsymbol{a}\|}\right|=\|\boldsymbol{b}\|\cdot|\cos\theta|$ で表される。

内積の公式として，次のものがある。

## 内積の公式

(1) $\boldsymbol{a}\cdot\boldsymbol{b}=\boldsymbol{b}\cdot\boldsymbol{a}$ ← 交換法則

(2) $(\boldsymbol{a}_1+\boldsymbol{a}_2)\cdot\boldsymbol{b}=\boldsymbol{a}_1\cdot\boldsymbol{b}+\boldsymbol{a}_2\cdot\boldsymbol{b}$，$\boldsymbol{a}\cdot(\boldsymbol{b}_1+\boldsymbol{b}_2)=\boldsymbol{a}\cdot\boldsymbol{b}_1+\boldsymbol{a}\cdot\boldsymbol{b}_2$

(3) $(k\boldsymbol{a})\cdot\boldsymbol{b}=\boldsymbol{a}\cdot(k\boldsymbol{b})=k(\boldsymbol{a}\cdot\boldsymbol{b})$ （$k$：実数）

(4) $\|\boldsymbol{a}\|^2=\boldsymbol{a}\cdot\boldsymbol{a}$

ベクトル $\boldsymbol{a}$ の始点を原点 $\mathbf{O}$ と一致させたとき，この終点の座標を $\boldsymbol{a}$ の成分と呼ぶ。したがって，$\boldsymbol{a}$ が (i) 平面ベクトル，または (ii) 空間ベクトルの場合，$\boldsymbol{a}$ は次のように表される。

(i) $\boldsymbol{a}=[x_1,\ y_1]$ または $\begin{bmatrix} x_1 \\ y_1 \end{bmatrix}$　　(ii) $\boldsymbol{a}=[x_1,\ y_1,\ z_1]$ または $\begin{bmatrix} x_1 \\ y_1 \\ z_1 \end{bmatrix}$

## 平面ベクトル $\boldsymbol{a}$ と $\boldsymbol{b}$ の内積の成分表示

$\boldsymbol{a}=[x_1,\ y_1]$，$\boldsymbol{b}=[x_2,\ y_2]$ のとき，

内積 $\boldsymbol{a}\cdot\boldsymbol{b}=x_1x_2+y_1y_2$ となる。

また，$\|\boldsymbol{a}\|=\sqrt{x_1^2+y_1^2}$，$\|\boldsymbol{b}\|=\sqrt{x_2^2+y_2^2}$ より，$\|\boldsymbol{a}\|\neq 0$，$\|\boldsymbol{b}\|\neq 0$ のとき

$\cos\theta=\dfrac{\boldsymbol{a}\cdot\boldsymbol{b}}{\|\boldsymbol{a}\|\|\boldsymbol{b}\|}=\dfrac{x_1x_2+y_1y_2}{\sqrt{x_1^2+y_1^2}\sqrt{x_2^2+y_2^2}}$ となる。（$\theta$：$\boldsymbol{a}$ と $\boldsymbol{b}$ のなす角）

(*ex*) $\boldsymbol{a}=[1,2]$，$\boldsymbol{b}=[3,-4]$ のとき，$\boldsymbol{a}\cdot\boldsymbol{b}=1\cdot 3+2\cdot(-4)=-5$ となる。また，$\boldsymbol{a}$ と $\boldsymbol{b}$ のなす角を $\theta$ とおくと，$\cos\theta=\dfrac{-5}{\sqrt{1^2+2^2}\cdot\sqrt{3^2+(-4)^2}}=\dfrac{-5}{\sqrt{5}\times 5}=-\dfrac{1}{\sqrt{5}}$ となる。

## 空間ベクトル $\boldsymbol{a}$ と $\boldsymbol{b}$ の内積の成分表示

$\boldsymbol{a}=[x_1,\ y_1,\ z_1]$，$\boldsymbol{b}=[x_2,\ y_2,\ z_2]$ のとき，

内積 $\boldsymbol{a}\cdot\boldsymbol{b}=x_1x_2+y_1y_2+z_1z_2$ となる。

また，$\|\boldsymbol{a}\|=\sqrt{x_1^2+y_1^2+z_1^2}$，$\|\boldsymbol{b}\|=\sqrt{x_2^2+y_2^2+z_2^2}$ より，

$\|\boldsymbol{a}\|\neq 0$，$\|\boldsymbol{b}\|\neq 0$ のとき，

$\cos\theta=\dfrac{\boldsymbol{a}\cdot\boldsymbol{b}}{\|\boldsymbol{a}\|\|\boldsymbol{b}\|}=\dfrac{x_1x_2+y_1y_2+z_1z_2}{\sqrt{x_1^2+y_1^2+z_1^2}\sqrt{x_2^2+y_2^2+z_2^2}}$ となる。

（$\theta$：$\boldsymbol{a}$ と $\boldsymbol{b}$ のなす角）

# §2. 行列の基本

**行列**とは，数や文字をたて・横長方形状にキレイに並べたものをカギカッコでくくったもののことである。行列の例を下に示す。

(i) 2 行 2 列の行列

第1列　第2列

第1行 → $\begin{bmatrix} a & -1 \\ 2 & d \end{bmatrix}$ ← 第2行

これを，2次の正方行列ともいう

(ii) 3 行 1 列の行列

第1列

第1行，第2行，第3行 → $\begin{bmatrix} x \\ 4 \\ -3 \end{bmatrix}$

(iii) 3 行 2 列の行列

第1列　第2列

第1行，第2行，第3行 → $\begin{bmatrix} 2 & 5 \\ -1 & y \\ z & 3 \end{bmatrix}$

行列の計算公式を下に示す。

## 行列の計算の公式

(1) 行列の和　：　・$A+B=B+A$　・$(A+B)+C=A+(B+C)$

(2) 行列の実数倍：　・$r(A+B)=rA+rB$　・$(r+s)A=rA+sA$

・$r(sA)=s(rA)=(rs)A$　($r$, $s$：実数)

(3) 行列の積　：　・$(AB)C=A(BC)$　・$(rA)B=A(rB)=r(AB)$

$A$ を左からかける！　　$C$ を右からかける！

・$A(B+C)=AB+AC$　・$(A+B)C=AC+BC$

これらの公式はすべて，行列同士の和や積が定義されるものについてのものである。

2 次正方行列の単位行列 $E$ と零行列 $O$ の定義と公式を下に示す。

## 単位行列 $E$ と零行列 O

(I) 単位行列 $E=\begin{bmatrix} 1 & 0 \\ 0 & 1 \end{bmatrix}$ は次のような性質をもつ。

(i) $AE=EA=A$　　(ii) $E^n=E$　($n$：自然数)

交換法則が成り立つ特別な場合

(II) 零行列 $O=\begin{bmatrix} 0 & 0 \\ 0 & 0 \end{bmatrix}$ は次のような性質をもつ。

(i) $A+O=O+A=A$　　(ii) $AO=OA=O$

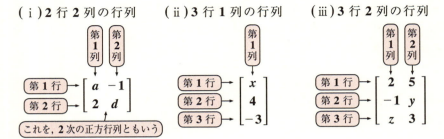

2次正方行列 $A$ の逆行列 $A^{-1}$($A$ インバース)は $AA^{-1} = A^{-1}A = E$ で定義される。

## 逆行列 $A^{-1}$

$A = \begin{bmatrix} a & b \\ c & d \end{bmatrix}$ の行列式を $\Delta = ad - bc$ とおくと，←（$\Delta$ は，$\det A$ や $|A|$ と表してもよい。）

(i) $\Delta = 0$ のとき，$A^{-1}$ は存在しない。

(ii) $\Delta \neq 0$ のとき，$A^{-1}$ は存在して，$A^{-1} = \dfrac{1}{\Delta}\begin{bmatrix} d & -b \\ -c & a \end{bmatrix}$ である。

(ex) $A = \begin{bmatrix} 2 & 4 \\ -1 & -3 \end{bmatrix}$ のとき，$\Delta = 2\cdot(-3) - 4\cdot(-1) = -6 + 4 = -2\ (\neq 0)$ より，

逆行列 $A^{-1}$ は，$A^{-1} = \dfrac{1}{-2}\begin{bmatrix} -3 & -4 \\ 1 & 2 \end{bmatrix} = \dfrac{1}{2}\begin{bmatrix} 3 & 4 \\ -1 & -2 \end{bmatrix}$ である。

2元1次の連立方程式の解法のパターンを下に示す。

## 2元1次の連立方程式の解法

$A = \begin{bmatrix} a & b \\ c & d \end{bmatrix}$ に対して，次の2元1次の連立方程式が与えられたとする。

$A\begin{bmatrix} x \\ y \end{bmatrix} = \begin{bmatrix} p \\ q \end{bmatrix}$ ……$(a)$　($x$, $y$：未知数，$p$, $q$：実数定数)

(I) $A^{-1}$ が存在するとき，

$(a)$ の両辺に左から $A^{-1}$ をかけて，

$\begin{bmatrix} x \\ y \end{bmatrix} = A^{-1}\begin{bmatrix} p \\ q \end{bmatrix}$ として，解が求まる。

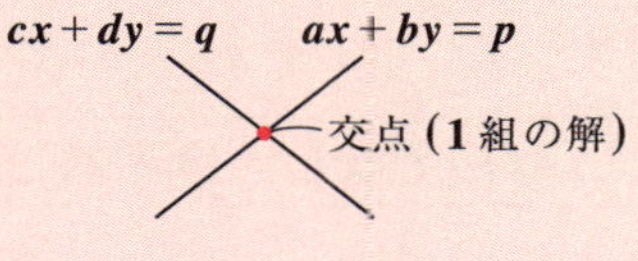


(II) $A^{-1}$ が存在しないとき，

(i) $a : c = b : d = p : q$

ならば，不定解をもつ。

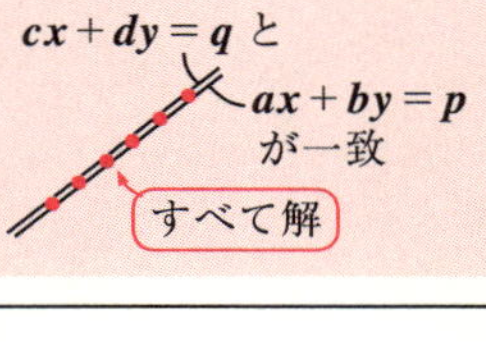


(ii) $a : c = b : d \neq p : q$

ならば，解なし。

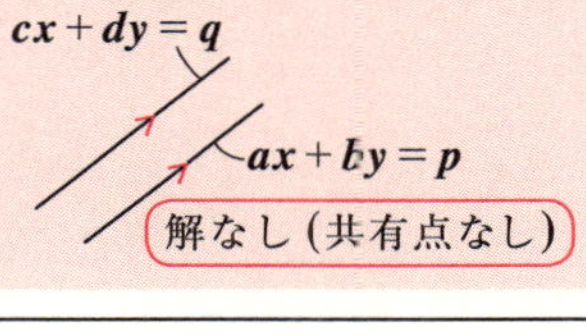

**2** 次正方行列には，次のケーリー・ハミルトンの定理が成り立つ。

### ケーリー・ハミルトンの定理

行列 $A = \begin{bmatrix} a & b \\ c & d \end{bmatrix}$ について，ケーリー・ハミルトンの定理：

$A^2 - (a+d)A + (ad - bc)E = O$ ……$(*)$　が成り立つ。

これは，行列式 $\Delta$ である。

$(ex)$ $A = \begin{bmatrix} 3 & 2 \\ -1 & 5 \end{bmatrix}$ のとき，ケーリー・ハミルトンの定理より，

$A^2 - (3+5)A + \{3\times5 - 2\times(-1)\}E = O$，$A^2 - 8A + 17E = O$ が成り立つ。

ケーリー・ハミルトンの定理を使う問題では，次の $xA = yE$ ($x$，$y$：実数) の解法も頭に入れておく必要がある。

### $xA = yE$ の解法

$xA = yE$ ……㋐ ($x$，$y$：実数) の場合，

(ⅰ) $x = 0$，(ⅱ) $x \neq 0$ で場合分けする！

(ⅰ) $x = 0$ のとき，$y = 0$ となる。

$x \neq 0$ だから $x$ で割れる！

これを "スカラー行列" と呼ぶ。

(ⅱ) $x \neq 0$ のとき，$A = kE$ となる。$\left(ただし，k = \dfrac{y}{x}\right)$

また，$xA = O$ や $xE = O$ ($x$：実数) の解法パターンも重要である。

### $xA = O$ と $xE = O$ の解法

(1) $xA = O$　($x$：実数，$A$：行列) ならば，

$x = 0$，または $A = O$

(2) $xE = O$　($x$：実数，$E$：単位行列) ならば，

$x = 0$　($\because E \neq O$)

$A$, $B$ は零因子かも知れない！

$AB = O$ ($A$, $B$：行列) のとき $A = O$ または $B = O$ とは限らない。
しかし，上の **2** つは解法のパターンとして使える！

# § 3. 行列と 1 次変換

$\begin{bmatrix} x_1' \\ y_1' \end{bmatrix} = \begin{bmatrix} a & b \\ c & d \end{bmatrix} \begin{bmatrix} x_1 \\ y_1 \end{bmatrix}$ により，$xy$ 平面上の点 $(x_1,\ y_1)$ が点 $(x_1',\ y_1')$ に移動できる。この変換を **1 次変換**と呼ぶ。典型的な **1** 次変換の行列を下に示す。

## 典型的な点の移動

(i) $x$ 軸に関して対称移動させる行列 $\begin{bmatrix} 1 & 0 \\ 0 & -1 \end{bmatrix}$

(ii) $y$ 軸に関して対称移動させる行列 $\begin{bmatrix} -1 & 0 \\ 0 & 1 \end{bmatrix}$

(iii) 原点に関して対称移動させる行列 $\begin{bmatrix} -1 & 0 \\ 0 & -1 \end{bmatrix}$

(iv) $y=x$ に関して対称移動させる行列 $\begin{bmatrix} 0 & 1 \\ 1 & 0 \end{bmatrix}$

(i) $\begin{bmatrix} x_1' \\ y_1' \end{bmatrix} = \begin{bmatrix} 1 & 0 \\ 0 & -1 \end{bmatrix} \begin{bmatrix} x_1 \\ y_1 \end{bmatrix} = \begin{bmatrix} x_1 \\ -y_1 \end{bmatrix}$

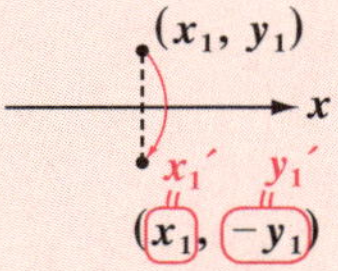


(ii) $\begin{bmatrix} x_1' \\ y_1' \end{bmatrix} = \begin{bmatrix} -1 & 0 \\ 0 & 1 \end{bmatrix} \begin{bmatrix} x_1 \\ y_1 \end{bmatrix} = \begin{bmatrix} -x_1 \\ y_1 \end{bmatrix}$

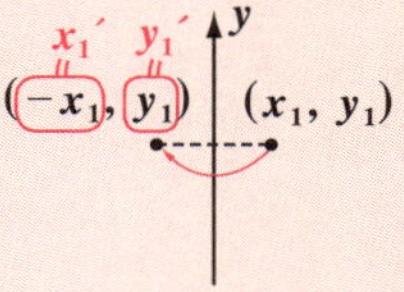


(iii) $\begin{bmatrix} x_1' \\ y_1' \end{bmatrix} = \begin{bmatrix} -1 & 0 \\ 0 & -1 \end{bmatrix} \begin{bmatrix} x_1 \\ y_1 \end{bmatrix} = \begin{bmatrix} -x_1 \\ -y_1 \end{bmatrix}$

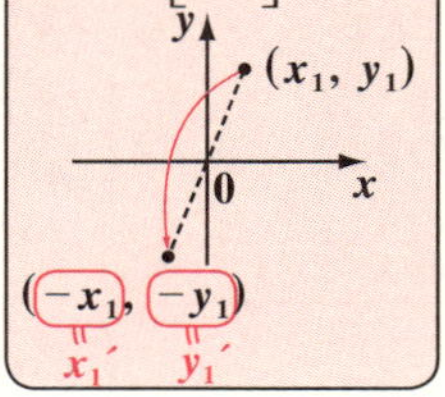


(iv) $\begin{bmatrix} x_1' \\ y_1' \end{bmatrix} = \begin{bmatrix} 0 & 1 \\ 1 & 0 \end{bmatrix} \begin{bmatrix} x_1 \\ y_1 \end{bmatrix} = \begin{bmatrix} y_1 \\ x_1 \end{bmatrix}$

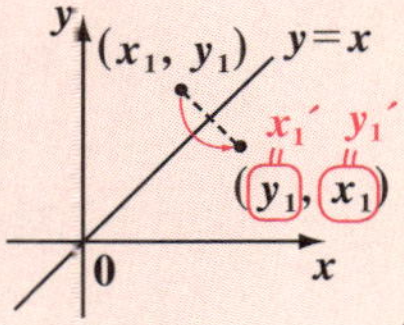


点 $(x_1,\ y_1)$ を原点 **O** のまわりに $\theta$ だけ回転する行列 $R(\theta)$ を下に示す。

## 点を回転移動する行列 $R(\theta)$

$xy$ 座標平面上で，点 $(x_1,\ y_1)$ を原点 **O** のまわりに $\theta$ だけ回転して点 $(x_1',\ y_1')$ に移動させる行列を $R(\theta)$ とおくと，

$$R(\theta) = \begin{bmatrix} \cos\theta & -\sin\theta \\ \sin\theta & \cos\theta \end{bmatrix}$$ である。

$R$："*rotation*"（回転）の頭文字

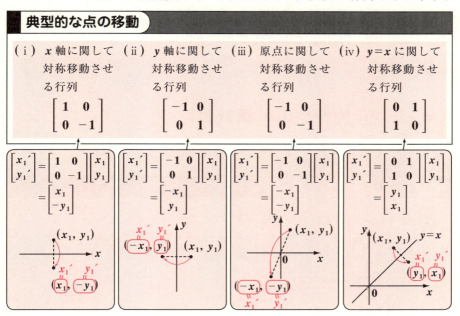

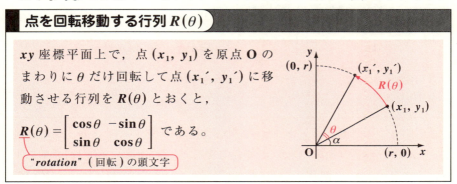

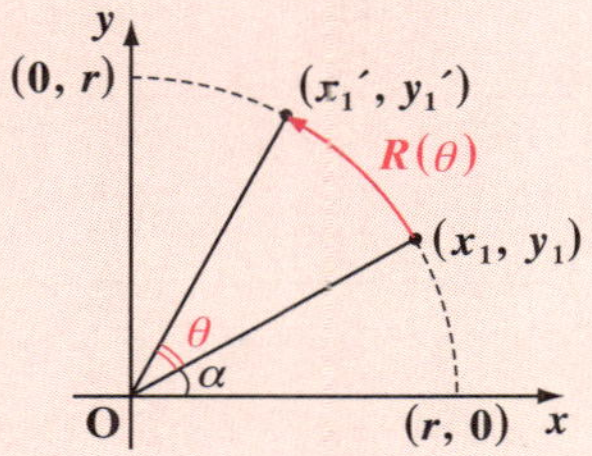


回転変換の行列 $R(\theta)$ については，次の公式も重要である。

$R(\theta)^{-1} = R(-\theta)$，　$R(\theta)^n = R(n\theta)$　（$n$：整数）

右図に示すように，直線 $y=(\tan\theta)x$ に関して対称移動させる行列を $T(\theta)$ とおくと，

$$T(\theta)=\begin{bmatrix}\cos 2\theta & \sin 2\theta \\ \sin 2\theta & -\cos 2\theta\end{bmatrix}$$ である。

逆変換も同様に，この直線に関して対称移動となるため，明らかに次の公式：

$T(\theta)^{-1}=T(\theta)$ が成り立つ。

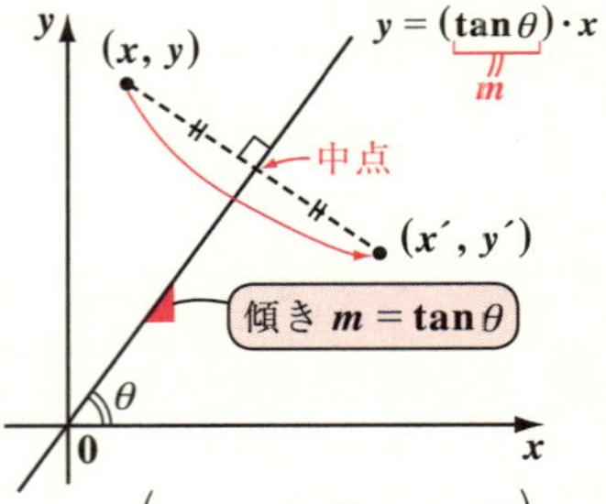


$\left(ただし-\frac{\pi}{2}<\theta<\frac{\pi}{2}\right)$

## §4. 2次正方行列の $n$ 乗計算

2次正方行列 $A=\begin{bmatrix}a & b \\ c & d\end{bmatrix}$ の $n$ 乗計算の基本公式を下に示す。

### $A^n$ 計算の4つのパターン

(1) $A^2=kA$ （$k$：実数）のとき，$A^n=k^{n-1}A$ $(n=1, 2, \cdots)$

(2) $A=\begin{bmatrix}\alpha & 0 \\ 0 & \beta\end{bmatrix}$ のとき，$A^n=\begin{bmatrix}\alpha^n & 0 \\ 0 & \beta^n\end{bmatrix}$ $(n=1, 2, \cdots)$

これを“対角行列”という。

(3) $A=\begin{bmatrix}1 & \alpha \\ 0 & 1\end{bmatrix}$ のとき，$A^n=\begin{bmatrix}1 & n\alpha \\ 0 & 1\end{bmatrix}$ $(n=1, 2, \cdots)$

これは，“ジョルダン細胞”に関係したもの

(4) $A=\begin{bmatrix}\cos\theta & -\sin\theta \\ \sin\theta & \cos\theta\end{bmatrix}$ のとき，$A^n=\begin{bmatrix}\cos n\theta & -\sin n\theta \\ \sin n\theta & \cos n\theta\end{bmatrix}$ $(n=1, 2, \cdots)$

(4) の $A$ は，$R(\theta)$（回転の行列）のことである。$R(\theta)^n$ により，点は $\theta$ の回転を $n$ 回行うので，結局 $n\theta$ 回転したことになる。よって，$R(\theta)^n=R(n\theta)$ となる。

これら4つの基本パターンでは解けない場合，ケーリー・ハミルトンの定理：$A^2-(a+d)A+(ad-bc)E=O$ から，特性方程式 $x^2-(a+d)x+(ad-bc)=0$ を作り，この左辺で $x^n$ を割ることにより，$x^n=\{x^2-(a+d)x+(ad-bc)\}Q(x)+ax+b$ として，実数定数 $a$，$b$ の値を求めれば，$A^n$ は，

$A^n=aA+bE$ $(n=1, 2, 3, \cdots)$ として求めることができる。

$P^{-1}AP$ の形を利用した $n$ 乗計算には，次の2つの解法パターンがある。

## $P^{-1}AP$ 型の $n$ 乗計算（I）

$P^{-1}AP=\begin{bmatrix}\alpha & 0\\ 0 & \beta\end{bmatrix}$ とする。

この両辺を $n$ 乗して，

$$\underline{(P^{-1}AP)^n}=\begin{bmatrix}\alpha & 0\\ 0 & \beta\end{bmatrix}^n \quad \therefore \underline{P^{-1}A^nP}=\begin{bmatrix}\alpha^n & 0\\ 0 & \beta^n\end{bmatrix} \cdots\cdots①$$

（対角行列の $n$ 乗）

$(P^{-1}A\underbrace{P)(P^{-1}}_{E}A\underbrace{P)(P^{-1}}_{E}A\underbrace{P)}_{E}\cdots\underbrace{(P^{-1}}_{E}AP)$

$=P^{-1}AEAEAE\cdots EAP$ ← $E$ は書かなくていい！

$=P^{-1}\underbrace{AAA\cdots A}_{n\text{個の}A\text{の積}}P=P^{-1}A^nP$ となる。

（この解法パターンは，$A$ が複素行列の場合でも，同様に利用できる。）

よって，①の両辺に左から $P$，右から $P^{-1}$ をかけると，

$$\underbrace{PP^{-1}}_{E}A^n\underbrace{PP^{-1}}_{E}=P\begin{bmatrix}\alpha^n & 0\\ 0 & \beta^n\end{bmatrix}P^{-1}$$ となって，$A^n$ が求まる。

## $P^{-1}AP$ 型の $n$ 乗計算（II）

$$P^{-1}AP=\begin{bmatrix}\gamma & 1\\ 0 & \gamma\end{bmatrix}\quad(\gamma\neq 0)\quad\cdots\cdots①$$

（2次のジョルダン細胞）

①の両辺を $n$ 乗すると，

$$\underbrace{(P^{-1}AP)^n}_{P^{-1}A^nP}=\begin{bmatrix}\gamma & 1\\ 0 & \gamma\end{bmatrix}^n \quad \therefore P^{-1}A^nP=\begin{bmatrix}\gamma^n & n\gamma^{n-1}\\ 0 & \gamma^n\end{bmatrix}\cdots\cdots②$$

よって，②の両辺に左から $P$，右から $P^{-1}$ をかけると，

$$\underbrace{PP^{-1}}_{E}A^n\underbrace{PP^{-1}}_{E}=P\begin{bmatrix}\gamma^n & n\gamma^{n-1}\\ 0 & \gamma^n\end{bmatrix}P^{-1}$$ より，

$$A^n=P\begin{bmatrix}\gamma^n & n\gamma^{n-1}\\ 0 & \gamma^n\end{bmatrix}P^{-1}$$ となって，$A^n$ が求まる。

# §5. 固有値と固有ベクトル

**2** 次正方行列 $A=\begin{bmatrix} a & b \\ c & d \end{bmatrix}$ に対して，固有値と固有ベクトルを次のように定義する。

## 固有値と固有ベクトル

ある **2** 次の正方行列 $A=\begin{bmatrix} a & b \\ c & d \end{bmatrix}$ に対して，

$$A\begin{bmatrix} x \\ y \end{bmatrix}=\lambda\begin{bmatrix} x \\ y \end{bmatrix} \quad \cdots\cdots(*)$$

固有ベクトル　固有値　固有ベクトル

をみたす **2** 次元ベクトル $\begin{bmatrix} x \\ y \end{bmatrix}$ $\left(\neq\begin{bmatrix} 0 \\ 0 \end{bmatrix}\right)$

と実数 $\lambda$（ラムダ）が存在するとき，

・$\lambda$ を固有値（こゆうち）といい，

・$\begin{bmatrix} x \\ y \end{bmatrix}$ を固有（こゆう）ベクトルという。

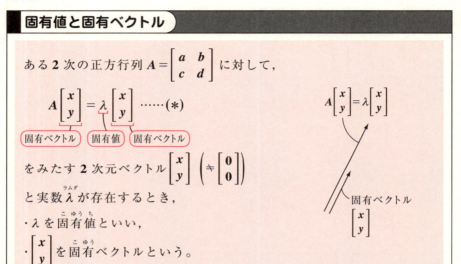

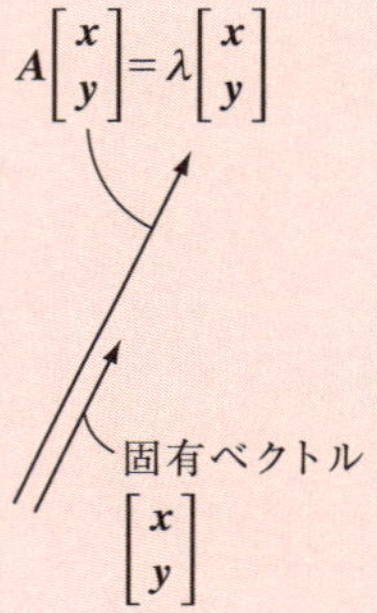


固有値と固有ベクトルの求め方を示す。$(*)$ より，

$(A-\lambda E)\begin{bmatrix} x \\ y \end{bmatrix}=\begin{bmatrix} 0 \\ 0 \end{bmatrix}$ ……① となる。ここで，$T=A-\lambda E$ とおくと，

（$T$ とおく）

$T$ が $T^{-1}$ をもつとき，①より $\begin{bmatrix} x \\ y \end{bmatrix}=\begin{bmatrix} 0 \\ 0 \end{bmatrix}$ となって，不適。

よって，$T^{-1}$ は存在しないので，$T$ の行列式 $|T|$ は，

$|T|=\begin{bmatrix} a-\lambda & b \\ c & d-\lambda \end{bmatrix}=(a-\lambda)(d-\lambda)-bc=0$ となり，

$\lambda$ の固有方程式（**2** 次方程式）：$\lambda^2-(a+d)\lambda+(ad-bc)=0$ ……②

が得られる。

ここで，②は相異なる **2** つの実数解をもつものとすると，

$\lambda=\lambda_1,\ \lambda_2$ となる。

(i) $\lambda=\lambda_1$ のとき，これを①に代入すると，不定解になる。よって，この中からある1組の解を定めると，これが固有ベクトル $\begin{bmatrix} x \\ y \end{bmatrix}=\begin{bmatrix} x_1 \\ y_1 \end{bmatrix}$ となる。同様に，

(ii) $\lambda=\lambda_2$ のとき，これを①に代入すると，不定解になる。よって，この中からある1組の解を定めると，これが固有ベクトル $\begin{bmatrix} x \\ y \end{bmatrix}=\begin{bmatrix} x_2 \\ y_2 \end{bmatrix}$ となる。

> このように，2つの固有ベクトル $\begin{bmatrix} x_1 \\ y_1 \end{bmatrix}$ と $\begin{bmatrix} x_2 \\ y_2 \end{bmatrix}$ は一意には定まらないことに注意しよう。

さらに，この固有値 $\lambda_1$，$\lambda_2$ と固有ベクトル $\begin{bmatrix} x_1 \\ y_1 \end{bmatrix}$，$\begin{bmatrix} x_2 \\ y_2 \end{bmatrix}$ から，行列 $A$ を次のように対角化することができる。これら固有値と固有ベクトルを①に代入して，

$$\begin{cases} A\begin{bmatrix} x_1 \\ y_1 \end{bmatrix}=\lambda_1\begin{bmatrix} x_1 \\ y_1 \end{bmatrix}=\begin{bmatrix} \lambda_1 x_1 \\ \lambda_1 y_1 \end{bmatrix} \quad \cdots\cdots③ \\ A\begin{bmatrix} x_2 \\ y_2 \end{bmatrix}=\lambda_2\begin{bmatrix} x_2 \\ y_2 \end{bmatrix}=\begin{bmatrix} \lambda_2 x_2 \\ \lambda_2 y_2 \end{bmatrix} \quad \cdots\cdots④ \end{cases}$$ となる。

③，④を1つの式にまとめて，

$$A\underbrace{\begin{bmatrix} x_1 & x_2 \\ y_1 & y_2 \end{bmatrix}}_{P}=\begin{bmatrix} \lambda_1 x_1 & \lambda_2 x_2 \\ \lambda_1 y_1 & \lambda_2 y_2 \end{bmatrix}=\underbrace{\begin{bmatrix} x_1 & x_2 \\ y_1 & y_2 \end{bmatrix}}_{P\text{とおく}}\begin{bmatrix} \lambda_1 & 0 \\ 0 & \lambda_2 \end{bmatrix}$$

ここで，$P=\begin{bmatrix} x_1 & x_2 \\ y_1 & y_2 \end{bmatrix}$ とおくと，

$AP=P\begin{bmatrix} \lambda_1 & 0 \\ 0 & \lambda_2 \end{bmatrix}$ ここで，$P^{-1}$ が存在するとき，$P^{-1}$ をこの両辺に左からかけて，

$P^{-1}AP=\begin{bmatrix} \lambda_1 & 0 \\ 0 & \lambda_2 \end{bmatrix}$ ……⑤ となって，行列 $A$ を行列 $P$ を用いて，対角化することができる。

> さらに，⑤の両辺を $n$ 乗することにより，$P^{-1}A^nP=\begin{bmatrix} \lambda_1^n & 0 \\ 0 & \lambda_2^n \end{bmatrix}$ となるので，
> $A^n=P\begin{bmatrix} \lambda_1^n & 0 \\ 0 & \lambda_2^n \end{bmatrix}P^{-1}$ として，$A^n$ を求めることができる。(P57参照)

# ベクトルの内積

**演習問題 26**　　CHECK 1　CHECK 2　CHECK 3

2つのベクトル $\boldsymbol{a}$ と $\boldsymbol{b}$ が，$\|\boldsymbol{a}\|=\sqrt{6}$，$\|\boldsymbol{b}\|=1$，$\|\boldsymbol{a}-4\boldsymbol{b}\|=4$ をみたす。このとき，次の問いに答えよ。

(1) $\boldsymbol{a}$ と $\boldsymbol{b}$ のなす角を $\theta$ とおくとき，$\cos\theta$ を求めよ。

(2) $\boldsymbol{a}+t\boldsymbol{b}$ と $\boldsymbol{a}$ が垂直となるような実数 $t$ の値を求めよ。

**ヒント！** $(a-4b)^2=a^2-8ab+16b^2$ と同様に，$\|\boldsymbol{a}-4\boldsymbol{b}\|^2=\|\boldsymbol{a}\|^2-8\boldsymbol{a}\cdot\boldsymbol{b}+16\|\boldsymbol{b}\|^2$ と変形できる。(2)では，$(\boldsymbol{a}+t\boldsymbol{b})\perp\boldsymbol{a}$ より，$(\boldsymbol{a}+t\boldsymbol{b})\cdot\boldsymbol{a}=0$ となるんだね。

## 解答＆解説

(1) $\|\boldsymbol{a}\|=\sqrt{6}$ ……①，$\|\boldsymbol{b}\|=1$ ……②，$\|\boldsymbol{a}-4\boldsymbol{b}\|=4$ ……③ より，

③の両辺を2乗して，

$\|\boldsymbol{a}-4\boldsymbol{b}\|^2=16$　　$\|\boldsymbol{a}\|^2-8\boldsymbol{a}\cdot\boldsymbol{b}+16\|\boldsymbol{b}\|^2=16$

$\|\boldsymbol{a}-4\boldsymbol{b}\|^2 = \|\boldsymbol{a}\|^2-8\boldsymbol{a}\cdot\boldsymbol{b}+16\|\boldsymbol{b}\|^2$　　$\|\boldsymbol{a}\|^2 = (\sqrt{6})^2=6$（①より）　　$\|\boldsymbol{b}\|^2 = 1^2=1$（②より）

$(a-4b)^2=a^2-8ab+16b^2$ の式の展開と同様に，$\|\boldsymbol{a}-4\boldsymbol{b}\|^2$ を展開できる。

①と②より，$6-8\boldsymbol{a}\cdot\boldsymbol{b}+\cancel{16}=\cancel{16}$

$\therefore\ \boldsymbol{a}\cdot\boldsymbol{b}=\dfrac{6}{8}=\dfrac{3}{4}$ ……④ となる。

内積の定義
$\boldsymbol{a}\cdot\boldsymbol{b}=\|\boldsymbol{a}\|\|\boldsymbol{b}\|\cos\theta$

よって，$\boldsymbol{a}$ と $\boldsymbol{b}$ のなす角を $\theta$ とおくと，

$$\cos\theta=\frac{\boldsymbol{a}\cdot\boldsymbol{b}}{\|\boldsymbol{a}\|\|\boldsymbol{b}\|}=\frac{\frac{3}{4}}{\sqrt{6}\times 1}=\frac{3}{4\sqrt{6}}=\frac{3\sqrt{6}}{24}=\frac{\sqrt{6}}{8}$$ である。……………(答)

(2) $(\boldsymbol{a}+t\boldsymbol{b})\perp\boldsymbol{a}$（垂直）より，

$(\boldsymbol{a}+t\boldsymbol{b})\cdot\boldsymbol{a}=0$

$\boldsymbol{a}\perp\boldsymbol{b}$ のとき，
$\boldsymbol{a}\cdot\boldsymbol{b}=\|\boldsymbol{a}\|\|\boldsymbol{b}\|\cos 90^\circ=0$（$\cos 90^\circ = 0$）
となる。

$\|\boldsymbol{a}\|^2+t\boldsymbol{a}\cdot\boldsymbol{b}=0$

$(a+tb)\cdot a = a^2+tab$ と同様。

$\|\boldsymbol{a}\|^2 = (\sqrt{6})^2=6$（①より）　　$\boldsymbol{a}\cdot\boldsymbol{b} = \dfrac{3}{4}$（④より）

$6+t\cdot\dfrac{3}{4}=0$　　$\therefore\ t=-6\times\dfrac{4}{3}=-\dfrac{24}{3}=-8$ である。……………(答)

# ベクトルの平行条件・直交条件

## 演習問題 27　CHECK 1　CHECK 2　CHECK 3

$xy$ 座標平面上に3点 A$(-2, -1)$, B$(3, 4)$, C$(1, p)$ ($p$：実数) がある。
(1) 3点 A, B, C が同一直線上にあるとき, $p$ の値を求めよ。
(2) $\angle BAC = 90°$ であるとき, $p$ の値を求めよ。

**ヒント!** 演習問題15(P31)と同じ問題を, ベクトルを利用して解いてみよう。2つのベクトル $\boldsymbol{a}$ と $\boldsymbol{b}$ について, (i) $\boldsymbol{a} /\!/ \boldsymbol{b}$ (平行) とき, $\boldsymbol{a} = k\boldsymbol{b}$ ($k$：実数) となり, また (ii) $\boldsymbol{a} \perp \boldsymbol{b}$ (垂直) のとき, $\boldsymbol{a} \cdot \boldsymbol{b} = 0$ となるんだね。

## 解答&解説

A$(-2, -1)$, B$(3, 4)$, C$(1, p)$ より,

$\overrightarrow{OA} = [-2, -1]$, $\overrightarrow{OB} = [3, 4]$, $\overrightarrow{OC} = [1, p]$ とおける。

ここで, $\overrightarrow{AB} = \boldsymbol{a}$, $\overrightarrow{AC} = \boldsymbol{b}$ とおくと,

$$\begin{cases} \boldsymbol{a} = \overrightarrow{AB} = \overrightarrow{OB} - \overrightarrow{OA} = [3, 4] - [-2, -1] = [3+2, 4+1] = [5, 5] & \cdots\cdots ① \\ \boldsymbol{b} = \overrightarrow{AC} = \overrightarrow{OC} - \overrightarrow{OA} = [1, p] - [-2, -1] = [1+2, p+1] = [3, p+1] & \cdots\cdots ② \end{cases}$$

となる。

まわり道の原理 $\overrightarrow{PQ} = \overrightarrow{OQ} - \overrightarrow{OP}$ を利用した。

(1) 3点 A, B, C が同一直線上に存在するとき,
右図より明らかに, $\boldsymbol{a} /\!/ \boldsymbol{b}$ より,
$\boldsymbol{a} = k\boldsymbol{b}$ ……③ となる。← $\boldsymbol{a}$ と $\boldsymbol{b}$ の平行条件
③に①, ②を代入して,

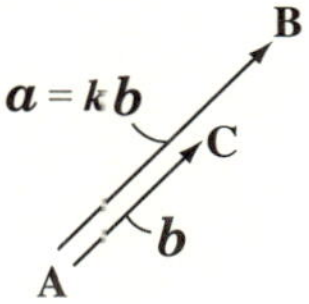


$[5, 5] = k[3, p+1] = [3k, k(p+1)]$
$\therefore 3k = 5$ ……④, $k(p+1) = 5$ ……⑤
④, ⑤より, $p = 2$ ……………………(答)

④より $k = \frac{5}{3}$　これを⑤に代入して,
$\frac{5}{3}(p+1) = 5$　$p+1 = 3$　$\therefore p = 2$

(2) $\angle BAC = 90°$ であるとき, 右図より明らかに,
$\boldsymbol{a} \perp \boldsymbol{b}$ より, $\boldsymbol{a} \cdot \boldsymbol{b} = 0$ ……⑥ ← $\boldsymbol{a}$ と $\boldsymbol{b}$ の直交条件
⑥に①, ②を代入して,

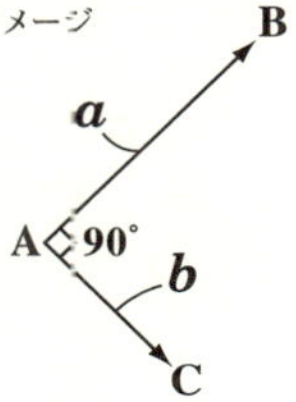


$[5, 5] \cdot [3, p+1] = 0$
$5 \cdot 3 + 5(p+1) = 0$
$p + 4 = 0$　$\therefore p = -4$ ……………………(答)

$\boldsymbol{a} = [x_1, y_1]$, $\boldsymbol{b} = [x_2, y_2]$ のとき, $\boldsymbol{a} \cdot \boldsymbol{b} = x_1x_2 + y_1y_2$

# ベクトルのノルム(アポロニウスの円)

**演習問題 28** CHECK 1 CHECK 2 CHECK 3

$xy$ 座標平面上に定点 $\mathbf{A}(6,\ 0)$, $\mathbf{B}(0,\ 6)$ と動点 $\mathbf{P}(x,\ y)$ がある。
動点 $\mathbf{P}$ が $\mathbf{AP}:\mathbf{BP}=1:2$ をみたしながら動くとき，動点 $\mathbf{P}$ の描く図形の方程式を求めよ。

**ヒント！** 演習問題 **14(P30)** と同じ問題を，今回はベクトルのノルム(大きさ)を利用して解こう。一般に，$\boldsymbol{a}=[x_1,\ y_1]$ のとき，$\|\boldsymbol{a}\|=\sqrt{x_1^2+y_1^2}$ となるんだね。これを利用する。

## 解答＆解説

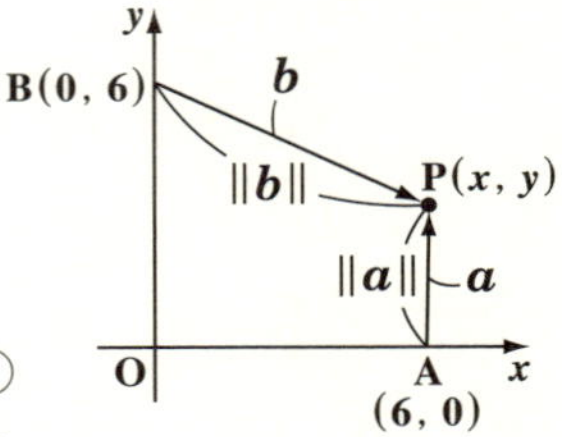


$\mathbf{A}(6,\ 0)$, $\mathbf{B}(0,\ 6)$, $\mathbf{P}(x,\ y)$ より，

$\overrightarrow{\mathbf{OA}}=[6,\ 0]$, $\overrightarrow{\mathbf{OB}}=[0,\ 6]$, $\overrightarrow{\mathbf{OP}}=[x,\ y]$ となる。

よって，（まわり道の原理）

$$\begin{cases}\overrightarrow{\mathbf{AP}}=\overrightarrow{\mathbf{OP}}-\overrightarrow{\mathbf{OA}}=[x,\ y]-[6,\ 0]=[x-6,\ y] \quad \cdots\cdots① \\ \overrightarrow{\mathbf{BP}}=\overrightarrow{\mathbf{OP}}-\overrightarrow{\mathbf{OB}}=[x,\ y]-[0,\ 6]=[x,\ y-6] \quad \cdots\cdots②\end{cases}$$

ここで，$\mathbf{AP}:\mathbf{BP}=1:2$ より，

$2\mathbf{AP}=\mathbf{BP}$ 　　$2\|\overrightarrow{\mathbf{AP}}\|=\|\overrightarrow{\mathbf{BP}}\|$ ……③ となる。よって，①，②より，③は，

（$\|\overrightarrow{\mathbf{AP}}\|=\sqrt{(x-6)^2+y^2}$，$\|\overrightarrow{\mathbf{BP}}\|=\sqrt{x^2+(y-6)^2}$）

$2\sqrt{(x-6)^2+y^2}=\sqrt{x^2+(y-6)^2}$ となる。この両辺を **2** 乗して，まとめると，

$4\{(x-6)^2+y^2\}=x^2+(y-6)^2$ より，

（$(x-6)^2=x^2-12x+36$，$(y-6)^2=y^2-12y+36$）

$4x^2-48x+144+4y^2=x^2+y^2-12y+36$

$3x^2-48x+3y^2+12y=-108$ 　この両辺を **3** で割ってまとめると，

（$-108=36-144$）

$(x^2-16x+64)+(y^2+4y+4)=-36+64+4$

（2で割って2乗）（2で割って2乗）

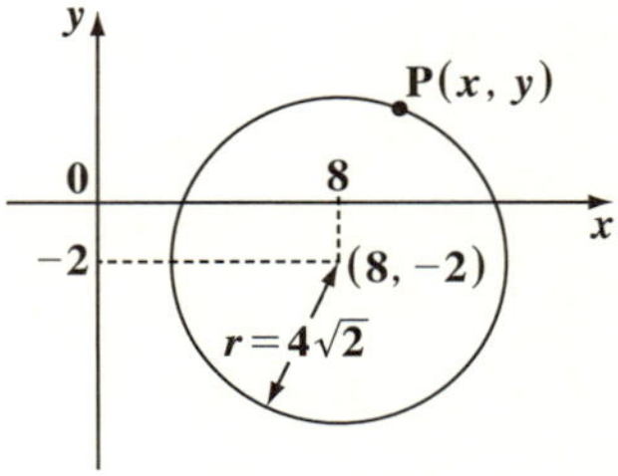


よって，動点 $\mathbf{P}(x,\ y)$ の描く図形の方程式は，

$(x-8)^2+(y+2)^2=32$ ……………………(答)

である。これは，中心 $(8,\ -2)$，半径 $r=\sqrt{32}=4\sqrt{2}$ の円(アポロニウスの円)である。

# 同一平面上の4点

## 演習問題 29

CHECK 1 CHECK 2 CHECK 3

$xyz$ 座標空間上にある4点 A(1, 2, 3), B(1, −6, 10), C(−3, 2, 4), D($p$, 4, 1) ($p$:実数定数)が同一平面上に存在するとき, $p$ の値を求めよ。

**ヒント!** $\overrightarrow{AB}$ と $\overrightarrow{AC}$ が張る平面上に点Dが存在するための条件は, $\overrightarrow{AD}$ が $\overrightarrow{AB}$ と $\overrightarrow{AC}$ の1次結合で表されること, すなわち, $\overrightarrow{AD}=s\overrightarrow{AB}+t\overrightarrow{AC}$ ($s$, $t$ : 実数)で表されることなんだね。

## 解答&解説

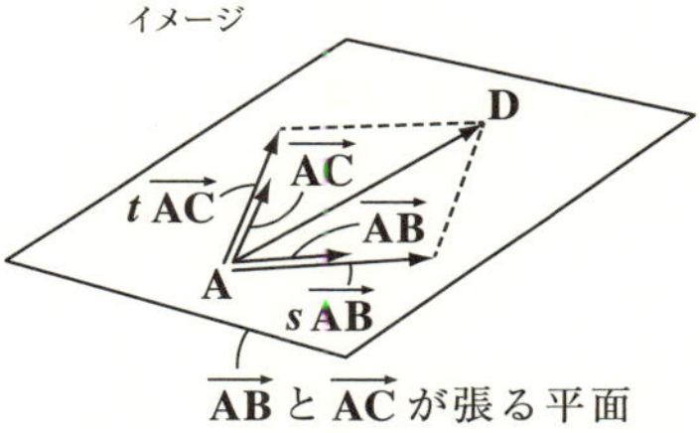


A(1, 2, 3), B(1, −6, 10), C(−3, 2, 4), D($p$, 4, 1) より,

$\overrightarrow{OA}=[1,\ 2,\ 3]$, $\overrightarrow{OB}=[1,\ -6,\ 10]$,

$\overrightarrow{OC}=[-3,\ 2,\ 4]$, $\overrightarrow{OD}=[p,\ 4,\ 1]$ となる。

よって, (まわり道の原理)

$$\begin{cases}\overrightarrow{AB}=\overrightarrow{OB}-\overrightarrow{OA}=[1,\ -6,\ 10]-[1,\ 2,\ 3]=[0,\ -8,\ 7]\\ \overrightarrow{AC}=\overrightarrow{OC}-\overrightarrow{OA}=[-3,\ 2,\ 4]-[1,\ 2,\ 3]=[-4,\ 0,\ 1]\\ \overrightarrow{AD}=\overrightarrow{OD}-\overrightarrow{OA}=[p,\ 4,\ 1]-[1,\ 2,\ 3]=[p-1,\ 2,\ -2]\end{cases}$$ となる。

ここで4点A, B, C, Dが同一平面上に存在するための条件は, $\overrightarrow{AB}$ と $\overrightarrow{AC}$ の張る平面上に点Dが存在することである。よって, 実数 $s$, $t$ を用いて, $\overrightarrow{AD}$ は $\overrightarrow{AB}$ と $\overrightarrow{AC}$ の1次結合で次のように表される。

$\overrightarrow{AD}=s\overrightarrow{AB}+t\overrightarrow{AC}$ より,

($\overrightarrow{AD}=[p-1,\ 2,\ -2]$, $\overrightarrow{AB}=[0,\ -8,\ 7]$, $\overrightarrow{AC}=[-4,\ 0,\ 1]$)

$[p-1,\ 2,\ -2]=s[0,\ -8,\ 7]+t[-4,\ 0,\ 1]=[-4t,\ -8s,\ 7s+t]$ となる。

$\therefore\ p-1=-4t$ ……①, $2=-8s$ ……②, $-2=7s+t$ ……③

①より, $4t=1-p$ $\quad\therefore\ t=\dfrac{1}{4}(1-p)$ ……①′

②より, $s=-\dfrac{1}{4}$ ……………………………②′

①′と②′を③に代入して, $-2=-\dfrac{7}{4}+\dfrac{1}{4}(1-p)$ 両辺に4をかけて,

$-8=-7+1-p$ $\quad\therefore\ p=-6+8=2$ である。…………………(答)

# 正射影ベクトル

**演習問題 30**　CHECK 1　CHECK 2　CHECK 3

$xyz$ 座標空間上に 2 点 $A(3, \sqrt{2}, -\sqrt{5})$, $B(2, -2\sqrt{2}, -2\sqrt{5})$ がある。線分 OA に点 B から下した垂線の足を点 C とおく。

(1) △OAB の面積を求めよ。

(2) $\overrightarrow{OC}$ と $\overrightarrow{CB}$ を求めよ。

**ヒント！** (1) △OAB の面積を $S$ とおくと，$S=\frac{1}{2}\|\overrightarrow{OA}\|\|\overrightarrow{OB}\|\sin\theta$ ($\theta$：$\overrightarrow{OA}$ と $\overrightarrow{OB}$ のなす角) となる。(2) $\overrightarrow{OC}$ は，$\overrightarrow{OB}$ から $\overrightarrow{OA}$ に下した正射影ベクトルになっているんだね。

## 解答＆解説

イメージ

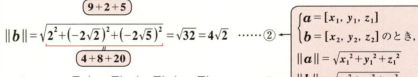

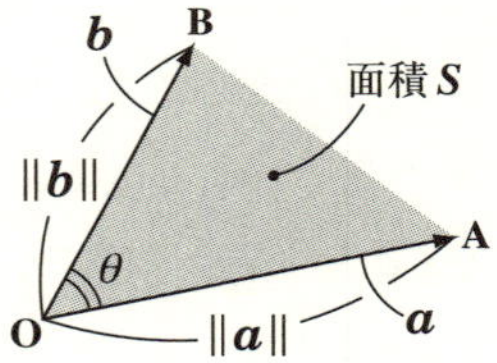


(1) $A(3, \sqrt{2}, -\sqrt{5})$, $B(2, -2\sqrt{2}, -2\sqrt{5})$ より，

$\boldsymbol{a}=\overrightarrow{OA}$, $\boldsymbol{b}=\overrightarrow{OB}$ とおくと，

$$\begin{cases}\boldsymbol{a}=\overrightarrow{OA}=[3, \sqrt{2}, -\sqrt{5}]\\ \boldsymbol{b}=\overrightarrow{OB}=[2, -2\sqrt{2}, -2\sqrt{5}]\end{cases}$$ より，

$$\begin{cases}\|\boldsymbol{a}\|=\sqrt{\underbrace{3^2+(\sqrt{2})^2+(-\sqrt{5})^2}_{9+2+5}}=\sqrt{16}=4 & \cdots\cdots ① \\ \|\boldsymbol{b}\|=\sqrt{\underbrace{2^2+(-2\sqrt{2})^2+(-2\sqrt{5})^2}_{4+8+20}}=\sqrt{32}=4\sqrt{2} & \cdots\cdots ② \\ \boldsymbol{a}\cdot\boldsymbol{b}=\underbrace{3\cdot 2+\sqrt{2}\cdot(-2\sqrt{2})+(-\sqrt{5})\cdot(-2\sqrt{5})}_{6-4+10}=12 & \cdots\cdots ③\end{cases}$$

$\begin{cases}\boldsymbol{a}=[x_1, y_1, z_1]\\ \boldsymbol{b}=[x_2, y_2, z_2]\end{cases}$ のとき，

$\|\boldsymbol{a}\|=\sqrt{x_1^2+y_1^2+z_1^2}$

$\|\boldsymbol{b}\|=\sqrt{x_2^2+y_2^2+z_2^2}$

$\boldsymbol{a}\cdot\boldsymbol{b}=x_1x_2+y_1y_2+z_1z_2$

となる。よって，$\boldsymbol{a}$ と $\boldsymbol{b}$ のなす角を $\theta$ とおくと，①，②，③より，

$$\cos\theta=\frac{\boldsymbol{a}\cdot\boldsymbol{b}}{\|\boldsymbol{a}\|\|\boldsymbol{b}\|}=\frac{12}{4\cdot 4\sqrt{2}}=\frac{3}{4\sqrt{2}} \quad \cdots\cdots ④$$

④から，$0<\theta<\frac{\pi}{2}$ だから，$\sin\theta>0$ より，

$$\sin\theta=\sqrt{1-\cos^2\theta}=\sqrt{1-\left(\frac{3}{4\sqrt{2}}\right)^2}=\sqrt{\frac{32-9}{32}}=\frac{\sqrt{23}}{\sqrt{32}}=\frac{\sqrt{23}}{4\sqrt{2}} \quad \cdots\cdots ⑤$$ となる。

以上①，②，⑤より，△OAB の面積を $S$ とおくと，

$$S=\frac{1}{2}\|\boldsymbol{a}\|\cdot\|\boldsymbol{b}\|\sin\theta=\frac{1}{2}\cdot 4\cdot 4\sqrt{2}\cdot\frac{\sqrt{23}}{4\sqrt{2}}=2\sqrt{23}$$ である。…………(答)

(2) 線分OAに点Bから下した垂線の足をCとおき，$\boldsymbol{c}=\overrightarrow{\mathrm{OC}}$とおくと，$\boldsymbol{c}$のノルム(大きさ)$\|\boldsymbol{c}\|$は，

$\|\boldsymbol{c}\|=\|\boldsymbol{b}\|\cos\theta$ ……⑥

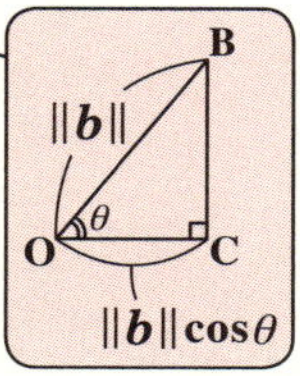


となる。

また，$\boldsymbol{a}$と同じ向きの単位ベクトル(大きさ1のベクトル)は，

$\dfrac{1}{\|\boldsymbol{a}\|}\boldsymbol{a}$ ……⑦ である。

$\boldsymbol{a}$を自分自身の長さ$\|\boldsymbol{a}\|$で割ると，大きさ(ノルム)が1のベクトルになる。これに，$\boldsymbol{c}$の大きさである⑥をかけたものが$\boldsymbol{c}$になる。

イメージ

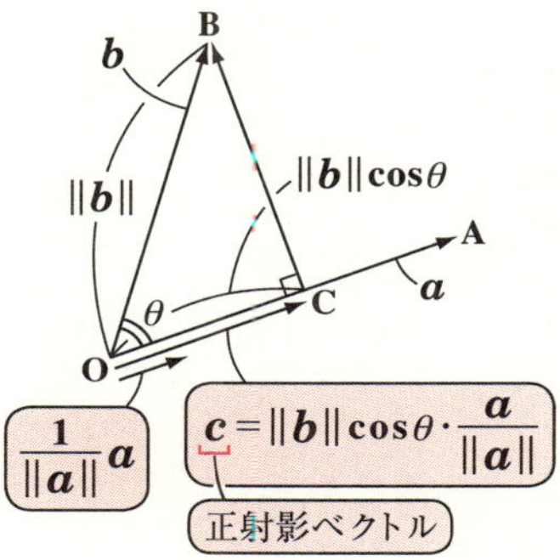


⑥，⑦より，求めるベクトル$\boldsymbol{c}$は，

$$\boldsymbol{c}=\|\boldsymbol{b}\|\cos\theta\cdot\frac{1}{\|\boldsymbol{a}\|}\boldsymbol{a}=\frac{\|\boldsymbol{a}\|\|\boldsymbol{b}\|\cos\theta}{\|\boldsymbol{a}\|^2}\boldsymbol{a}=\frac{12}{16}\boldsymbol{a}\qquad(①，③より)$$

($\|\boldsymbol{b}\|\cos\theta$：好きな長さをかける。　$\dfrac{1}{\|\boldsymbol{a}\|}$：大きさ1のベクトル　$\|\boldsymbol{a}\|\|\boldsymbol{b}\|\cos\theta$ $=\boldsymbol{a}\cdot\boldsymbol{b}=12$ (③より)　$\|\boldsymbol{a}\|^2=4^2$ (①より))

$$\therefore\ \boldsymbol{c}=\overrightarrow{\mathrm{OC}}=\frac{12}{16}\boldsymbol{a}=\frac{3}{4}[3,\ \sqrt{2},\ -\sqrt{5}]=\left[\frac{9}{4},\ \frac{3\sqrt{2}}{4},\ -\frac{3\sqrt{5}}{4}\right]\ \text{である。}$$

…………(答)

次に，$\overrightarrow{\mathrm{CB}}$を，まわり道の原理を用いて求めると，

$$\overrightarrow{\mathrm{CB}}=\overrightarrow{\mathrm{OB}}-\overrightarrow{\mathrm{OC}}=\boldsymbol{b}-\boldsymbol{c}=[2,\ -2\sqrt{2},\ -2\sqrt{5}]-\left[\frac{9}{4},\ \frac{3\sqrt{2}}{4},\ -\frac{3\sqrt{5}}{4}\right]$$

$$=\left[2-\frac{9}{4},\ -2\sqrt{2}-\frac{3\sqrt{2}}{4},\ -2\sqrt{5}+\frac{3\sqrt{5}}{4}\right]$$

$$=\left[-\frac{1}{4},\ -\frac{11\sqrt{2}}{4},\ -\frac{5\sqrt{5}}{4}\right]\ \text{である。}$$

……………………………(答)

# 行列の計算(Ⅰ)

| 演習問題 31 | CHECK 1 | CHECK 2 | CHECK 3 |
|---|---|---|---|

$A=\begin{bmatrix}3 & -1\\ 1 & 4\end{bmatrix}$, $B=\begin{bmatrix}-4 & 2\\ 3 & -2\end{bmatrix}$ について，次の計算をせよ。

(1) $4\cdot A$　　(2) $0\cdot B$　　(3) $A+2B$

(4) $2A-B$　　(5) $3A-5B$

ヒント！ 行列の計算の基本問題だね。行列に実数がかかる場合，行列のすべての要素にかかる。また，行列同士のたし算や引き算は，同じ形のもの同士でなければできないんだね。正確に計算しよう。

## 解答＆解説

(1) $4A=4\begin{bmatrix}3 & -1\\ 1 & 4\end{bmatrix}=\begin{bmatrix}4\times3 & 4\times(-1)\\ 4\times1 & 4\times4\end{bmatrix}=\begin{bmatrix}12 & -4\\ 4 & 16\end{bmatrix}$ ……(答)

(2) $0\cdot B=0\begin{bmatrix}-4 & 2\\ 3 & -2\end{bmatrix}=\begin{bmatrix}0\times(-4) & 0\times2\\ 0\times3 & 0\times(-2)\end{bmatrix}=\begin{bmatrix}0 & 0\\ 0 & 0\end{bmatrix}$ ……(答)

（これを零行列 $\mathbf{O}$ という。）

(3) $A+2B=\begin{bmatrix}3 & -1\\ 1 & 4\end{bmatrix}+2\begin{bmatrix}-4 & 2\\ 3 & -2\end{bmatrix}=\begin{bmatrix}3 & -1\\ 1 & 4\end{bmatrix}+\begin{bmatrix}-8 & 4\\ 6 & -4\end{bmatrix}$

$=\begin{bmatrix}3-8 & -1+4\\ 1+6 & 4-4\end{bmatrix}=\begin{bmatrix}-5 & 3\\ 7 & 0\end{bmatrix}$ ……(答)

(4) $2A-B=2\begin{bmatrix}3 & -1\\ 1 & 4\end{bmatrix}-\begin{bmatrix}-4 & 2\\ 3 & -2\end{bmatrix}=\begin{bmatrix}6 & -2\\ 2 & 8\end{bmatrix}-\begin{bmatrix}-4 & 2\\ 3 & -2\end{bmatrix}$

$=\begin{bmatrix}6+4 & -2-2\\ 2-3 & 8+2\end{bmatrix}=\begin{bmatrix}10 & -4\\ -1 & 10\end{bmatrix}$ ……(答)

(5) $3A-5B=3\begin{bmatrix}3 & -1\\ 1 & 4\end{bmatrix}-5\begin{bmatrix}-4 & 2\\ 3 & -2\end{bmatrix}=\begin{bmatrix}9 & -3\\ 3 & 12\end{bmatrix}-\begin{bmatrix}-20 & 10\\ 15 & -10\end{bmatrix}$

$=\begin{bmatrix}9+20 & -3-10\\ 3-15 & 12+10\end{bmatrix}=\begin{bmatrix}29 & -13\\ -12 & 22\end{bmatrix}$ ……(答)

# 行列の計算（II）

## 演習問題 32

CHECK 1　CHECK 2　CHECK 3

$A=\begin{bmatrix}2 & -1\\ 1 & 3\end{bmatrix}$，$B=\begin{bmatrix}-2 & 3\\ -1 & 4\end{bmatrix}$ について，次の計算をせよ。

(1) $AB$　(2) $BA$　(3) $A^2$　(4) $ABA$

**ヒント！** 一般に2つの2次正方行列 $A=\begin{bmatrix}a & b\\ c & d\end{bmatrix}$ と $B=\begin{bmatrix}x & y\\ z & w\end{bmatrix}$ の積 $AB$ は，

$AB=\begin{bmatrix}a & b\\ c & d\end{bmatrix}\begin{bmatrix}x & y\\ z & w\end{bmatrix}=\begin{bmatrix}ax+bz & ay+bw\\ cx+dz & cy+dw\end{bmatrix}$ となる。この要領で解いていこう。

## 解答＆解説

(1) $A\cdot B=\begin{bmatrix}2 & -1\\ 1 & 3\end{bmatrix}\begin{bmatrix}-2 & 3\\ -1 & 4\end{bmatrix}=\begin{bmatrix}2\times(-2)+(-1)^2 & 2\times3+(-1)\times4\\ 1\times(-2)+3\times(-1) & 1\times3+3\times4\end{bmatrix}$

$=\begin{bmatrix}-3 & 2\\ -5 & 15\end{bmatrix}$ ……………………（答）

(2) $B\cdot A=\begin{bmatrix}-2 & 3\\ -1 & 4\end{bmatrix}\begin{bmatrix}2 & -1\\ 1 & 3\end{bmatrix}=\begin{bmatrix}-2\times2+3\times1 & -2\times(-1)+3^2\\ -1\times2+4\times1 & (-1)^2+4\times3\end{bmatrix}$

$=\begin{bmatrix}-1 & 11\\ 2 & 13\end{bmatrix}$ ……………………（答）

一般に行列の積では，交換則は成りたたない。つまり，(1), (2) のように $AB\neq BA$ となる。

(3) $A^2=\begin{bmatrix}2 & -1\\ 1 & 3\end{bmatrix}\begin{bmatrix}2 & -1\\ 1 & 3\end{bmatrix}=\begin{bmatrix}4-1 & -2-3\\ 2+3 & -1+9\end{bmatrix}=\begin{bmatrix}3 & -5\\ 5 & 8\end{bmatrix}$ ……………（答）

(4) $ABA=\begin{bmatrix}2 & -1\\ 1 & 3\end{bmatrix}\begin{bmatrix}-2 & 3\\ -1 & 4\end{bmatrix}\begin{bmatrix}2 & -1\\ 1 & 3\end{bmatrix}$

$=\begin{bmatrix}-3 & 2\\ -5 & 15\end{bmatrix}\begin{bmatrix}2 & -1\\ 1 & 3\end{bmatrix}=\begin{bmatrix}-4 & 9\\ 5 & 50\end{bmatrix}$ ……………（答）

$ABA$ の計算では，$AB$ を先に計算しても，$BA$ を先に計算してもよい。つまり，

$ABA=\begin{bmatrix}2 & -1\\ 1 & 3\end{bmatrix}\begin{bmatrix}-2 & 3\\ -1 & 4\end{bmatrix}\begin{bmatrix}2 & -1\\ 1 & 3\end{bmatrix}=\begin{bmatrix}2 & -1\\ 1 & 3\end{bmatrix}\begin{bmatrix}-1 & 11\\ 2 & 13\end{bmatrix}=\begin{bmatrix}-4 & 9\\ 5 & 50\end{bmatrix}$

と計算しても，答案と同じ結果になる。

# 行列の計算 (Ⅲ)

**演習問題 33** CHECK 1 CHECK 2 CHECK 3

次の **2** つの行列 $A$, $B$ について，積 $AB$ と $BA$ を求めよ。

(1) $A=\begin{bmatrix}1&0\\2&0\end{bmatrix}$, $B=\begin{bmatrix}0&0\\-1&3\end{bmatrix}$　　(2) $A=\begin{bmatrix}3&1\\2&1\end{bmatrix}$, $B=\begin{bmatrix}1&-1\\-2&3\end{bmatrix}$

(3) $A=\begin{bmatrix}1&-2i\\2i&3\end{bmatrix}$, $B=\begin{bmatrix}4&i\\-i&-2\end{bmatrix}$ （ただし，$i$：虚数単位）

(4) $A=\begin{bmatrix}1&2\\2&-1\\-3&1\end{bmatrix}$, $B=\begin{bmatrix}3&4&-5\\-4&2&1\end{bmatrix}$

(5) $A=[4,\ -1,\ 2\sqrt{2}]$, $B=\begin{bmatrix}2\\-1\\-\sqrt{2}\end{bmatrix}$

**ヒント！** 一般に，行列の積では，$(l\times m$ 行列$)\times(m\times n$ 行列$)=(l\times n$ 行列$)$ となることに注意して計算しよう。

## 解答＆解説

(1) ・$A\cdot B=\begin{bmatrix}1&0\\2&0\end{bmatrix}\begin{bmatrix}0&0\\-1&3\end{bmatrix}=\begin{bmatrix}0+0&0+0\\0+0&0+0\end{bmatrix}=\begin{bmatrix}0&0\\0&0\end{bmatrix}$ ……………………(答)

このように，行列の積の場合，$A\neq O$，$B\neq O$ でも $A\cdot B=O$ となる場合がある。このような行列 $A$, $B$ を**零因子**（ぜろいんし）という。

・$B\cdot A=\begin{bmatrix}0&0\\-1&3\end{bmatrix}\begin{bmatrix}1&0\\2&0\end{bmatrix}=\begin{bmatrix}0+0&0+0\\-1+6&0+0\end{bmatrix}=\begin{bmatrix}0&0\\5&0\end{bmatrix}$ ……………………(答)

(2) ・$A\cdot B=\begin{bmatrix}3&1\\2&1\end{bmatrix}\begin{bmatrix}1&-1\\-2&3\end{bmatrix}=\begin{bmatrix}3-2&-3+3\\2-2&-2+3\end{bmatrix}=\begin{bmatrix}1&0\\0&1\end{bmatrix}$ ……………………(答)

単位行列 $E$

・$B\cdot A=\begin{bmatrix}1&-1\\-2&3\end{bmatrix}\begin{bmatrix}3&1\\2&1\end{bmatrix}=\begin{bmatrix}3-2&1-1\\-6+6&-2+3\end{bmatrix}=\begin{bmatrix}1&0\\0&1\end{bmatrix}$ ……………………(答)

このように，$AB=BA=E$（単位行列）となるとき，$B$ を $A$ の逆行列といい，$A^{-1}$（$A$インバース）で表す。ちなみに，単位行列については，次の公式が成り立つ。$A\cdot E=E\cdot A=A$，$E^n=E$ $(n=1,\ 2,\ 3,\ \cdots)$

(3) $\cdot AB = \begin{bmatrix} 1 & -2i \\ 2i & 3 \end{bmatrix}\begin{bmatrix} 4 & i \\ -i & -2 \end{bmatrix} = \begin{bmatrix} 4+2i^2 & i+4i \\ 8i-3i & 2i^2-6 \end{bmatrix}$ ← $i^2=-1$ を使う。

$= \begin{bmatrix} 4-2 & 5i \\ 5i & -2-6 \end{bmatrix} = \begin{bmatrix} 2 & 5i \\ 5i & -8 \end{bmatrix}$ ……(答)

$\cdot BA = \begin{bmatrix} 4 & i \\ -i & -2 \end{bmatrix}\begin{bmatrix} 1 & -2i \\ 2i & 3 \end{bmatrix} = \begin{bmatrix} 4+2i^2 & -8i+3i \\ -i-4i & 2i^2-6 \end{bmatrix}$

$= \begin{bmatrix} 4-2 & -5i \\ -5i & -2-6 \end{bmatrix} = \begin{bmatrix} 2 & -5i \\ -5i & -8 \end{bmatrix}$ ……(答)

(4) $\cdot AB = \begin{bmatrix} 1 & 2 \\ 2 & -1 \\ -3 & 1 \end{bmatrix}\begin{bmatrix} 3 & 4 & -5 \\ -4 & 2 & 1 \end{bmatrix} = \begin{bmatrix} 3-8 & 4+4 & -5+2 \\ 6+4 & 8-2 & -10-1 \\ -9-4 & -12+2 & 15+1 \end{bmatrix}$

$= \begin{bmatrix} -5 & 8 & -3 \\ 10 & 6 & -11 \\ -13 & -10 & 16 \end{bmatrix}$ ……(答)

(3×2行列)×(2×3行列)
=(3×3行列)

$\cdot BA = \begin{bmatrix} 3 & 4 & -5 \\ -4 & 2 & 1 \end{bmatrix}\begin{bmatrix} 1 & 2 \\ 2 & -1 \\ -3 & 1 \end{bmatrix} = \begin{bmatrix} 3+8+15 & 6-4-5 \\ -4+4-3 & -8-2+1 \end{bmatrix}$

$= \begin{bmatrix} 26 & -3 \\ -3 & -9 \end{bmatrix}$ ……(答)

(2×3行列)×(3×2行列)
=(2×2行列)

(5) $\cdot AB = [4,\ -1,\ 2\sqrt{2}]\begin{bmatrix} 2 \\ -1 \\ -\sqrt{2} \end{bmatrix} = [8+1-4] = [5]$ ……(答)

(1×3行列)×(3×1行列)=(1×1行列)

$\cdot BA = \begin{bmatrix} 2 \\ -1 \\ -\sqrt{2} \end{bmatrix}[4,\ -1,\ 2\sqrt{2}] = \begin{bmatrix} 8 & -2 & 4\sqrt{2} \\ -4 & 1 & -2\sqrt{2} \\ -4\sqrt{2} & \sqrt{2} & -4 \end{bmatrix}$ ……(答)

(3×1行列)×(1×3行列)=(3×3行列)

# 逆行列(Ⅰ)

## 演習問題 34　CHECK 1　CHECK 2　CHECK 3

次の各問いに答えよ。

(1) $A=\begin{bmatrix}2 & -2\\ 4 & -3\end{bmatrix}$，$B=\begin{bmatrix}4 & -3\\ 5 & -4\end{bmatrix}$ について，$(AB)^{-1}$ と $B^{-1}\cdot A^{-1}$ を求めよ。

(2) $A=\begin{bmatrix}1 & 2\\ 3 & 4\end{bmatrix}$，$B=\begin{bmatrix}5 & 6\\ 7 & 8\end{bmatrix}$，$C=\begin{bmatrix}7 & 13\\ 21 & 25\end{bmatrix}$ のとき，

$AX+B=C$ をみたす 2 次正方行列 $X$ を求めよ。

**ヒント！** 一般に 2 次正方行列 $A=\begin{bmatrix}a & b\\ c & d\end{bmatrix}$ について，(i) 行列式 $\Delta=ad-bc\neq0$ のとき，逆行列 $A^{-1}$ が存在して，$A^{-1}=\frac{1}{\Delta}\begin{bmatrix}d & -b\\ -c & a\end{bmatrix}$ となる。(ii) $\Delta=0$ のとき，$A^{-1}$ は存在しない。(1) では，$(AB)^{-1}$ と $B^{-1}A^{-1}$ が等しくなること，つまり $(AB)^{-1}=B^{-1}A^{-1}$ となることを確認しよう。(2) では，$\Delta=\det A\neq0$ より，$A^{-1}$ が存在するので，$X$ を求められるんだね。

## 解答＆解説

$A=\begin{bmatrix}a & b\\ c & d\end{bmatrix}$ のとき，
$\Delta=ad-bc\neq0$ ならば，
$A^{-1}=\frac{1}{\Delta}\begin{bmatrix}d & -b\\ -c & a\end{bmatrix}$

(1) $A=\begin{bmatrix}2 & -2\\ 4 & -3\end{bmatrix}$，$B=\begin{bmatrix}4 & -3\\ 5 & -4\end{bmatrix}$ のとき，

$$AB=\begin{bmatrix}2 & -2\\ 4 & -3\end{bmatrix}\begin{bmatrix}4 & -3\\ 5 & -4\end{bmatrix}=\begin{bmatrix}-2 & 2\\ 1 & 0\end{bmatrix}\ \text{となる。}$$

ここで，$\det(AB)=-2\times0-2\times1=-2\neq0$ より，$(AB)^{-1}$ は存在して，

$$(AB)^{-1}=\frac{1}{-2}\begin{bmatrix}0 & -2\\ -1 & -2\end{bmatrix}=\frac{1}{2}\begin{bmatrix}0 & 2\\ 1 & 2\end{bmatrix}\ \text{となる。}\quad\cdots\cdots\text{(答)}$$

次に，$\det A=-6+8=2\neq0$，$\det B=-16-(-15)=-1\neq0$ より，$A^{-1}$ と $B^{-1}$ は存在して，

$$A^{-1}=\frac{1}{2}\begin{bmatrix}-3 & 2\\ -4 & 2\end{bmatrix},\quad B^{-1}=\frac{1}{-1}\begin{bmatrix}-4 & 3\\ -5 & 4\end{bmatrix}=\begin{bmatrix}4 & -3\\ 5 & -4\end{bmatrix}\ \text{となる。}$$

$$\therefore B^{-1}A^{-1}=\begin{bmatrix}4 & -3\\ 5 & -4\end{bmatrix}\cdot\frac{1}{2}\begin{bmatrix}-3 & 2\\ -4 & 2\end{bmatrix}=\frac{1}{2}\begin{bmatrix}0 & 2\\ 1 & 2\end{bmatrix}\ \text{となる。}\quad\cdots\cdots\text{(答)}$$

これから，$(AB)^{-1}=B^{-1}A^{-1}$ が確認された。これは，公式として覚えておこう。では，何故こうなるのかを簡単に示すと，この公式が成り立つことにより，

$AB\cdot\underbrace{(AB)^{-1}}_{B^{-1}\cdot A^{-1}}=A\underbrace{BB^{-1}}_{E}A^{-1}=A\cdot E\cdot A^{-1}=A\cdot A^{-1}=E$ となって，$AB\cdot(AB)^{-1}=E$

が成り立つからなんだね。

(2) $A=\begin{bmatrix}1&2\\3&4\end{bmatrix}$，$B=\begin{bmatrix}5&6\\7&8\end{bmatrix}$，$C=\begin{bmatrix}7&13\\21&25\end{bmatrix}$ のとき，

$A$ の行列式 $\Delta=1\times4-2\times3=-2\ (\neq0)$ より，$A^{-1}$ は存在して，

（$\det A$ または $|A|$ と表してもよい。）

$A^{-1}=\dfrac{1}{-2}\begin{bmatrix}4&-2\\-3&1\end{bmatrix}=\dfrac{1}{2}\begin{bmatrix}-4&2\\3&-1\end{bmatrix}$ ……① となる。

$A=\begin{bmatrix}a&b\\c&d\end{bmatrix}$ のとき，
$\Delta=ad-bc\neq0$ ならば，
$A^{-1}=\dfrac{1}{\Delta}\begin{bmatrix}d&-b\\-c&a\end{bmatrix}$

ここで，

$AX+B=C$ ……② を変形して，

$AX=C-B$　この両辺に $A^{-1}$ を左からかけて，

$\underbrace{A^{-1}AX}_{EX=X}=A^{-1}(C-B)$ より，求める行列 $X$ は，

$X=A^{-1}(C-B)=\underbrace{\dfrac{1}{2}\begin{bmatrix}-4&2\\3&-1\end{bmatrix}}_{(①より)}\underbrace{\left\{\begin{bmatrix}7&13\\21&25\end{bmatrix}-\begin{bmatrix}5&6\\7&8\end{bmatrix}\right\}}_{\begin{bmatrix}2&7\\14&17\end{bmatrix}}$

$=\dfrac{1}{2}\begin{bmatrix}-4&2\\3&-1\end{bmatrix}\begin{bmatrix}2&7\\14&17\end{bmatrix}=\dfrac{1}{2}\begin{bmatrix}-8+28&-28+34\\6-14&21-17\end{bmatrix}$

$=\dfrac{1}{2}\begin{bmatrix}20&6\\-8&4\end{bmatrix}=\begin{bmatrix}10&3\\-4&2\end{bmatrix}$ である。 ……………………………………(答)

# 逆行列 (II)

**演習問題 35** CHECK 1 CHECK 2 CHECK 3

$A=\begin{bmatrix}2 & \frac{1}{2}\\ -1 & -\frac{1}{2}\end{bmatrix}$, $B=\begin{bmatrix}3 & 1\\ -8 & -3\end{bmatrix}$ について，次の問いに答えよ。

(1) $A^{-1}$ と $ABA^{-1}$ を求めよ。

(2) $AB^2A^{-1}$ を求めよ。

(3) $n=1, 2, 3, \cdots$ のとき，$AB^nA^{-1}$ を求めよ。

**ヒント！** (1), (2) $(ABA^{-1})^2=ABA^{-1}\cdot ABA^{-1}=ABEBA^{-1}=AB^2A^{-1}$ となる。（$A^{-1}\cdot A=E$）

(3) は，これを一般化したものだね。$n$ が奇数か偶数かで場合分けするといいよ。

## 解答&解説

(1) $A=\begin{bmatrix}2 & \frac{1}{2}\\ -1 & -\frac{1}{2}\end{bmatrix}$, $B=\begin{bmatrix}3 & 1\\ -8 & -3\end{bmatrix}$ について，

$A$ の行列式 $\Delta=\det A=2\times\left(-\frac{1}{2}\right)-\frac{1}{2}\times(-1)=-1+\frac{1}{2}=-\frac{1}{2}\ (\neq 0)$ より，

$A^{-1}$ は存在して，

$$A^{-1}=\frac{1}{-\frac{1}{2}}\begin{bmatrix}-\frac{1}{2} & -\frac{1}{2}\\ 1 & 2\end{bmatrix}=-2\begin{bmatrix}-\frac{1}{2} & -\frac{1}{2}\\ 1 & 2\end{bmatrix}=\begin{bmatrix}1 & 1\\ -2 & -4\end{bmatrix} \cdots\cdots ① \cdots\cdots(答)$$

①を用いて，$ABA^{-1}$ を求めると，

$$ABA^{-1}=\begin{bmatrix}2 & \frac{1}{2}\\ -1 & -\frac{1}{2}\end{bmatrix}\begin{bmatrix}3 & 1\\ -8 & -3\end{bmatrix}\begin{bmatrix}1 & 1\\ -2 & -4\end{bmatrix}=\begin{bmatrix}2 & \frac{1}{2}\\ -1 & -\frac{1}{2}\end{bmatrix}\begin{bmatrix}1 & -1\\ -2 & 4\end{bmatrix}$$

（$\begin{bmatrix}3 & 1\\ -8 & -3\end{bmatrix}\begin{bmatrix}1 & 1\\ -2 & -4\end{bmatrix}=\begin{bmatrix}1 & -1\\ -2 & 4\end{bmatrix}$）

$$\therefore ABA^{-1}=\begin{bmatrix}2-1 & -2+2\\ -1+1 & 1-2\end{bmatrix}=\begin{bmatrix}1 & 0\\ 0 & -1\end{bmatrix} \cdots\cdots ② となる。\cdots\cdots(答)$$

**(2)** ②の両辺を2乗すると，

$$(ABA^{-1})^2 = \begin{bmatrix} 1 & 0 \\ 0 & -1 \end{bmatrix}^2 \quad \text{より，}$$

$$\underbrace{ABA^{-1} \cdot ABA^{-1}}_{} = \begin{bmatrix} 1 & 0 \\ 0 & -1 \end{bmatrix} \begin{bmatrix} 1 & 0 \\ 0 & -1 \end{bmatrix}$$

$$\underbrace{E}$$

$$\boxed{AB\underline{E}BA^{-1} = AB^2A^{-1}}$$

$$\boxed{\text{このイーは書かないでイー。}}$$

$$\boxed{\begin{bmatrix} 1 & 0 \\ 0 & 1 \end{bmatrix} = E \ (\text{単位行列})}$$

$$\therefore AB^2A^{-1} = E = \begin{bmatrix} 1 & 0 \\ 0 & 1 \end{bmatrix} \cdots\cdots ③ \ \text{となる。} \cdots\cdots\cdots\cdots\cdots (\text{答})$$

**(3)** ②の右辺を $J = \begin{bmatrix} 1 & 0 \\ 0 & -1 \end{bmatrix}$ とおくと，$J^2 = E$ より，②，③は，

$$ABA^{-1} = J \cdots\cdots ② \qquad ②の両辺を2乗して，$$

$$AB^2A^{-1} = J^2 = E \cdots\cdots ③ \qquad ③の両辺に②を右からかけて，$$

$$\underbrace{AB^2A^{-1} \cdot ABA^{-1}}_{} = E \cdot J = J \qquad \therefore AB^3A^{-1} = J \cdots\cdots ④$$

$$\boxed{B^2 \cdot E \cdot B = B^3}$$

④の両辺に②を右からかけて，

$$\underbrace{AB^3A^{-1} \cdot ABA^{-1}}_{} = \underbrace{J \cdot J}_{} \qquad \therefore AB^4A^{-1} = E \cdots\cdots ⑤ \ \text{となる。}$$

$$\boxed{B^3EB = B^4} \qquad \boxed{E}$$

以下同様の操作を行うと，

$AB^nA^{-1}$ は，$n$ が奇数のときは $J$，$n$ が偶数のときは $E$ となる。

$$\therefore AB^nA^{-1} = \begin{cases} J = \begin{bmatrix} 1 & 0 \\ 0 & -1 \end{bmatrix} & (n = 1, 3, 5, \cdots) \\[4mm] E = \begin{bmatrix} 1 & 0 \\ 0 & 1 \end{bmatrix} & (n = 2, 4, 6, \cdots) \end{cases} \qquad \cdots\cdots\cdots\cdots (\text{答})$$

# 逆行列(Ⅲ)

**演習問題 36** CHECK 1 CHECK 2 CHECK 3

行列 $A=\begin{bmatrix}1&2\\2&3\end{bmatrix}$ について，$A+kA^{-1}$ ($k$：実数)が逆行列をもたないような $k$ の値を求めよ。

ヒント！ $\det A=1\cdot3-2^2=-1$ より，$A^{-1}$ は存在する。よって，$A+kA^{-1}$ を求めて，$(A+kA^{-1})^{-1}$ が存在しないように，この行列式 $\det(A+kA^{-1})=0$ とすればいいんだね。これは，$k$ の2次方程式になるので，これを解けばいい。頑張ろう！

## 解答＆解説

$A=\begin{bmatrix}1&2\\2&3\end{bmatrix}$ ……① の行列式 $\det A$ を求めると，

$\det A=1\cdot3-2^2=-1\ (\neq0)$ より，$A^{-1}$ は存在して，

$A^{-1}=\dfrac{1}{-1}\begin{bmatrix}3&-2\\-2&1\end{bmatrix}=\begin{bmatrix}-3&2\\2&-1\end{bmatrix}$ ……② となる。よって，①，②より，

$A+kA^{-1}=\begin{bmatrix}1&2\\2&3\end{bmatrix}+k\begin{bmatrix}-3&2\\2&-1\end{bmatrix}=\begin{bmatrix}1-3k&2+2k\\2+2k&3-k\end{bmatrix}$ ……③ となる。

ここで，③の行列 $A+kA^{-1}$ が逆行列 $(A+kA^{-1})^{-1}$ をもたないための条件は，この行列式 $\det(A+kA^{-1})$ が，$\det(A+kA^{-1})=0$ となることである。

よって，③より，

$\det(A+kA^{-1})=\underline{(1-3k)(3-k)}-\underline{(2+2k)^2}=0$ ……④

$\left(\begin{array}{l}(3k-1)(k-3)\\=3k^2-10k+3\end{array}\right)$　$(4k^2+8k+4)$

④を解いて，$3k^2-10k+3-(4k^2+8k+4)=0$

$-k^2-18k-1=0$　　$k^2+18k+1=0$

$ax^2+2b'x+c=0$ の解 $x=\dfrac{-b'\pm\sqrt{b'^2-ac}}{a}$

∴求める実数 $k$ の値は，

$k=-9\pm\sqrt{9^2-1^2}=-9\pm\underline{\sqrt{80}}=-9\pm4\sqrt5$ ……………………………(答)

$(\sqrt{4^2\cdot5}=4\sqrt5)$

# 2元1次連立方程式(Ⅰ)



演習問題 37　CHECK 1　CHECK 2　CHECK 3

次の 2 元 1 次連立方程式を解け。

(1) $\begin{cases} 4x+3y=-6 \\ 3x+2y=-5 \end{cases}$ ……①　　(2) $\begin{cases} 2x-3y=7 \\ -x+4y=-6 \end{cases}$ ……②

ヒント！ 一般に2元1次連立方程式は $A\begin{bmatrix} x \\ y \end{bmatrix}=\begin{bmatrix} x_1 \\ y_1 \end{bmatrix}$ ……㋐ の形でまとめられる。ここで，$A=\begin{bmatrix} a & b \\ c & d \end{bmatrix}$ が逆行列 $A^{-1}$ をもつとき，$A^{-1}$ を㋐の両辺に左からかけて，

$\underbrace{A^{-1}A}_{E}\begin{bmatrix} x \\ y \end{bmatrix}=A^{-1}\begin{bmatrix} x_1 \\ y_1 \end{bmatrix}$　すなわち，$\begin{bmatrix} x \\ y \end{bmatrix}=A^{-1}\begin{bmatrix} x_1 \\ y_1 \end{bmatrix}$ として，解 $x$ と $y$ の値が求められる。

## 解答＆解説

(1) ①を変形して，

$\begin{bmatrix} 4 & 3 \\ 3 & 2 \end{bmatrix}\begin{bmatrix} x \\ y \end{bmatrix}=\begin{bmatrix} -6 \\ -5 \end{bmatrix}$ ……①′ となる。ここで，$A=\begin{bmatrix} 4 & 3 \\ 3 & 2 \end{bmatrix}$ とおくと，

$\det A=4\times2-3^2=-1\ (\neq0)$ より，$A^{-1}$ が存在する。よって，①′の両辺に $A^{-1}$ を左からかけて，

$$\begin{bmatrix} x \\ y \end{bmatrix}=A^{-1}\begin{bmatrix} -6 \\ -5 \end{bmatrix}=\frac{1}{-1}\begin{bmatrix} 2 & -3 \\ -3 & 4 \end{bmatrix}\begin{bmatrix} -6 \\ -5 \end{bmatrix}=\begin{bmatrix} -2 & 3 \\ 3 & -4 \end{bmatrix}\begin{bmatrix} -6 \\ -5 \end{bmatrix}=\begin{bmatrix} 12-15 \\ -18+20 \end{bmatrix}$$

∴ 求める①の解は，$x=-3$，$y=2$ である。 ……………………………(答)

(2) ②を変形して，

$\begin{bmatrix} 2 & -3 \\ -1 & 4 \end{bmatrix}\begin{bmatrix} x \\ y \end{bmatrix}=\begin{bmatrix} 7 \\ -6 \end{bmatrix}$ ……②′ となる。ここで，$B=\begin{bmatrix} 2 & -3 \\ -1 & 4 \end{bmatrix}$ とおくと，

$\det B=2\times4-(-3)\times(-1)=5\ (\neq0)$ より，$B^{-1}$ が存在する。よって，②′の両辺に $B^{-1}$ を左からかけて，

$$\begin{bmatrix} x \\ y \end{bmatrix}=B^{-1}\begin{bmatrix} 7 \\ -6 \end{bmatrix}=\frac{1}{5}\begin{bmatrix} 4 & 3 \\ 1 & 2 \end{bmatrix}\begin{bmatrix} 7 \\ -6 \end{bmatrix}=\frac{1}{5}\begin{bmatrix} 28-18 \\ 7-12 \end{bmatrix}=\frac{1}{5}\begin{bmatrix} 10 \\ -5 \end{bmatrix}=\begin{bmatrix} 2 \\ -1 \end{bmatrix}$$

∴ 求める②の解は，$x=2$，$y=-1$ である。 ……………………………(答)

# 2元1次連立方程式(Ⅱ)

**演習問題 38** CHECK 1 CHECK 2 CHECK 3

次の各問いに答えよ。

**(1)** 連立方程式 $\begin{cases} 4x + ay = 2 \\ -8x + (a+9)y = b \end{cases}$ ……① が不能となるような定数 $a$ の値と $b$ の条件を求めよ。

**(2)** 連立方程式 $\begin{cases} ax + (a+1)y = 2 \\ (2a+2)x + (4a+1)y = b \end{cases}$ ……② が不定となるような定数 $a$ と $b$ の値の組をすべて求めよ。

**ヒント！** 一般に，2元1次連立方程式 $\begin{bmatrix} a & b \\ c & d \end{bmatrix}\begin{bmatrix} x \\ y \end{bmatrix} = \begin{bmatrix} p \\ q \end{bmatrix}$ …㋐ において，$\begin{bmatrix} a & b \\ c & d \end{bmatrix}$ の行列式 $\Delta = ad - bc = 0$ …㋑ のとき，この逆行列は存在しないので，㋐の解は(ⅰ)不能(解なし)か，(ⅱ)不定(無数に解がある)になる。㋑より，$ad = bc$ から $\frac{a}{c} = \frac{b}{d}$ $(c \neq 0,\ d \neq 0)$ より，$a : c = b : d$ が成り立つ。これとさらに $p : q$ の関係から，

$\begin{cases} (ⅰ)\ a : c = b : d \neq p : q \text{ のとき，㋐は不能になる。} \\ (ⅱ)\ a : c = b : d = p : q \text{ のとき，㋐は不定になる。} \end{cases}$ この考え方で解いていこう。

## 解答＆解説

**(1)** ①の連立方程式を変形して，

$\begin{bmatrix} 4 & a \\ -8 & a+9 \end{bmatrix}\begin{bmatrix} x \\ y \end{bmatrix} = \begin{bmatrix} 2 \\ b \end{bmatrix}$ ……①′ となる。①′が不能となる条件は，

$\begin{cases} (ⅰ) \text{行列} \begin{bmatrix} 4 & a \\ -8 & a+9 \end{bmatrix} \text{の行列式} \Delta = \boxed{4(a+9) - a \cdot (-8) = 0} \text{ ……③ であることと，かつ，} \\ (ⅱ)\ a : (a+9) \neq 2 : b \text{ ……④ であることである。} \end{cases}$

$4 : (-8) = a : (a+9)$ は $\Delta = 0$ から自動的に導かれる。

(ⅰ) ③より，$4a + 36 + 8a = 0$

$12a = -36 \quad \therefore a = -3$ これを④に代入して，

(ⅱ) $-3 : 6 \neq 2 : b \quad -3b \neq 12 \quad \therefore b \neq -4$

以上より，①が不能となるための $a$ の値と $b$ の条件は，

$a = -3,\ b \neq -4$ である。………………(答)

$a = -3,\ b \neq -4$ のとき，①の表す2直線は平行となって解を表す交点をもたない。

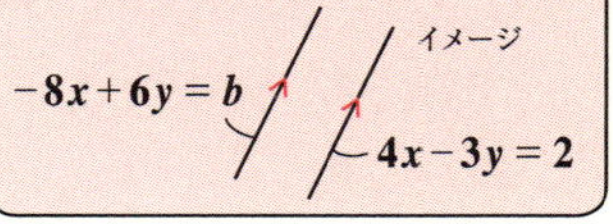

**(2)** ②の連立方程式を変形して，

$$\begin{bmatrix} a & a+1 \\ 2a+2 & 4a+1 \end{bmatrix}\begin{bmatrix} x \\ y \end{bmatrix} = \begin{bmatrix} 2 \\ b \end{bmatrix} \quad \cdots\cdots ②' \text{ となる。}$$

②が不定となる条件は，

(ⅰ) 行列 $\begin{bmatrix} a & a+1 \\ 2a+2 & 4a+1 \end{bmatrix}$ の行列式 $\Delta = a(4a+1)-(a+1)(2a+2)=0$ ……⑤

であることと，かつ，

(ⅱ) $(a+1):(4a+1)=2:b$ ……⑥ であることである。

$a:(2a+2)=(a+1):(4a+1)$ は，$\Delta=0$ から自動的に導かれる。

(ⅰ) ⑤を解いて，$4a^2+a-(2a^2+4a+2)=0$

$2a^2-3a-2=0 \qquad (2a+1)(a-2)=0$

2 ╲╱ 1
1 ╱╲ −2

$\therefore a=-\dfrac{1}{2}$ または 2 となる。

(ⅱ)(ア) $a=-\dfrac{1}{2}$ のとき，⑥は，$\dfrac{1}{2}:(-1)=2:b$ となるので，

$\dfrac{1}{2}b=-2 \quad \therefore b=-4$ となる。

(イ) $a=2$ のとき，⑥は，$3:9=2:b$ となるので，

$3b=18 \quad \therefore b=6$ となる。

以上より，②の連立方程式が不定となるための定数 $(a,\ b)$ の値の組合せは，全部で 2 通りあって，

$(a,\ b)=\left(-\dfrac{1}{2},\ -4\right),\ (2,\ 6)$ である。

…………(答)

$a,\ b$ が，これらの値をとるとき，②の表す 2 直線は一致するので，解を表す交点（共有点）は無数に存在する。

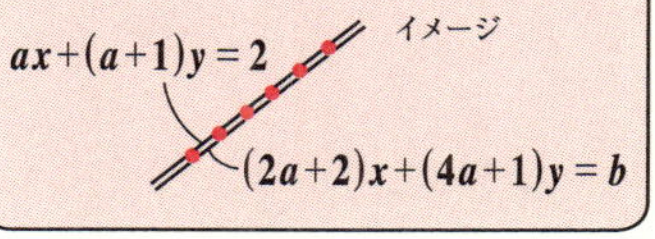

# ケーリー・ハミルトンの定理 (I)

| 演習問題 39 | CHECK 1 | CHECK 2 | CHECK 3 |
|---|---|---|---|

ケーリー・ハミルトンの定理を用いて，次の各問いに答えよ。

**(1)** $A=\begin{bmatrix}2 & 3\\ -3 & -2\end{bmatrix}$ のとき，$A^2$ と $A^{2n}$ $(n=1,\ 2,\ 3,\ \cdots)$ を求めよ。

**(2)** $B=\begin{bmatrix}-5 & 7\\ -3 & 4\end{bmatrix}$ のとき，$B^2$，$B^3$ と $B^{3n}$ $(n=1,\ 2,\ 3,\ \cdots)$ を求めよ。

**(3)** $C=\begin{bmatrix}3 & 5\\ -1 & -1\end{bmatrix}$ のとき，$C^2$，$C^3$，$C^4$ と $C^{4n}$ $(n=1,\ 2,\ 3,\ \cdots)$ を求めよ。

**ヒント！** 一般に，$A=\begin{bmatrix}a & b\\ c & d\end{bmatrix}$ について，ケーリー・ハミルトンの定理を用いると，$A^2=(a+d)A-(ad-bc)E$ となって，$A$ の 2 次式を $A$ の 1 次式に 1 つ次数を下げることができる。これを繰り返すと，$A^3$ や $A^4$ など…も $A$ の 1 次式で表せるんだね。

## 解答＆解説

**(1)** $A=\begin{bmatrix}2 & 3\\ -3 & -2\end{bmatrix}$ について，ケーリー・ハミルトンの定理を用いると，

$A^2-(\underbrace{2-2}_{0})A+\{\underbrace{2\cdot(-2)-3\cdot(-3)}_{-4+9=5}\}E=O$ より，

> $A=\begin{bmatrix}a & b\\ c & d\end{bmatrix}$ のとき，ケーリー・ハミルトンの定理より，
> $A^2-(a+d)A+(ad-bc)E=O$
> となる。

$A^2+5E=O \qquad \therefore A^2=-5E=\begin{bmatrix}-5 & 0\\ 0 & -5\end{bmatrix}$ ……① となる。……………(答)

①を用いると，$A^{2n}$ $(n=1,\ 2,\ 3,\ \cdots)$ は，

$A^{2n}=(A^2)^n=(-5E)^n=(-5)^n\cdot\underbrace{E^n}_{E}=(-5)^n\begin{bmatrix}1 & 0\\ 0 & 1\end{bmatrix}=\begin{bmatrix}(-5)^n & 0\\ 0 & (-5)^n\end{bmatrix}$

となる。…………(答)

**(2)** $B=\begin{bmatrix}-5 & 7\\ -3 & 4\end{bmatrix}$ について，ケーリー・ハミルトンの定理を用いると，

$B^2-(\underbrace{-5+4}_{-1})B+\{\underbrace{-5\times4-7\times(-3)}_{-20+21=1}\}E=O$ より，

$B^2+B+E=O$

$\therefore B^2=-B-E=-\begin{bmatrix}-5&7\\-3&4\end{bmatrix}-\begin{bmatrix}1&0\\0&1\end{bmatrix}=\begin{bmatrix}4&-7\\3&-5\end{bmatrix}$ ……② ……………(答)

$B^2=-B-E$ ……②の両辺に $B$ をかけて，

$B^3=B(-B-E)=-\underset{(-B-E)\ (②より)}{B^2}-B=-(-B-E)-B=E=\begin{bmatrix}1&0\\0&1\end{bmatrix}$ ……③ ……(答)

$B^3=E$ ……③を用いると，$B^{3n}$ $(n=1,\ 2,\ 3,\ \cdots)$ は，

$B^{3n}=(\underset{E\ (③より)}{B^3})^n=E^n=E=\begin{bmatrix}1&0\\0&1\end{bmatrix}$ となる。 ……………………………(答)

（$E$ は何回かけても $E$ のままだ。）

(3) $C=\begin{bmatrix}3&5\\-1&-1\end{bmatrix}$ について，ケーリー・ハミルトンの定理を用いると，

$C^2-2C+2E=O$ より，

$C^2=2C-2E=2\begin{bmatrix}3&5\\-1&-1\end{bmatrix}-2\begin{bmatrix}1&0\\0&1\end{bmatrix}=\begin{bmatrix}4&10\\-2&-4\end{bmatrix}$ ……④ …………(答)

$C^2=2C-2E$ ……④の両辺に $C$ をかけて，

$C^3=2\underset{(2C-2E)\ (④より)}{C^2}-2C=2(2C-2E)-2C=2C-4E$

$=2\begin{bmatrix}3&5\\-1&-1\end{bmatrix}-4\begin{bmatrix}1&0\\0&1\end{bmatrix}=\begin{bmatrix}2&10\\-2&-6\end{bmatrix}$ ……⑤ ……………………(答)

$C^3=2C-4E$ ……⑤の両辺に $C$ をかけて，

$C^4=2\underset{(2C-2E)\ (④より)}{C^2}-4C=2(2C-2E)-4C=-4E=\begin{bmatrix}-4&0\\0&-4\end{bmatrix}$ ……⑥ ……(答)

$C^4=-4E$ ……⑥を用いると，$C^{4n}$ $(n=1,\ 2,\ 3,\ \cdots)$ は，

$C^{4n}=(\underset{-4E\ (⑥より)}{C^4})^n=(-4)^nE^n=(-4)^nE=(-4)^n\begin{bmatrix}1&0\\0&1\end{bmatrix}=\begin{bmatrix}(-4)^n&0\\0&(-4)^n\end{bmatrix}$

となる。…………(答)

# ケーリー・ハミルトンの定理(Ⅱ)

演習問題 40　CHECK 1　CHECK 2　CHECK 3

$a,\ b,\ c$ をすべて $0$ 以上の整数とする。行列 $A=\begin{bmatrix} a & b \\ b & c \end{bmatrix}$ が

$A^2-6A+5E=O$ ……① をみたす。このとき，行列 $A$ をすべて求めよ。

ヒント！ ①式と，$A$ についてのケーリー・ハミルトンの定理：$A^2-(a+c)A+(ac-b^2)E=O$ から，単純に係数比較して，$a+c=6$ と $ac-b^2=5$ としてのみ解いてはいけない。$A=kE$ (スカラー行列) の場合が存在するからなんだね。慎重に解いていこう。

## 解答＆解説

行列 $A=\begin{bmatrix} a & b \\ b & c \end{bmatrix}$ は，次式をみたす。

$A^2-6A+5E=O$ ……①

また，行列 $A$ について，ケーリー・ハミルトンの定理を用いると，

$A^2-(a+c)A+(ac-b^2)E=O$ ……② となる。

①と②の係数を単純に比較するのではなく，①－②から $xA=yE$ ($x,\ y$：実数) の形にもち込み，(ⅰ) $x=0$ のとき，$y=0$，(ⅱ) $x\neq 0$ のとき，$A=kE$ (スカラー行列) の $2$ つに場合分けして，解いていけばいい。

①－②により，$A^2$ を消去して，

$(a+c-6)A+(5-ac+b^2)E=O$

$(\underbrace{a+c-6}_{x\,(実数)})A=(\underbrace{ac-b^2-5}_{y\,(実数)})E$ ……③ となる。

$xA=yE$ ($x,\ y$：実数) のとき，
(ⅰ) $x=0$ ならば，$y=0$，
(ⅱ) $x\neq 0$ ならば，$A=kE$ $\left(k=\frac{y}{x}\right)$ となる。

(ⅰ) $a+c-6=0$ のとき，$ac-b^2-5=0$ となる。

よって，$a+c=6$ ……④ かつ $ac-b^2=5$ ……⑤ となる。

これは，単純な係数比較と同じだ。

ここで，④より，$a$ と $c$ は共に $0$ 以上の整数より，

$(a,\ c)=$ ~~$(0,\ 6)$~~，$(1,\ 5)$，~~$(2,\ 4)$~~，$(3,\ 3)$，~~$(4,\ 2)$~~，$(5,\ 1)$，~~$(6,\ 0)$~~

の $7$ 通りが考えられる。

次に，⑤より，$b$ も $0$ 以上の整数なので，

$(a,\ c)=(0,\ 6)$，$(2,\ 4)$，$(4,\ 2)$，$(6,\ 0)$ のときは，

不適である。

・$(a,\ c)=(0,\ 6)$，$(6,\ 0)$ のとき，⑤は，$-b^2=5$ となって不適。
・$(a,\ c)=(2,\ 4)$，$(4,\ 2)$ のとき，⑤は，$8-b^2=5$ となって不適。

(ア) $(a,\ c)=(1,\ 5),\ (5,\ 1)$ のとき，

⑤は，$5-b^2=5$　　$b^2=0$　　$\therefore\ b=0$ となる。

よって，求める行列 $A$ は，

$$A=\begin{bmatrix} a & b \\ b & c \end{bmatrix}=\begin{bmatrix} 1 & 0 \\ 0 & 5 \end{bmatrix} \text{または} \begin{bmatrix} 5 & 0 \\ 0 & 1 \end{bmatrix} \cdots\cdots ⑥ \text{ となる。}$$

(イ) $(a,\ c)=(3,\ 3)$ のとき，

⑤は，$9-b^2=5$　　$b^2=4$　　$\therefore\ b=2$ となる。$(\because\ b\geqq 0)$

よって，求める行列 $A$ は，

$$A=\begin{bmatrix} a & b \\ b & c \end{bmatrix}=\begin{bmatrix} 3 & 2 \\ 2 & 3 \end{bmatrix} \cdots\cdots ⑦$$

(ii) $a+c-6\neq 0$ のとき，③の両辺を $a+c-6$ で割って，

$\dfrac{ac-b^2-5}{a+c-6}=k$ (実数) とおくと，

$A=kE$ ……⑧ となる。$\left(k=\dfrac{ac-b^2-5}{a+c-6}\right)$ ← 単純係数比較以外の場合が存在する。

これを，スカラー行列という。

⑧より，$A^2=k^2E^2=k^2E$ ……⑧′

⑧と⑧′を①に代入して，

$\underset{A^2}{k^2E}-6\cdot\underset{A}{kE}+5E=O$ より，$\underset{0}{(k^2-6k+5)}E=O$ 　← $xE=O$ のとき，$x=0$ となる。

これから，$k^2-6k+5=0$，すなわち $(k-1)(k-5)=0$ より，

$k=1$ または $5$　　これらを⑧に代入すると，求める行列 $A$ は，

$$A=1\cdot E \text{ または } 5E=\begin{bmatrix} 1 & 0 \\ 0 & 1 \end{bmatrix} \text{または} \begin{bmatrix} 5 & 0 \\ 0 & 5 \end{bmatrix} \cdots\cdots ⑨$$

以上 (i)(ii)の⑥，⑦，⑨より，求める行列 $A$ をすべて示すと，

$$A=\begin{bmatrix} 1 & 0 \\ 0 & 5 \end{bmatrix},\ \begin{bmatrix} 5 & 0 \\ 0 & 1 \end{bmatrix},\ \begin{bmatrix} 3 & 2 \\ 2 & 3 \end{bmatrix},\ \begin{bmatrix} 1 & 0 \\ 0 & 1 \end{bmatrix},\ \begin{bmatrix} 5 & 0 \\ 0 & 5 \end{bmatrix} \text{ である。} \cdots\cdots\cdots\cdots(\text{答})$$

# ケーリー・ハミルトンの定理(Ⅲ)

演習問題 41　CHECK 1　CHECK 2　CHECK 3

2つの行列 $A=\begin{bmatrix}0&-1\\1&1\end{bmatrix}$ と $X=\begin{bmatrix}x&y\\u&v\end{bmatrix}$ は，$AX=XA$ ……(∗1) をみたすものとする。このとき，次の問いに答えよ。ただし，$x$，$y$，$u$，$v$ は実数とする。

(1) $x$ と $y$ を $u$ と $v$ で表せ。

(2) $X$ は，$O$ (零行列) であるか，逆行列をもつ行列であることを示せ。

(3) $X$ がさらに，$X^3+3X=O$ ……(∗2) をみたすとき，$X$ をすべて求めよ。

ヒント！ (1)(∗1) を実際に計算して，$x$ と $y$ を $u$ と $v$ で表せばいい。(2) では，$X$ の行列式 $\det X$ が $\det X \geqq 0$ となることから示せる。(3) では，ケーリー・ハミルトンの定理を利用しよう。

## 解答＆解説

(1) $A=\begin{bmatrix}0&-1\\1&1\end{bmatrix}$ と $X=\begin{bmatrix}x&y\\u&v\end{bmatrix}$ を，$AX=XA$ ……(∗1) に代入して，

$$\begin{bmatrix}0&-1\\1&1\end{bmatrix}\begin{bmatrix}x&y\\u&v\end{bmatrix}=\begin{bmatrix}x&y\\u&v\end{bmatrix}\begin{bmatrix}0&-1\\1&1\end{bmatrix}$$ より，

$$\begin{bmatrix}-u&-v\\x+u&y+v\end{bmatrix}=\begin{bmatrix}y&-x+y\\v&-u+v\end{bmatrix}$$

$-u=y$　　$x+u=v$ より，$x=-u+v$

$x=-u+v$ ……①　　$y=-u$ ……② となる。 ……………………(答)

> $-u=y$ ……㋐　$-v=-x+y$ ……㋑
> $x+u=v$ …㋒　$y+v=-u+v$ …㋓
> ㋐より，$y=-u$　(㋓も同じ)
> ㋒より，$x=-u+v$　(㋑も同じ)

(2) ①，②を $X$ の要素 $x$，$y$ に代入すると，

$$X=\begin{bmatrix}-u+v&-u\\u&v\end{bmatrix}$$ ……③ となる。よって，$X$ の行列式 $\det X$ を求めると，

$$\det X=(-u+v)\cdot v-(-u)\cdot u=-uv+v^2+u^2$$

$$=\left(u^2-v\cdot u+\frac{v^2}{4}\right)+v^2-\frac{v^2}{4}=\left(u-\frac{v}{2}\right)^2+\frac{3}{4}v^2\geqq 0$$ となる。

(2で割って2乗)　(0以上)　(0以上)

> 実数 $a$，$b$ について，$a^2+b^2\geqq 0$ となり，$a=0$ かつ $b=0$ のときのみ
> (0以上)(0以上)
> $a^2+b^2=0$ となり，それ以外では $a^2+b^2>0$ となる。

これから，

(i) $u-\frac{v}{2}=0$ かつ $v=0$，すなわち，$u=0$ かつ $v=0$ のときのみ，

$\det X=0$ となり，このとき，$X=\begin{bmatrix}-u+v & -u \\ u & v\end{bmatrix}=\begin{bmatrix}0 & 0 \\ 0 & 0\end{bmatrix}=O$ (零行列)となる。

(ii) $u-\frac{v}{2}\neq 0$ または $v\neq 0$ のとき，$\det X>0$ より，$X$ の逆行列 $X^{-1}$ は存在する。

以上より，(i) $X=O$ か，または (ii) $X$ は逆行列 $X^{-1}$ をもつ行列である。

…………(終)

(3) $X$ がさらに，$X^3+3X=O$ ……(*2) をみたすとき，行列 $X$ をすべて求める。

(2)の結果より，

(i) $X=O$ のとき，これを(*2)に代入すると $O^3+3O=O$ となって，みたす。

$\therefore X=O=\begin{bmatrix}0 & 0 \\ 0 & 0\end{bmatrix}$ である。

(ii) $X$ が逆行列 $X^{-1}$ をもつ行列であるとき，(*2)の両辺に $X^{-1}$ を左からかけて，

$\underbrace{X^{-1}(X^3+3X)}_{X^2+3E}=\underbrace{X^{-1}\cdot O}_{O}$　　$X^2+3E=O$ ……(*2)′ となる。

また，③の $X$ にケーリー・ハミルトンの定理を用いると，

$X^2-(-u+2v)X+\{(-u+v)v-u\cdot(-u)\}E=O$ より，

$X^2+(u-2v)X+(u^2-uv+v^2)E=O$ ……④ となる。

> ここで，④−(*2)′から，$\alpha X=\beta E$ $(\alpha,\beta$：実数$)$ の形に持ち込み，
> (ア) $\alpha=0$ のとき，$\beta=0$
> (イ) $\alpha\neq 0$ のとき，$X=kE$ $\left(k=\frac{\beta}{\alpha}\right)$ の2通りに場合分けして調べる。

④−(*2)′より，$X^2$ を消去して，

$(u-2v)X+(u^2-uv+v^2-3)E=O$

$(u-2v)X=(uv-u^2-v^2+3)E$ ……⑤ ← $\alpha X=\beta E$ の形

ここで，(ア) $u-2v=0$ と (イ) $u-2v\neq 0$ のときについて調べる。

(ア) $u-2v=0$ のとき，

$uv-u^2-v^2+3=0$ ……⑥ となる。

$u=2v$ ……⑦ を⑥に代入して，

$2v^2-4v^2-v^2+3=0$

$3v^2=3$ $v^2=1$ $\therefore v=\pm1$ ……⑧

⑧を⑦に代入して，$u=\pm2$ となる。よって，③より求める $X$ は，

$X=\begin{bmatrix} -u+v & -u \\ u & v \end{bmatrix}$ …………③

$X^2+3E=O$ ………………$(*2)'$

$(u-2v)X=(uv-u^2-v^2+3)E$ …⑤

・$u=2$，$v=1$ のとき，

$X=\begin{bmatrix} -2+1 & -2 \\ 2 & 1 \end{bmatrix}=\begin{bmatrix} -1 & -2 \\ 2 & 1 \end{bmatrix}$ となる。

・$u=-2$，$v=-1$ のとき，

$X=\begin{bmatrix} 2-1 & 2 \\ -2 & -1 \end{bmatrix}=\begin{bmatrix} 1 & 2 \\ -2 & -1 \end{bmatrix}$ となる。

(イ) $u-2v\neq0$ のとき，⑤の両辺を $u-2v$ で割って，

$X=kE$ ……⑤$'$ $\left(k=\dfrac{uv-u^2-v^2+3}{u-2v}\right)$ となる。

スカラー行列

⑤$'$ より，$X^2=k^2E^2=k^2E$ ……⑤$''$

⑤$''$ を $(*2)'$ に代入して，$k^2E+3E=O$

$(k^2+3)E=O$ より，$k^2+3=0$ となる。しかし，これをみたす

0以上

実数 $k$ は存在しない。よって，解なし。

以上 (i)(ii) より，求める行列 $X$ は全部で次の3通り存在する。

$X=\begin{bmatrix} 0 & 0 \\ 0 & 0 \end{bmatrix}$, $\begin{bmatrix} -1 & -2 \\ 2 & 1 \end{bmatrix}$, $\begin{bmatrix} 1 & 2 \\ -2 & -1 \end{bmatrix}$ ……………………………………(答)

# 1次変換の基本

**演習問題 42** CHECK 1 CHECK 2 CHECK 3

行列 $A=\begin{bmatrix} 3 & 4 \\ -1 & -2 \end{bmatrix}$ による1次変換を $f$ とおく。

(1) $f$ により，点 $(2,\ -3)$ が移される点の座標を求めよ。

(2) $f$ により，点 $(2,\ -3)$ に移される点の座標を求めよ。

**ヒント！** 1次変換 $f:\begin{bmatrix} x' \\ y' \end{bmatrix}=A\begin{bmatrix} x \\ y \end{bmatrix}$ により，点 $(x,\ y)$ は点 $(x',\ y')$ に移される。この公式を利用して解いていこう。1次変換の基本問題だ。

## 解答＆解説

(1) 行列 $A=\begin{bmatrix} 3 & 4 \\ -1 & -2 \end{bmatrix}$ による1次変換 $f$ によって，点 $(2,\ -3)$ が移される点を $(x',\ y')$ とおくと，

$$\begin{bmatrix} x' \\ y' \end{bmatrix}=A\begin{bmatrix} 2 \\ -3 \end{bmatrix}=\begin{bmatrix} 3 & 4 \\ -1 & -2 \end{bmatrix}\begin{bmatrix} 2 \\ -3 \end{bmatrix}=\begin{bmatrix} 6-12 \\ -2+6 \end{bmatrix}=\begin{bmatrix} -6 \\ 4 \end{bmatrix}$$ となる。よって，

$f$ により，点 $(2,\ -3)$ は点 $(-6,\ 4)$ に移される。……………………………(答)

(2) 行列 $A=\begin{bmatrix} 3 & 4 \\ -1 & -2 \end{bmatrix}$ による1次変換 $f$ によって，点 $(2,\ -3)$ に移される点を $(x,\ y)$ とおくと，

$$\begin{bmatrix} 2 \\ -3 \end{bmatrix}=A\begin{bmatrix} x \\ y \end{bmatrix}$$ ……① となる。

ここで，$A$ の行列式 $\Delta=3\cdot(-2)-4\cdot(-1)=-6+4=-2\ (\neq 0)$ より，逆行列 $A^{-1}$ は存在するので，①の両辺に左から $A^{-1}$ をかけると，

$$\begin{bmatrix} x \\ y \end{bmatrix}=A^{-1}\begin{bmatrix} 2 \\ -3 \end{bmatrix}=\frac{1}{-2}\begin{bmatrix} -2 & -4 \\ 1 & 3 \end{bmatrix}\begin{bmatrix} 2 \\ -3 \end{bmatrix}=\frac{1}{2}\begin{bmatrix} 2 & 4 \\ -1 & -3 \end{bmatrix}\begin{bmatrix} 2 \\ -3 \end{bmatrix}$$

$$=\frac{1}{2}\begin{bmatrix} 4-12 \\ -2+9 \end{bmatrix}=\frac{1}{2}\begin{bmatrix} -8 \\ 7 \end{bmatrix}=\begin{bmatrix} -4 \\ \frac{7}{2} \end{bmatrix}$$ となる。よって，

$f$ により，点 $(2,\ -3)$ に移されるのは点 $\left(-4,\ \frac{7}{2}\right)$ である。…………(答)

# 回転変換

**演習問題 43** CHECK 1 CHECK 2 CHECK 3

次の各問いに答えよ。

(1) 点 $(4,\ -2)$ を原点のまわりに $\dfrac{5}{6}\pi$ だけ回転した点の座標を求めよ。

(2) 原点のまわりに $\dfrac{5}{6}\pi$ だけ回転して点 $(4,\ -2)$ となるような点の座標を求めよ。

(3) 点 $(4,\ -2)$ を原点のまわりに $\dfrac{13}{12}\pi$ だけ回転した点の座標を求めよ。

**ヒント！** 回転の 1 次変換の行列 $R(\theta)=\begin{bmatrix}\cos\theta & -\sin\theta \\ \sin\theta & \cos\theta\end{bmatrix}$ を用いると，(1) は，$\begin{bmatrix}x' \\ y'\end{bmatrix}=R\left(\dfrac{5}{6}\pi\right)\begin{bmatrix}4 \\ -2\end{bmatrix}$，(2) は，$\begin{bmatrix}4 \\ -2\end{bmatrix}=R\left(\dfrac{5}{6}\pi\right)\begin{bmatrix}x \\ y\end{bmatrix}$ として，それぞれの点の座標 $(x',\ y')$ と $(x,\ y)$ を求めればいいんだね。(3) の $\dfrac{13}{12}\pi$ の回転については，$\dfrac{13}{12}\pi=\dfrac{5}{6}\pi+\dfrac{\pi}{4}$ $(=150^\circ+45^\circ)$ のように分解して考えると，$R\left(\dfrac{13}{12}\pi\right)=R\left(\dfrac{5}{6}\pi+\dfrac{\pi}{4}\right)=R\left(\dfrac{\pi}{4}\right)\cdot R\left(\dfrac{5}{6}\pi\right)$ となることに気付くといいんだね。

## 解答＆解説

原点のまわりに $\theta$ だけ回転変換する行列を $R(\theta)=\begin{bmatrix}\cos\theta & -\sin\theta \\ \sin\theta & \cos\theta\end{bmatrix}$ とおく。

(1) 点 $(4,\ -2)$ を原点 O のまわりに $\dfrac{5}{6}\pi$ $(=150^\circ)$ だけ回転した点の座標を $(x',\ y')$ とおいて，これを求めると，

$$\begin{bmatrix}x' \\ y'\end{bmatrix}=R\left(\frac{5}{6}\pi\right)\begin{bmatrix}4 \\ -2\end{bmatrix}=\begin{bmatrix}\cos\frac{5}{6}\pi & -\sin\frac{5}{6}\pi \\ \sin\frac{5}{6}\pi & \cos\frac{5}{6}\pi\end{bmatrix}\begin{bmatrix}4 \\ -2\end{bmatrix}=\begin{bmatrix}-\frac{\sqrt{3}}{2} & -\frac{1}{2} \\ \frac{1}{2} & -\frac{\sqrt{3}}{2}\end{bmatrix}\begin{bmatrix}4 \\ -2\end{bmatrix}$$

$$=\begin{bmatrix}-2\sqrt{3}+1 \\ 2+\sqrt{3}\end{bmatrix}\ \cdots\cdots①$$ となる。

$\therefore\ (x',\ y')=\left(-2\sqrt{3}+1,\ 2+\sqrt{3}\right)$ である。……………………………(答)

**(2)** 点 $(x,\ y)$ を原点 $\mathrm{O}$ のまわりに $\frac{5}{6}\pi$ だけ回転した点の座標が $(4,\ -2)$ として，元の点の座標 $(x,\ y)$ を求める。

$\begin{bmatrix} 4 \\ -2 \end{bmatrix} = R\left(\frac{5}{6}\pi\right)\begin{bmatrix} x \\ y \end{bmatrix}$ ……② より，

②の両辺に $R\left(\frac{5}{6}\pi\right)^{-1}\left[= R\left(-\frac{5}{6}\pi\right)\right]$

を左からかけて計算すると，

$$R(\theta)^{-1} = R(-\theta) = \begin{bmatrix} \cos(-\theta) & -\sin(-\theta) \\ \sin(-\theta) & \cos(-\theta) \end{bmatrix} = \begin{bmatrix} \cos\theta & \sin\theta \\ -\sin\theta & \cos\theta \end{bmatrix}$$

$$\begin{bmatrix} x \\ y \end{bmatrix} = R\left(-\frac{5}{6}\pi\right)\begin{bmatrix} 4 \\ -2 \end{bmatrix}$$

$$= \begin{bmatrix} \cos\frac{5}{6}\pi & \sin\frac{5}{6}\pi \\ -\sin\frac{5}{6}\pi & \cos\frac{5}{6}\pi \end{bmatrix}\begin{bmatrix} 4 \\ -2 \end{bmatrix} = \begin{bmatrix} -\frac{\sqrt{3}}{2} & \frac{1}{2} \\ -\frac{1}{2} & -\frac{\sqrt{3}}{2} \end{bmatrix}\begin{bmatrix} 4 \\ -2 \end{bmatrix} = \begin{bmatrix} -2\sqrt{3}-1 \\ -2+\sqrt{3} \end{bmatrix}$$

$\therefore\ (x,\ y) = \left(-2\sqrt{3}-1,\ -2+\sqrt{3}\right)$ である。……………………………(答)

**(3)** 一般に $R(\theta_1+\theta_2) = R(\theta_2)\cdot R(\theta_1)$ が成り立つ。

点を $\theta_1+\theta_2$ 回転するのは，まず点を $\theta_1$ だけ回転した後で，$\theta_2$ 回転する操作と等しい。

よって，点 $(4,\ -2)$ を原点 $\mathrm{O}$ のまわりに $\frac{13}{12}\pi$，すなわち $\frac{5}{6}\pi+\frac{\pi}{4}$ だけ回転した点の座標 $(x',\ y')$ を求めると，

$$\begin{bmatrix} x' \\ y' \end{bmatrix} = R\left(\frac{\pi}{4}\right)\cdot R\left(\frac{5}{6}\pi\right)\begin{bmatrix} 4 \\ -2 \end{bmatrix}$$

$$= \begin{bmatrix} \cos\frac{\pi}{4} & -\sin\frac{\pi}{4} \\ \sin\frac{\pi}{4} & \cos\frac{\pi}{4} \end{bmatrix}\begin{bmatrix} \cos\frac{5}{6}\pi & -\sin\frac{5}{6}\pi \\ \sin\frac{5}{6}\pi & \cos\frac{5}{6}\pi \end{bmatrix}\begin{bmatrix} 4 \\ -2 \end{bmatrix}$$

$\begin{bmatrix} -2\sqrt{3}+1 \\ 2+\sqrt{3} \end{bmatrix}$ (①より)

$$= \frac{1}{2}\begin{bmatrix} \sqrt{2} & -\sqrt{2} \\ \sqrt{2} & \sqrt{2} \end{bmatrix}\begin{bmatrix} -2\sqrt{3}+1 \\ 2+\sqrt{3} \end{bmatrix} = \frac{1}{2}\begin{bmatrix} -2\sqrt{6}+\sqrt{2}-2\sqrt{2}-\sqrt{6} \\ -2\sqrt{6}+\sqrt{2}+2\sqrt{2}+\sqrt{6} \end{bmatrix}$$

$$= \frac{1}{2}\begin{bmatrix} -3\sqrt{6}-\sqrt{2} \\ -\sqrt{6}+3\sqrt{2} \end{bmatrix}$$

$\therefore\ (x',\ y') = \left(\frac{-3\sqrt{6}-\sqrt{2}}{2},\ \frac{-\sqrt{6}+3\sqrt{2}}{2}\right)$ である。………………………(答)

## $y=(\tan\theta)x$ 対称変換

**演習問題 44** CHECK 1 CHECK 2 CHECK 3

次の各問いに答えよ。

(1) 点 $(0,\ 4)$ を直線 $y=\sqrt{3}x$ に関して対称移動した点の座標を求めよ。

(2) 点 $(3,\ 1)$ を直線 $y=2x$ に関して対称移動した点の座標を求めよ。

(3) 点 $(6,\ 0)$ を直線 $y=\sqrt{5}x$ に関して対称移動した点の座標を求めよ。

**ヒント！** (1) では，$y=(\tan\theta)x$ に関して対称移動する行列は $\begin{bmatrix}\cos2\theta & \sin2\theta \\ \sin2\theta & -\cos2\theta\end{bmatrix}$ となることを利用しよう。(2), (3) のように，$\theta$ の値がよく分からない場合は，$y=mx$ に関して対称移動する行列として，$\begin{bmatrix}\frac{1-m^2}{1+m^2} & \frac{2m}{1+m^2} \\ \frac{2m}{1+m^2} & -\frac{1-m^2}{1+m^2}\end{bmatrix}$ を利用すればいいんだね。

### 解答＆解説

(1) $y=\sqrt{3}x=\left(\tan\frac{\pi}{3}\right)\cdot x$ に関して，点 $(0,\ 4)$ を対称移動した点の座標を $(x',\ y')$ とおいて，これを求めると，

$$\begin{bmatrix}x' \\ y'\end{bmatrix}=\begin{bmatrix}\cos\frac{2}{3}\pi & \sin\frac{2}{3}\pi \\ \sin\frac{2}{3}\pi & -\cos\frac{2}{3}\pi\end{bmatrix}\begin{bmatrix}0 \\ 4\end{bmatrix}$$

← $y=(\tan\theta)x$ に対称移動 $\begin{bmatrix}x' \\ y'\end{bmatrix}=\begin{bmatrix}\cos2\theta & \sin2\theta \\ \sin2\theta & -\cos2\theta\end{bmatrix}\begin{bmatrix}x \\ y\end{bmatrix}$

$$=\begin{bmatrix}-\frac{1}{2} & \frac{\sqrt{3}}{2} \\ \frac{\sqrt{3}}{2} & \frac{1}{2}\end{bmatrix}\begin{bmatrix}0 \\ 4\end{bmatrix}=\begin{bmatrix}2\sqrt{3} \\ 2\end{bmatrix}$$ となるので，

$\therefore\ (x',\ y')=(2\sqrt{3},\ 2)$ である。……………………………………(答)

(2) $y=2x$ に関して，点 $(3,\ 1)$ を対称移動した点の座標を $(x',\ y')$ とおいて，

これを求めると，

$y=mx$ に対称移動

$$\begin{bmatrix} x' \\ y' \end{bmatrix}=\begin{bmatrix} \dfrac{1-m^2}{1+m^2} & \dfrac{2m}{1+m^2} \\ \dfrac{2m}{1+m^2} & -\dfrac{1-m^2}{1+m^2} \end{bmatrix}\begin{bmatrix} x \\ y \end{bmatrix}$$

$$\begin{bmatrix} x' \\ y' \end{bmatrix}=\begin{bmatrix} \dfrac{1-2^2}{1+2^2} & \dfrac{2\cdot 2}{1+2^2} \\ \dfrac{2\cdot 2}{1+2^2} & -\dfrac{1-2^2}{1+2^2} \end{bmatrix}\begin{bmatrix} 3 \\ 1 \end{bmatrix}$$

$$=\frac{1}{5}\begin{bmatrix} -3 & 4 \\ 4 & 3 \end{bmatrix}\begin{bmatrix} 3 \\ 1 \end{bmatrix}=\frac{1}{5}\begin{bmatrix} -9+4 \\ 12+3 \end{bmatrix}=\begin{bmatrix} -1 \\ 3 \end{bmatrix}$$ となるので，

$\therefore\ (x',\ y')=(-1,\ 3)$ である。 ……………………………………………(答)

(3) $y=\sqrt{5}x$ に関して，点 $(6,\ 0)$ を対称移動した点の座標を $(x',\ y')$ とおいて，

これを求めると，

$$\begin{bmatrix} x' \\ y' \end{bmatrix}=\begin{bmatrix} \dfrac{1-(\sqrt{5})^2}{1+(\sqrt{5})^2} & \dfrac{2\cdot\sqrt{5}}{1+(\sqrt{5})^2} \\ \dfrac{2\cdot\sqrt{5}}{1+(\sqrt{5})^2} & -\dfrac{1-(\sqrt{5})^2}{1+(\sqrt{5})^2} \end{bmatrix}\begin{bmatrix} 6 \\ 0 \end{bmatrix}$$

$$=\begin{bmatrix} -\dfrac{2}{3} & \dfrac{\sqrt{5}}{3} \\ \dfrac{\sqrt{5}}{3} & \dfrac{2}{3} \end{bmatrix}\begin{bmatrix} 6 \\ 0 \end{bmatrix}=\begin{bmatrix} -4 \\ 2\sqrt{5} \end{bmatrix}$$ となるので，

$\therefore\ (x',\ y')=(-4,\ 2\sqrt{5})$ である。 ……………………………………(答)

**参考**

$y=mx=(\tan\theta)x$，すなわち $m=\tan\theta$ とおくと，

$\cos 2\theta=\dfrac{1-\tan^2\theta}{1+\tan^2\theta}=\dfrac{1-m^2}{1+m^2}$，$\sin 2\theta=\dfrac{2\tan\theta}{1+\tan^2\theta}=\dfrac{2m}{1+m^2}$ より，$y=mx$ に関して

対称移動する行列は，$\begin{bmatrix} \cos 2\theta & \sin 2\theta \\ \sin 2\theta & -\cos 2\theta \end{bmatrix}=\begin{bmatrix} \dfrac{1-m^2}{1+m^2} & \dfrac{2m}{1+m^2} \\ \dfrac{2m}{1+m^2} & -\dfrac{1-m^2}{1+m^2} \end{bmatrix}$ となる。

**演習問題 45** CHECK 1 CHECK 2 CHECK 3

次の各問いに答えよ。

**(1)** 点 $(3,\ -2)$ を原点のまわりに $\dfrac{\pi}{6}$ だけ回転して，2 倍に拡大した点の座標を求めよ。

**(2)** 点 $(-1,\ 2)$ を直線 $y=\sqrt{3}x$ に関して対称移動して，$2\sqrt{3}$ 倍に拡大した点の座標を求めよ。

**(3)** 点 $(2\sqrt{2},\ -\sqrt{2})$ を原点のまわりに $\dfrac{\pi}{4}$ だけ回転した後，$y$ 軸に関して対称移動し，さらに直線 $y=x$ に関して対称移動した点の座標を求めよ。

**(4)** 点 $(\sqrt{3},\ 2\sqrt{3})$ を $x$ 軸に関して対称移動した後，直線 $y=\dfrac{1}{\sqrt{3}}x$ に関して対称移動し，さらに原点 O に関して対称移動した点の座標を求めよ。

**ヒント！** 原点のまわりに $\theta$ だけ回転する行列 $R(\theta)=\begin{bmatrix}\cos\theta & -\sin\theta \\ \sin\theta & \cos\theta\end{bmatrix}$ や，直線 $y=(\tan\theta)x$ に関して対称移動する行列 $\begin{bmatrix}\cos2\theta & \sin2\theta \\ \sin2\theta & -\cos2\theta\end{bmatrix}$ や，$x$ 軸，$y$ 軸，原点に関して対称移動する行列 $\begin{bmatrix}1 & 0 \\ 0 & -1\end{bmatrix}$，$\begin{bmatrix}-1 & 0 \\ 0 & 1\end{bmatrix}$，$\begin{bmatrix}-1 & 0 \\ 0 & -1\end{bmatrix}$ や，$y=x$ に関して対称移動する行列 $\begin{bmatrix}0 & 1 \\ 1 & 0\end{bmatrix}$ などを使って解いていこう。

## 解答＆解説

**(1)** 点 $(3,\ -2)$ を原点のまわりに $\dfrac{\pi}{6}$ だけ回転して，2 倍に拡大した点の座標を $(x',\ y')$ とおいて，これを求めると，

$$\begin{bmatrix} x' \\ y' \end{bmatrix} = \underline{2} \cdot \underline{\begin{bmatrix} \cos\frac{\pi}{6} & -\sin\frac{\pi}{6} \\ \sin\frac{\pi}{6} & \cos\frac{\pi}{6} \end{bmatrix}} \begin{bmatrix} 3 \\ -2 \end{bmatrix} = 2 \begin{bmatrix} \frac{\sqrt{3}}{2} & -\frac{1}{2} \\ \frac{1}{2} & \frac{\sqrt{3}}{2} \end{bmatrix} \begin{bmatrix} 3 \\ -2 \end{bmatrix}$$

(2倍に拡大)　($\frac{\pi}{6}$回転)

$$= \begin{bmatrix} \sqrt{3} & -1 \\ 1 & \sqrt{3} \end{bmatrix} \begin{bmatrix} 3 \\ -2 \end{bmatrix} = \begin{bmatrix} 3\sqrt{3}+2 \\ 3-2\sqrt{3} \end{bmatrix}$$ となるので，

$(x',\ y') = (3\sqrt{3}+2,\ 3-2\sqrt{3})$ である。……………………………………(答)

(2) 点 $(-1,\ 2)$ を $y = \left(\tan\frac{\pi}{3}\right)x$ に関して対称移動して，$2\sqrt{3}$ 倍に拡大した点の座標を $(x',\ y')$ とおいて，これを求めると，

$$\begin{bmatrix} x' \\ y' \end{bmatrix} = \underline{2\sqrt{3}} \underline{\begin{bmatrix} \cos\frac{2}{3}\pi & \sin\frac{2}{3}\pi \\ \sin\frac{2}{3}\pi & -\cos\frac{2}{3}\pi \end{bmatrix}} \begin{bmatrix} -1 \\ 2 \end{bmatrix} = 2\sqrt{3} \begin{bmatrix} -\frac{1}{2} & \frac{\sqrt{3}}{2} \\ \frac{\sqrt{3}}{2} & \frac{1}{2} \end{bmatrix} \begin{bmatrix} -1 \\ 2 \end{bmatrix}$$

($2\sqrt{3}$倍)　($y = \left(\tan\frac{\pi}{3}\right)x$ に対称)

$$= \begin{bmatrix} -\sqrt{3} & 3 \\ 3 & \sqrt{3} \end{bmatrix} \begin{bmatrix} -1 \\ 2 \end{bmatrix} = \begin{bmatrix} \sqrt{3}+6 \\ -3+2\sqrt{3} \end{bmatrix}$$ となるので，

$(x',\ y') = (\sqrt{3}+6,\ -3+2\sqrt{3})$ である。……………………………………(答)

(3) 点 $(2\sqrt{2},\ -\sqrt{2})$ を，(i) 原点のまわりに $\frac{\pi}{4}$ だけ回転し，(ii) $y$ 軸に関して対称移動し，(iii) $y=x$ に関して対称移動した点の座標を $(x',\ y')$ とおくと，

$$\begin{bmatrix} x' \\ y' \end{bmatrix} = \underline{\begin{bmatrix} 0 & 1 \\ 1 & 0 \end{bmatrix}} \cdot \underline{\begin{bmatrix} -1 & 0 \\ 0 & 1 \end{bmatrix}} \cdot \underline{\begin{bmatrix} \cos\frac{\pi}{4} & -\sin\frac{\pi}{4} \\ \sin\frac{\pi}{4} & \cos\frac{\pi}{4} \end{bmatrix}} \begin{bmatrix} 2\sqrt{2} \\ -\sqrt{2} \end{bmatrix}$$ より，

((iii) $y=x$ 対称)　((ii) $y$ 軸対称)　((i) $\frac{\pi}{4}$回転)

(点 $(2\sqrt{2},\ -\sqrt{2})$ に作用する行列の順番は，右から(i)，(ii)，(iii)の順になる。)

$$\begin{bmatrix} x' \\ y' \end{bmatrix} = \begin{bmatrix} 0 & 1 \\ 1 & 0 \end{bmatrix}\begin{bmatrix} -1 & 0 \\ 0 & 1 \end{bmatrix}\begin{bmatrix} \frac{1}{\sqrt{2}} & -\frac{1}{\sqrt{2}} \\ \frac{1}{\sqrt{2}} & \frac{1}{\sqrt{2}} \end{bmatrix}\begin{bmatrix} 2\sqrt{2} \\ -\sqrt{2} \end{bmatrix}$$

$$= \begin{bmatrix} 0 & 1 \\ -1 & 0 \end{bmatrix}\begin{bmatrix} 2+1 \\ 2-1 \end{bmatrix} = \begin{bmatrix} 0 & 1 \\ -1 & 0 \end{bmatrix}\begin{bmatrix} 3 \\ 1 \end{bmatrix} = \begin{bmatrix} 1 \\ -3 \end{bmatrix}$$ となるので，

$\therefore (x',\ y') = (1,\ -3)$ である。 ……………………………………………(答)

**(4)** 点 $(\sqrt{3},\ 2\sqrt{3})$ を，( i ) $x$ 軸に関して対称移動し，(ii) $y = \left(\tan\frac{\pi}{6}\right)x$ に関して対称移動し，(iii) 原点 O に関して対称移動した点の座標を $(x',\ y')$ とおいて，これを求めると，

$$\begin{bmatrix} x' \\ y' \end{bmatrix} = \begin{bmatrix} -1 & 0 \\ 0 & -1 \end{bmatrix} \cdot \begin{bmatrix} \cos\frac{\pi}{3} & \sin\frac{\pi}{3} \\ \sin\frac{\pi}{3} & -\cos\frac{\pi}{3} \end{bmatrix}\begin{bmatrix} 1 & 0 \\ 0 & -1 \end{bmatrix}\begin{bmatrix} \sqrt{3} \\ 2\sqrt{3} \end{bmatrix}$$

(iii)原点対称　(ii) $y = \left(\tan\frac{\pi}{6}\right)x$ 対称　( i ) $x$ 軸対称

$$= \begin{bmatrix} -1 & 0 \\ 0 & -1 \end{bmatrix}\begin{bmatrix} \frac{1}{2} & \frac{\sqrt{3}}{2} \\ \frac{\sqrt{3}}{2} & -\frac{1}{2} \end{bmatrix}\begin{bmatrix} 1 & 0 \\ 0 & -1 \end{bmatrix}\begin{bmatrix} \sqrt{3} \\ 2\sqrt{3} \end{bmatrix}$$

$$= \begin{bmatrix} -\frac{1}{2} & -\frac{\sqrt{3}}{2} \\ -\frac{\sqrt{3}}{2} & \frac{1}{2} \end{bmatrix}\begin{bmatrix} \sqrt{3} \\ -2\sqrt{3} \end{bmatrix} = \begin{bmatrix} -\frac{\sqrt{3}}{2}+3 \\ -\frac{3}{2}-\sqrt{3} \end{bmatrix}$$ となるので，

$\therefore (x',\ y') = \left(3-\frac{\sqrt{3}}{2},\ -\frac{3}{2}-\sqrt{3}\right)$ である。 ……………………………(答)

# 図形の１次変換（Ⅰ）

## 演習問題 46　CHECK 1　CHECK 2　CHECK 3

１次変換 $f$：$\begin{bmatrix} x' \\ y' \end{bmatrix} = \begin{bmatrix} -4 & 1 \\ -3 & 1 \end{bmatrix}\begin{bmatrix} x \\ y \end{bmatrix}$ ……① によって，

(1) 直線 $3x+4y=1$ ……② が移される図形の方程式を求めよ。

(2) 直線 $3x'+4y'=1$ ……③ に移される図形の方程式を求めよ。

**ヒント！** １次変換 $f$ による図形の移動では，$(x$ と $y$ の式$) \xrightarrow{f} (x'$ と $y'$ の式$)$ と考えよう。つまり，(1) では，$3x+4y=1 \xrightarrow{f} (x'$ と $y'$ の式$)$ となり，(2) では，$(x$ と $y$ の式$) \xrightarrow{f} 3x'+4y'=1$ となる。

## 解答＆解説

(1) $A=\begin{bmatrix} -4 & 1 \\ -3 & 1 \end{bmatrix}$ とおくと，この行列式 $\Delta=-4\times1-1\times(-3)=-1\ (\neq 0)$

より，逆行列 $A^{-1}$ が存在する。よって，
①の両辺に $A^{-1}$ を左からかけて，

$$\begin{bmatrix} x \\ y \end{bmatrix} = A^{-1}\begin{bmatrix} x' \\ y' \end{bmatrix} = \frac{1}{-1}\begin{bmatrix} 1 & -1 \\ 3 & -4 \end{bmatrix}\begin{bmatrix} x' \\ y' \end{bmatrix}$$

$$= \begin{bmatrix} -1 & 1 \\ -3 & 4 \end{bmatrix}\begin{bmatrix} x' \\ y' \end{bmatrix} = \begin{bmatrix} -x'+y' \\ -3x'+4y' \end{bmatrix}$$

> $3x+4y=1 \xrightarrow{f} (x'$ と $y'$ の式$)$ より，
> ①から $x=(x'$ と $y'$ の式$)$
> $y=(x'$ と $y'$ の式$)$ として，
> これらを $3x+4y=1$ に代入すれば，
> 求める $(x'$ と $y'$ の式$)$ が得られる。

よって，$x=-x'+y'$ ……④，$y=-3x'+4y'$ ……⑤ より，④，⑤を
$3x+4y=1$ ……② に代入して，
$3(-x'+y')+4(-3x'+4y')=1$，$-15x'+19y'=1$ となる。

> 最後は " ′ "（ダッシュ）をとった形で表す。

∴ $3x+4y=1$ ……②は，$f$ により，$-15x+19y=1$ に移される。……(答)

(2) ①より，$x'=-4x+y$ ……⑥，$y'=-3x+y$ ……⑦
よって，⑥，⑦を
$3x'+4y'=1$ ……③ に代入して，
$3(-4x+y)+4(-3x+y)=1$
$-24x+7y=1$

> $(x$ と $y$ の式$) \xrightarrow{f} 3x'+4y'=1$ より，
> ①から $x'=(x$ と $y$ の式$)$
> $y'=(x$ と $y$ の式$)$ として，
> これらを $3x'+4y'=1$ に代入すれば，
> 求める $(x$ と $y$ の式$)$ が得られる。

∴ $f$ により，$3x'+4y'=1$ ……③ に移される図形の
方程式は，$-24x+7y=1$ である。……………(答)

# 図形の1次変換(Ⅱ)

**演習問題 47** CHECK 1 CHECK 2 CHECK 3

行列 $A=\begin{bmatrix}4 & -1\\ -6 & 2\end{bmatrix}$ による1次変換を $f$ とおき，行列 $B=\begin{bmatrix}1 & 0\\ 1 & -1\end{bmatrix}$ による1次変換を $g$ とおく。

(1) 1次変換 $f$ により，$x^2+y^2=4$ が移される図形の方程式を求めよ。

(2) 合成変換 $g\circ f$ により，$x^2+y^2=4$ が移される図形の方程式を求めよ。

**ヒント！** (1) では，$(x$ と $y$ の式$)\xrightarrow{f}(x'$ と $y'$ の式$)$ と考えよう。(2) は，合成変換 $g\circ f$ による変換なので，$(x$ と $y$ の式$)\xrightarrow{g\circ f}(x'$ と $y'$ の式$)$ となる。この $g\circ f$ に対応する行列は，$B\cdot A$ であることに気を付けよう。

## 解答＆解説

(1) 行列 $A=\begin{bmatrix}4 & -1\\ -6 & 2\end{bmatrix}$ の行列式 $\Delta=8-6=2\ (\neq 0)$

より，逆行列 $A^{-1}$ が存在する。よって，

1次変換 $f$ の式：

$\begin{bmatrix}x'\\ y'\end{bmatrix}=A\begin{bmatrix}x\\ y\end{bmatrix}$ ……① の両辺に $A^{-1}$ を左からかけて，

> $x^2+y^2=4\xrightarrow{f}(x'$ と $y'$ の式$)$ より，
> ①から $x=(x'$ と $y'$ の式$)$
> $y=(x'$ と $y'$ の式$)$ として，
> これらを $x^2+y^2=4$ に代入すれば，
> 求める $(x'$ と $y'$ の式$)$ が得られる。

$$\begin{bmatrix}x\\ y\end{bmatrix}=A^{-1}\begin{bmatrix}x'\\ y'\end{bmatrix}=\frac{1}{2}\begin{bmatrix}2 & 1\\ 6 & 4\end{bmatrix}\begin{bmatrix}x'\\ y'\end{bmatrix}=\begin{bmatrix}x'+\frac{1}{2}y'\\ 3x'+2y'\end{bmatrix}$$ より，

$x=x'+\frac{1}{2}y'$ ……②，$y=3x'+2y'$ ……③ となる。

よって，②，③を $x^2+y^2=4$ に代入して，

$$\left(x'+\frac{1}{2}y'\right)^2+(3x'+2y')^2=4$$

$$x'^2+x'y'+\frac{1}{4}y'^2+9x'^2+12x'y'+4y'^2=4$$

$10x'^2+13x'y'+\frac{17}{4}y'^2=4$ より，$40x'^2+52x'y'+17y'^2=16$ となる。

よって，1次変換 $f$ によって，円 $x^2+y^2=4$ が移される図形の方程式は，

$40x^2+52xy+17y^2=16$ である。 ……………………………………(答)

(2) 合成変換 $g \circ f$ に対応する行列を $C$ とおくと，

$C=B \cdot A=\begin{bmatrix} 1 & 0 \\ 1 & -1 \end{bmatrix}\begin{bmatrix} 4 & -1 \\ -6 & 2 \end{bmatrix}=\begin{bmatrix} 4 & -1 \\ 10 & -3 \end{bmatrix}$ となる。

$C$ の行列式 $\Delta=4\cdot(-3)-(-1)\cdot 10=-2\ (\neq 0)$ より，

逆行列 $C^{-1}$ が存在する。

よって，1次変換 $g \circ f$ の式：

$\begin{bmatrix} x' \\ y' \end{bmatrix}=C\begin{bmatrix} x \\ y \end{bmatrix}$ の両辺に $C^{-1}$ を左からかけて，

$\begin{bmatrix} x \\ y \end{bmatrix}=C^{-1}\begin{bmatrix} x' \\ y' \end{bmatrix}=\dfrac{1}{-2}\begin{bmatrix} -3 & 1 \\ -10 & 4 \end{bmatrix}\begin{bmatrix} x' \\ y' \end{bmatrix}$

$=\begin{bmatrix} \dfrac{3}{2} & -\dfrac{1}{2} \\ 5 & -2 \end{bmatrix}\begin{bmatrix} x' \\ y' \end{bmatrix}=\begin{bmatrix} \dfrac{3}{2}x'-\dfrac{1}{2}y' \\ 5x'-2y' \end{bmatrix}$ より，

> 合成変換 $g \circ f$（$g$：後，$f$：先）では，$\begin{bmatrix} x \\ y \end{bmatrix}$ にまず $f$ が作用した後 $g$ が作用するので，対応する行列も $B \cdot A$（$B$：後，$A$：先）となる。したがって，もし，$f \circ g$ ならば，これに対応する行列は $A \cdot B$ となる。

$x=\dfrac{3}{2}x'-\dfrac{1}{2}y'$ ……④，$y=5x'-2y'$ ……⑤ となる。

よって，$g \circ f$ によって，円 $x^2+y^2=4$ が移される図形の方程式は，

これに④，⑤を代入して，

$\left(\dfrac{3}{2}x'-\dfrac{1}{2}y'\right)^2+(5x'-2y')^2=4$ 両辺に4をかけて，

$(3x'-y')^2+4(5x'-2y')^2=16$

$9x'^2-6x'y'+y'^2+4(25x'^2-20x'y'+4y'^2)=16$

$109x'^2-86x'y'+17y'^2=16$ となる。

以上より，合成変換 $g \circ f$ によって，円 $x^2+y^2=4$ が移される図形の方程式は，

$109x^2-86xy+17y^2=16$ である。 ……………………………………(答)

# 不動点・不動直線

**演習問題 48** CHECK 1 CHECK 2 CHECK 3

**1** 次変換 $f$ により，点 $(1,\ 2)$ は点 $(-2,\ 0)$ に，また点 $(1,\ -1)$ は点 $(7,\ 3)$ に移される。このとき，次の問いに答えよ。

**(1)** **1** 次変換 $f$ を表す行列 $A$ を求めよ。

**(2)** **1** 次変換 $f$ によって自分自身に移される点を求めよ。

**(3)** **1** 次変換 $f$ によって自分自身に移される直線 $y = mx + n$ を求めよ。ただし，$m$，$n$ は定数とする。

**ヒント！** **(1) 2** 組の点の対応関係が与えられれば，この **1** 次変換 $f$ を表す行列 $A$ を求めることができる。**(2)** は，$f$ による不動点の問題であり，**(3)** は，不動直線の問題なんだね。

## 解答＆解説

**(1)** 行列 $A$ による **1** 次変換 $f$ によって，(i) 点 $(1,\ 2)$ は点 $(-2,\ 0)$ に，(ii) 点 $(1,\ -1)$ は点 $(7,\ 3)$ に移されるので，

(i) $A\begin{bmatrix}1\\2\end{bmatrix}=\begin{bmatrix}-2\\0\end{bmatrix}$ ……①　　(ii) $A\begin{bmatrix}1\\-1\end{bmatrix}=\begin{bmatrix}7\\3\end{bmatrix}$ ……② となる。

①と②をまとめて **1** つの式で表すと，

$A\begin{bmatrix}1 & 1\\2 & -1\end{bmatrix}=\begin{bmatrix}-2 & 7\\0 & 3\end{bmatrix}$ ……③ となる。

行列 $\begin{bmatrix}1 & 1\\2 & -1\end{bmatrix}$ の行列式 $\Delta = 1\times(-1)-1\times 2=-3\ (\neq 0)$ より，この逆行列 $\begin{bmatrix}1 & 1\\2 & -1\end{bmatrix}^{-1}$ は存在する。よって，この逆行列を③の両辺に右からかけて，

$$A=\begin{bmatrix}-2 & 7\\0 & 3\end{bmatrix}\cdot\begin{bmatrix}1 & 1\\2 & -1\end{bmatrix}^{-1}=\begin{bmatrix}-2 & 7\\0 & 3\end{bmatrix}\cdot\frac{1}{-3}\begin{bmatrix}-1 & -1\\-2 & 1\end{bmatrix}$$

$$=\frac{1}{3}\begin{bmatrix}-2 & 7\\0 & 3\end{bmatrix}\begin{bmatrix}1 & 1\\2 & -1\end{bmatrix}=\frac{1}{3}\begin{bmatrix}12 & -9\\6 & -3\end{bmatrix}=\begin{bmatrix}4 & -3\\2 & -1\end{bmatrix}$$ ……………………(答)

行列の積の順序は変えられないけれど，係数は表に出してもかまわない。

**(2)** **1** 次変換 $f$ によって，自分自身に移される点，すなわち不動点を $(x,\ y)$ とおくと，

$\begin{bmatrix}x\\y\end{bmatrix}=A\begin{bmatrix}x\\y\end{bmatrix}$

$(x,\ y) \xrightarrow{f} (x,\ y)$

$(x',\ y')$ ではなく，同じ $(x,\ y)$ になる。

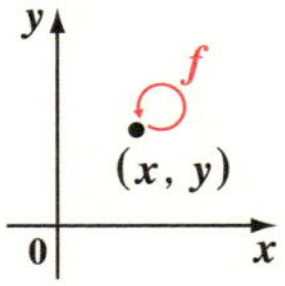

よって，$A\begin{bmatrix} x \\ y \end{bmatrix} - E\begin{bmatrix} x \\ y \end{bmatrix} = \begin{bmatrix} 0 \\ 0 \end{bmatrix}$ より，$(A-E)\begin{bmatrix} x \\ y \end{bmatrix} = \begin{bmatrix} 0 \\ 0 \end{bmatrix}$

（$E$をかけることにより，$A-E$の計算ができる。）

$\left\{\begin{bmatrix} 4 & -3 \\ 2 & -1 \end{bmatrix} - \begin{bmatrix} 1 & 0 \\ 0 & 1 \end{bmatrix}\right\}\begin{bmatrix} x \\ y \end{bmatrix} = \begin{bmatrix} 0 \\ 0 \end{bmatrix}$　　$\begin{bmatrix} 3 & -3 \\ 2 & -2 \end{bmatrix}\begin{bmatrix} x \\ y \end{bmatrix} = \begin{bmatrix} 0 \\ 0 \end{bmatrix}$

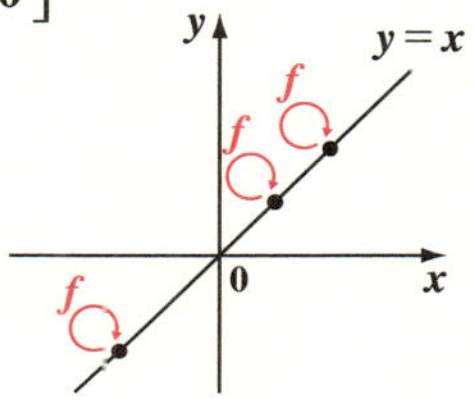


よって，$3x-3y=0$ かつ $2x-2y=0$ は同一直線 $y=x$ のことなので，この直線 $y=x$ 上の点がすべて不動点である。 ……………………………………(答)

**(3)** 1次変換 $f$ によって，自分自身に移される直線，すなわち不動直線 $y=mx+n$ を求める。この場合，

$y=mx+n$ ……④ $\xrightarrow{f}$ $y'=mx'+n$ ……⑤

より，

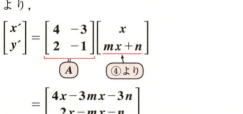

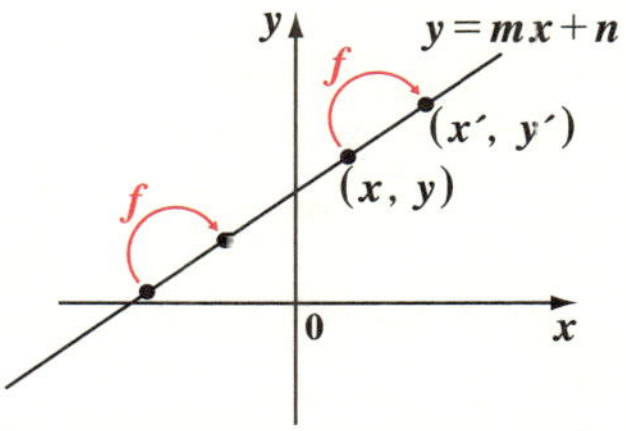


［不動直線 $y=mx+n$ の場合，点 $(x, y)$ は，別の点 $(x', y')$ に移るが，これらは同一直線上に存在する。］

$\begin{bmatrix} x' \\ y' \end{bmatrix} = \begin{bmatrix} 4 & -3 \\ 2 & -1 \end{bmatrix}\begin{bmatrix} x \\ mx+n \end{bmatrix}$

（$\begin{bmatrix} 4 & -3 \\ 2 & -1 \end{bmatrix}$ ＝ $A$，$mx+n$：④より）

$= \begin{bmatrix} 4x-3mx-3n \\ 2x-mx-n \end{bmatrix}$

よって，$x'=(4-3m)x-3n$ ……⑥　$y'=(2-m)x-n$ ……⑦ となる。

⑥，⑦を⑤に代入して，

$(2-m)x-n = m\{(4-3m)x-3n\}+n$

$\therefore\ (3m-2)(m-1)x+n(3m-2)=0$ ……⑧

（$(3m-2)(m-1)=0$，$x$：任意の値をとる変数，$n(3m-2)=0$）

$(2-m)x-n=(4m-3m^2)x-3mn+n$

$(3m^2-5m+2)x+n(3m-2)=0$

$\begin{matrix} 3 & \diagdown\!\!\!\diagup & -2 \\ 1 & & -1 \end{matrix}$

$(3m-2)(m-1)x+n(3m-2)=0$

⑧は $x$ の恒等式より，$x$ がどんな値をとっても，右辺の $0$ となるためには，

$(3m-2)(m-1)=0$ ……⑨ かつ $n(3m-2)=0$ ……⑩ である。

(i) $m=\dfrac{2}{3}$ のとき，⑨，⑩は共に成り立つ。よって，$n$ は任意である。

(ii) $m=1$ のとき，$n=0$ のときのみ，⑨，⑩をみたす。

以上より，求める不動直線は，$y=\dfrac{2}{3}x+n$ ($n$：任意) と $y=x$ である。

…………(答)

# 図形の回転変換

| 演習問題 49 | CHECK 1 | CHECK 2 | CHECK 3 |
|---|---|---|---|

次の問いに答えよ。

**(1)** $13x^2+6\sqrt{3}xy+7y^2=16$ ……① で表される図形を原点のまわりに $\frac{\pi}{3}$ だけ回転したものの方程式を求め，その図形の概形を描け。

**(2)** $x^2-2xy+y^2-\sqrt{2}x-\sqrt{2}y+2=0$ ……② で表される図形を原点のまわりに $\frac{\pi}{4}$ だけ回転したものの方程式を求め，その図形の概形を描け。

**ヒント！** (1)は，(①の式) $\xrightarrow{R(\frac{\pi}{3})}$ ($x'$と$y'$の式)，(2)は，(②の式) $\xrightarrow{R(\frac{\pi}{4})}$ ($x'$と$y'$の式) の形の問題になっているんだね。

## 解答＆解説

**(1)** $13x^2+6\sqrt{3}xy+7y^2=16$ ……① を原点のまわりに $\frac{\pi}{3}$ だけ回転した図形の方程式 ($x'$と$y'$の関係式) を求める。まず，回転変換の公式：

$\begin{bmatrix} x' \\ y' \end{bmatrix}=R\left(\frac{\pi}{3}\right)\begin{bmatrix} x \\ y \end{bmatrix}$ ……③ の両辺に $R\left(\frac{\pi}{3}\right)^{-1}\left[=R\left(-\frac{\pi}{3}\right)\right]$ を左からかけて，

$$\begin{bmatrix} x \\ y \end{bmatrix}=R\left(-\frac{\pi}{3}\right)\begin{bmatrix} x' \\ y' \end{bmatrix}=\begin{bmatrix} \cos\left(-\frac{\pi}{3}\right) & -\sin\left(-\frac{\pi}{3}\right) \\ \sin\left(-\frac{\pi}{3}\right) & \cos\left(-\frac{\pi}{3}\right) \end{bmatrix}\begin{bmatrix} x' \\ y' \end{bmatrix}=\begin{bmatrix} \frac{1}{2} & \frac{\sqrt{3}}{2} \\ -\frac{\sqrt{3}}{2} & \frac{1}{2} \end{bmatrix}\begin{bmatrix} x' \\ y' \end{bmatrix}$$

$=\frac{1}{2}\begin{bmatrix} x'+\sqrt{3}y' \\ -\sqrt{3}x'+y' \end{bmatrix}$ となるので，

$x=\frac{1}{2}(x'+\sqrt{3}y')$ ……④，$y=\frac{1}{2}(-\sqrt{3}x'+y')$ ……⑤ となる。

④，⑤を①に代入して，($x'$と$y'$の関係式) を求めると，

$$\frac{13}{4}(x'+\sqrt{3}y')^2+\frac{3\sqrt{3}}{2}(x'+\sqrt{3}y')(-\sqrt{3}x'+y')+\frac{7}{4}(-\sqrt{3}x'+y')^2=16$$

両辺に 4 をかけて，

$13(x'^2+2\sqrt{3}x'y'+3y'^2)+6\sqrt{3}(-\sqrt{3}x'^2-2x'y'+\sqrt{3}y'^2)+7(3x'^2-2\sqrt{3}x'y'+y'^2)=64$

$(13-18+21)x'^2+(39+18+7)y'^2=64$

$16x'^2+64y'^2=64$　両辺を64で割って，

$\dfrac{x'^2}{4}+y'^2=1$ となる。よって，①の図形を$\dfrac{\pi}{3}$だけ回転すると，だ円$\dfrac{x^2}{2^2}+\dfrac{y^2}{1^2}=1$となる。このグラフの概形を右図に示す。

…………(答)

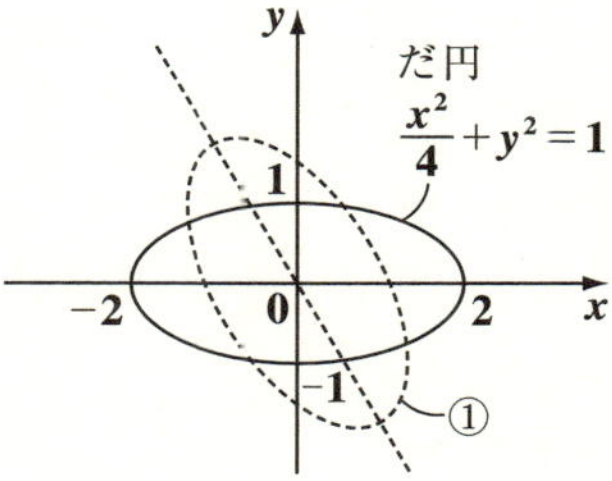


(2) $x^2-2xy+y^2-\sqrt{2}x-\sqrt{2}y+2=0$ ……② を原点のまわりに$\dfrac{\pi}{4}$だけ回転した図形の方程式($x'$と$y'$の関係式)を求める。まず回転変換の公式：

$\begin{bmatrix} x' \\ y' \end{bmatrix}=R\left(\dfrac{\pi}{4}\right)\begin{bmatrix} x \\ y \end{bmatrix}$ ……⑥ の両辺に$R\left(\dfrac{\pi}{4}\right)^{-1}\left[=R\left(-\dfrac{\pi}{4}\right)\right]$を左からかけて，

$$\begin{bmatrix} x \\ y \end{bmatrix}=R\left(-\frac{\pi}{4}\right)\begin{bmatrix} x' \\ y' \end{bmatrix}=\begin{bmatrix} \cos\left(-\frac{\pi}{4}\right) & -\sin\left(-\frac{\pi}{4}\right) \\ \sin\left(-\frac{\pi}{4}\right) & \cos\left(-\frac{\pi}{4}\right) \end{bmatrix}\begin{bmatrix} x' \\ y' \end{bmatrix}=\begin{bmatrix} \frac{1}{\sqrt{2}} & \frac{1}{\sqrt{2}} \\ -\frac{1}{\sqrt{2}} & \frac{1}{\sqrt{2}} \end{bmatrix}\begin{bmatrix} x' \\ y' \end{bmatrix}$$

$=\dfrac{1}{\sqrt{2}}\begin{bmatrix} x'+y' \\ -x'+y' \end{bmatrix}$ となるので，

$x=\dfrac{1}{\sqrt{2}}(x'+y')$ ……⑦，$y=\dfrac{1}{\sqrt{2}}(-x'+y')$ ……⑧ となる。

⑦，⑧を②に代入して，($x'$と$y'$の関係式)を求めると，

$\dfrac{1}{2}(x'+y')^2-(x'+y')(-x'+y')+\dfrac{1}{2}(-x'+y')^2-(x'+y')-(-x'+y')+2=0$

$\dfrac{1}{2}(x'^2+2x'y'+y'^2)-(y'^2-x'^2)+\dfrac{1}{2}(x'^2-2x'y'+y'^2)-2y'+2=0$

$2x'^2-2y'+2=0$

$\therefore y'=x'^2+1$ となる。よって，②の図形を$\dfrac{\pi}{4}$だけ回転すると，放物線$y=x^2+1$となる。このグラフの概形を右図に示す。

…………(答)

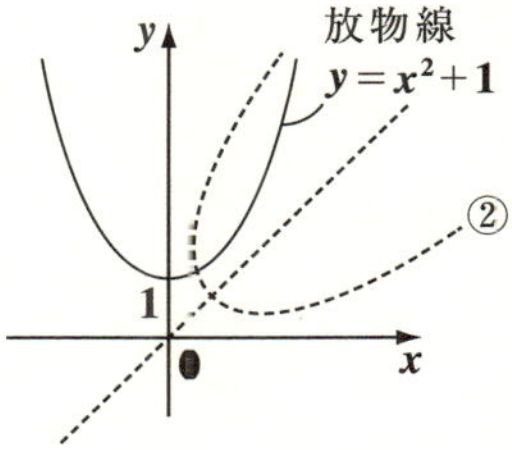

| 演習問題 50 | CHECK 1 | CHECK 2 | CHECK 3 |
|---|---|---|---|

直線 $y=2x$ に関して対称移動する1次変換を $f$ とおく。

(1) 直線 $2x-5y=1$ ……① を，$f$ により移動したものの方程式を求めよ。

(2) $41x^2+24xy+34y^2=50$ ……② で表される図形を，$f$ により移動したものの方程式を求めよ。

ヒント！ $y=2x$ に関する対称移動を表す行列を $T$ とおくと，その逆変換も同様に $y=2x$ に関する対称移動となるので，$T^{-1}=T$ であることに注意しよう。

## 解答＆解説

直線 $y=\underset{\tan\theta}{2}x$ に関して対称移動する1次変換 $f$ の行列を $T$ とおくと，

$\tan\theta=2$ とおけば，$\cos2\theta=\dfrac{1-2^2}{1+2^2}=-\dfrac{3}{5}$，$\sin2\theta=\dfrac{2\cdot2}{1+2^2}=\dfrac{4}{5}$ より，

$$T=\begin{bmatrix}\cos2\theta & \sin2\theta\\ \sin2\theta & -\cos2\theta\end{bmatrix}=\begin{bmatrix}-\frac{3}{5} & \frac{4}{5}\\ \frac{4}{5} & \frac{3}{5}\end{bmatrix}$$ となり，

この逆行列 $T^{-1}$ は $T^{-1}=T=\dfrac{1}{5}\begin{bmatrix}-3 & 4\\ 4 & 3\end{bmatrix}$ である。

$\Delta=-\dfrac{3}{5}\times\dfrac{3}{5}-\dfrac{4}{5}\times\dfrac{4}{5}=-1$ より，

$$T^{-1}=\frac{1}{-1}\begin{bmatrix}\frac{3}{5} & -\frac{4}{5}\\ -\frac{4}{5} & -\frac{3}{5}\end{bmatrix}=\begin{bmatrix}-\frac{3}{5} & \frac{4}{5}\\ \frac{4}{5} & \frac{3}{5}\end{bmatrix}=T$$ となる。

(1) 1次変換 $f$ の公式は，$\begin{bmatrix}x'\\ y'\end{bmatrix}=T\begin{bmatrix}x\\ y\end{bmatrix}$ より，

$$\begin{bmatrix}x\\ y\end{bmatrix}=\underset{T}{T^{-1}}\begin{bmatrix}x'\\ y'\end{bmatrix}=\frac{1}{5}\begin{bmatrix}-3 & 4\\ 4 & 3\end{bmatrix}\begin{bmatrix}x'\\ y'\end{bmatrix}=\frac{1}{5}\begin{bmatrix}-3x'+4y'\\ 4x'+3y'\end{bmatrix}$$ より，

$x=\dfrac{1}{5}(-3x'+4y')$ ……③，$y=\dfrac{1}{5}(4x'+3y')$ ……④ となる。

よって，③，④を，$2x-5y=1$ ……① に代入して，①が $f$ により移される図形の方程式 ($x'$ と $y'$ の関係式) を求めると，

$$2\cdot\frac{1}{5}(-3x'+4y')-5\cdot\frac{1}{5}(4x'+3y')=1$$

両辺に 5 をかけて，

$-6x'+8y'-20x'-15y'=5$　　$-26x'-7y'=5$

$\therefore\ 26x'+7y'=-5$ となる。

よって，①の直線は，$f$ によって直線 $26x+7y=-5$ に移される。……(答)

(2) (1)と同様に，③，④を，$41x^2+24xy+34y^2=50$ ……② に代入して，

②が $f$ により移される図形の方程式（$x'$ と $y'$ の関係式）を求めると，

$$\frac{41}{25}(-3x'+4y')^2+\frac{24}{25}(-3x'+4y')(4x'+3y')+\frac{34}{25}(4x'+3y')^2=50$$

両辺に 25 をかけて，

$$41(9x'^2-24x'y'+16y'^2)+24(-12x'^2+7x'y'+12y'^2)$$
$$+34(16x'^2+24x'y'+9y'^2)=50\times25$$

$x'y'$ の係数は，$41\times(-24)+24\times7+34\times24=24(-41+7+34)=0$ となる。

$$(41\times9-24\times12+34\times16)x'^2+(41\times16+24\times12+34\times9)y'^2=50\times25$$

$9(41-32)+34\times16=81+544=625$

$16(41+18)+34\times9=944+306=1250$

$625x'^2+1250y'^2=2\times625$　　両辺を 1250 で割って，

$\therefore\ \dfrac{x'^2}{2}+y'^2=1$ となる。

よって，②で表される図形は，$f$ によって，

だ円 $\dfrac{x^2}{2}+y^2=1$ に移される。…………(答)

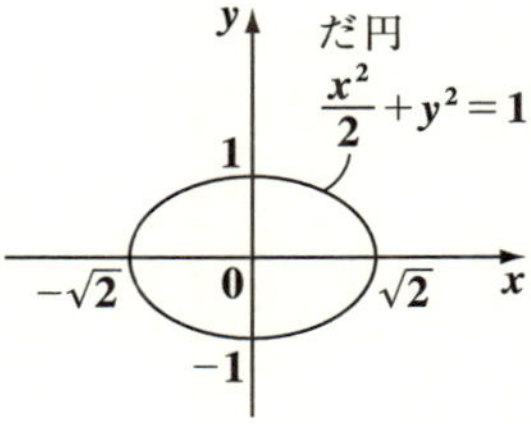

# $A^{-1}$ をもたない $A$ による 1 次変換 (I)

### 演習問題 51 | CHECK 1 | CHECK 2 | CHECK 3

1 次変換 $f:\begin{bmatrix} x' \\ y' \end{bmatrix} = \begin{bmatrix} -1 & 2 \\ 2 & -4 \end{bmatrix}\begin{bmatrix} x \\ y \end{bmatrix}$ ……① について，次の問いに答えよ。

(1) 1 次変換 $f$ によって，$xy$ 平面全体が移される図形の方程式を求めよ。

(2) 1 次変換 $f$ によって，原点 O に移される図形の方程式を求めよ。

(3) 1 次変換 $f$ によって，点 $(k, -2k)$ ($k$：実数定数) に移される図形の方程式を求めよ。

(4) 1 次変換 $f$ によって，放物線 $y = -x^2 + 1$ が移される図形の方程式を求めよ。

**ヒント!** 1 次変換 $f$ を表す行列を $A = \begin{bmatrix} -1 & 2 \\ 2 & -4 \end{bmatrix}$ とおくと，この行列式 $\Delta = \det A = -1 \cdot (-4) - 2 \cdot 2 = 0$ より，$A$ の逆行列 $A^{-1}$ は存在しない。このとき，(1) $xy$ 平面全体は，$f$ によってある直線に移される。よって，(2), (3) では，$xy$ 平面上のある直線が原点 O や点 $(k, -2k)$ に移されることになる。(4) では，$xy$ 平面内の 1 部である放物線は，$f$ によって，(1) で求めた直線の 1 部 (半直線) に移されることになるんだね。

### 解答 & 解説

1 次変換 $f$ を表す行列を $A = \begin{bmatrix} -1 & 2 \\ 2 & -4 \end{bmatrix}$ とおくと，

$A$ の行列式 $\Delta = \det A = -1 \times (-4) - 2^2 = 4 - 4 = 0$ となる。
よって，$A^{-1}$ は存在しない。

(1) $\begin{bmatrix} x' \\ y' \end{bmatrix} = A\begin{bmatrix} x \\ y \end{bmatrix} = \begin{bmatrix} -1 & 2 \\ 2 & -4 \end{bmatrix}\begin{bmatrix} x \\ y \end{bmatrix} = \begin{bmatrix} -x + 2y \\ 2x - 4y \end{bmatrix}$ ……① より，

$\begin{cases} x' = -x + 2y \\ y' = 2x - 4y = -2(-x + 2y) = -2x' \end{cases}$ ……②

となる。ここで，点 $(x, y)$ については，何ら制約条件を設けていないので，点 $(x, y)$ は $xy$ 平面全体を表す。そして，これは，1 次変換 $f$ により，右図に示すよう

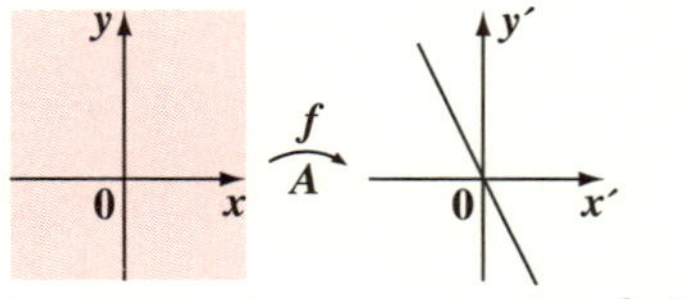

($xy$ 平面全体) 　　　$y' = -2x'$

に，直線 $y=-2x$ に移される。……………………………………(答)

最後は"′"(ダッシュ)をとった形で表す。

(2) $\begin{bmatrix} x' \\ y' \end{bmatrix} = \begin{bmatrix} 0 \\ 0 \end{bmatrix}$ ……③ とおいて，③を①に代入すると，

$x'y'$ 平面上の原点 $O(0, 0)$ を表す。

$\begin{bmatrix} 0 \\ 0 \end{bmatrix} = \begin{bmatrix} -x+2y \\ 2x-4y \end{bmatrix}$ より，$-x+2y=0$

$2x-4y=0$ は，これと同じ式だ。

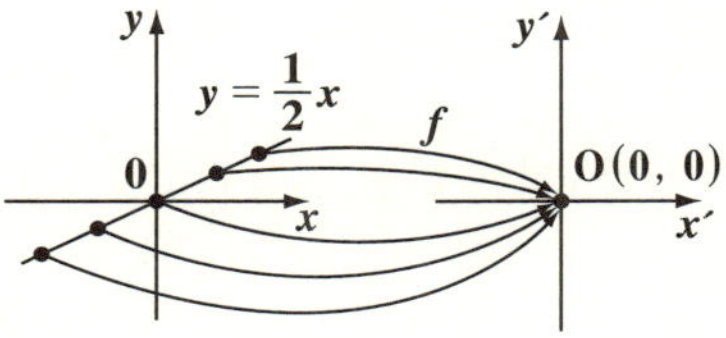


$\therefore y=\frac{1}{2}x$ ……④ となる。

よって，1次変換 $f$ によって，原点 $O(0, 0)$ に移されるのは，直線 $y=\frac{1}{2}x$ ……④ である。(すなわち，④の直線上のすべての点が原点 $O(0, 0)$ に移される)

…………(答)

(3) 点 $(k, -2k)$ ($k$：実数定数)は，(1)で求めた直線 $y=-2x$ ……② 上の点である。ここで，

$\begin{bmatrix} x' \\ y' \end{bmatrix} = \begin{bmatrix} k \\ -2k \end{bmatrix}$ ……⑤ とおいて，⑤を①に代入すると，

$\begin{bmatrix} k \\ -2k \end{bmatrix} = \begin{bmatrix} -x+2y \\ 2x-4y \end{bmatrix}$ より，$k=-x+2y$ ← $-2k=2x-4y$ は，これと同じ。

$\therefore y=\frac{1}{2}x+\frac{1}{2}k$

よって，直線 $y=\frac{1}{2}x+\frac{k}{2}$ 上のすべての点が，1次変換 $f$ によって，点 $(k, -2k)$ に移される。…………(答)

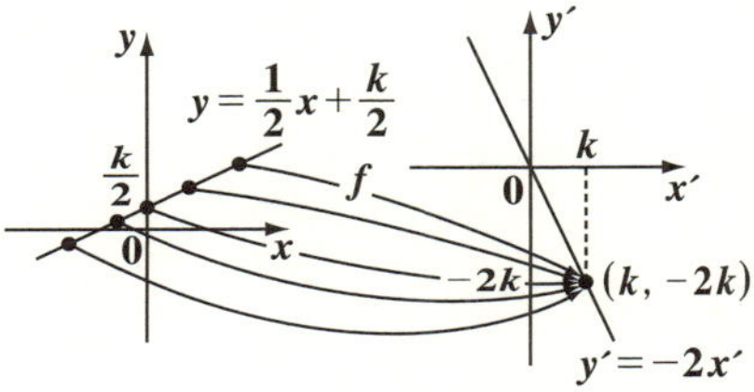


$k=0$ のとき，$y=\frac{1}{2}x$ が $O(0, 0)$ に移されるので，これは(2)の結果と一致する。

(4) (1)より，$xy$平面全体が$f$により，直線$y=-2x$に移されるわけだから$xy$平面内の1部である放物線$y=-x^2+1$ ……⑥ は，直線$y'=-2x'$の1部に移されることになる。

1次変換$f$の公式：

$\begin{bmatrix} x' \\ y' \end{bmatrix} = \begin{bmatrix} -1 & 2 \\ 2 & -4 \end{bmatrix} \begin{bmatrix} x \\ y \end{bmatrix}$ ……① に，⑥を代入して，

$\begin{bmatrix} x' \\ y' \end{bmatrix} = \begin{bmatrix} -1 & 2 \\ 2 & -4 \end{bmatrix} \begin{bmatrix} x \\ -x^2+1 \end{bmatrix} = \begin{bmatrix} -x+2(-x^2+1) \\ 2x-4(-x^2+1) \end{bmatrix}$ より，

$x'=-2x^2-x+2$ ……⑦ となる。

直線$y'=-2x'$の定義域($x'$の値の範囲)が分かれば十分なので，$y'=4x^2+2x-4$は不要！

⑦を変形して，

$x'=-2\left(x^2+\frac{1}{2}x+\frac{1}{16}\right)+2+\frac{1}{8}$ より，

2で割って2乗

$x'=-2\left(x+\frac{1}{4}\right)^2+\frac{17}{8}$

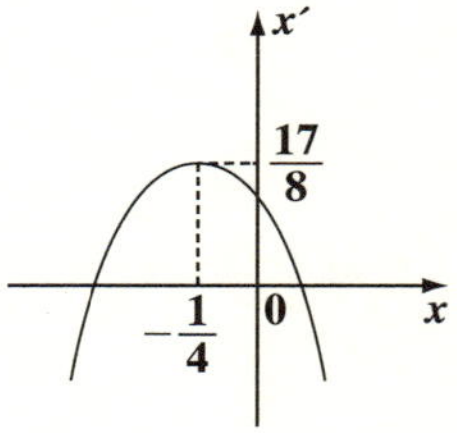


よって，右図より明らかに$x' \leqq \frac{17}{8}$

これで，$x'$の定義域が分かった！

以上より，放物線$y=-x^2+1$は，1次変換$f$によって，半直線$y=-2x\left(x \leqq \frac{17}{8}\right)$に移される。

…………(答)

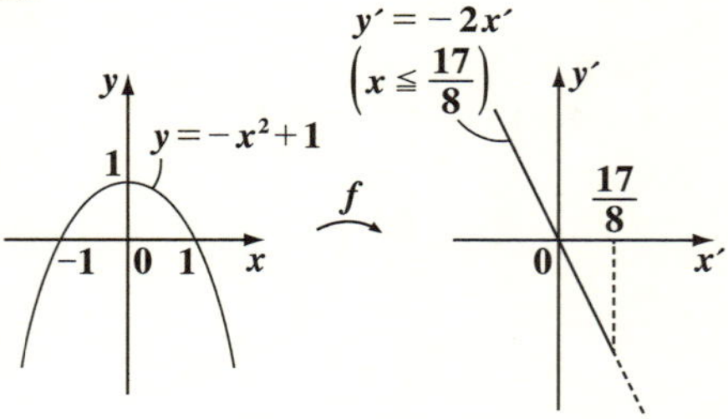

# $A^{-1}$をもたない$A$による1次変換(II)

**演習問題 52** CHECK 1 CHECK2 CHECK3

1次変換 $f$: $\begin{bmatrix} x' \\ y' \end{bmatrix} = \begin{bmatrix} \sqrt{3} & 1 \\ 3 & \sqrt{3} \end{bmatrix}\begin{bmatrix} x \\ y \end{bmatrix}$ ……① について，次の問いに答えよ。

(1) 1次変換 $f$ によって，$xy$ 平面全体が移される図形の方程式を求めよ。

(2) 1次変換 $f$ によって，原点 O に移される図形の方程式を求めよ。

(3) 1次変換 $f$ によって，点 $(k,\ \sqrt{3}k)$ ($k$：実数定数) に移される図形の方程式を求めよ。

(4) 1次変換 $f$ によって，円 $x^2+y^2=1$ が移される図形の方程式を求めよ。

**ヒント！** 1次変換 $f$ を表す行列を $A=\begin{bmatrix} \sqrt{3} & 1 \\ 3 & \sqrt{3} \end{bmatrix}$ とおくと，この行列式 $\Delta=\det A=(\sqrt{3})^2-1\cdot 3=0$ より，$A$ の逆行列 $A^{-1}$ は存在しない。このとき，(1) $xy$ 平面全体は，$f$ によってある直線に移される。したがって，(2), (3) では，$xy$ 平面上のある直線が原点 O や点 $(k,\ \sqrt{3}k)$ に移されることになる。(4) では，$xy$ 平面上の1部である円は，$f$ によって，(1) で求めた直線の1部 (線分) に移されることになるんだね。頑張ろう！

## 解答＆解説

1次変換 $f$ を表す行列を $A=\begin{bmatrix} \sqrt{3} & 1 \\ 3 & \sqrt{3} \end{bmatrix}$ とおくと，

$A$ の行列式 $\Delta=\det A=(\sqrt{3})^2-1\cdot 3=3-3=0$ となる。

よって，$A^{-1}$ は存在しない。

(1) $\begin{bmatrix} x' \\ y' \end{bmatrix} = \begin{bmatrix} \sqrt{3} & 1 \\ 3 & \sqrt{3} \end{bmatrix}\begin{bmatrix} x \\ y \end{bmatrix} = \begin{bmatrix} \sqrt{3}x+y \\ 3x+\sqrt{3}y \end{bmatrix}$ ……① より，

$$\begin{cases} x'=\sqrt{3}x+y \\ y'=3x+\sqrt{3}y=\sqrt{3}(\sqrt{3}x+y)=\sqrt{3}x' \end{cases} \cdots\cdots②$$

となる。ここで，点 $(x,\ y)$ については，何ら制約条件を設けていないので，点 $(x,\ y)$ は $xy$ 平面全体を表す。そして，これは，1次変換 $f$ によって，右図に示すように，

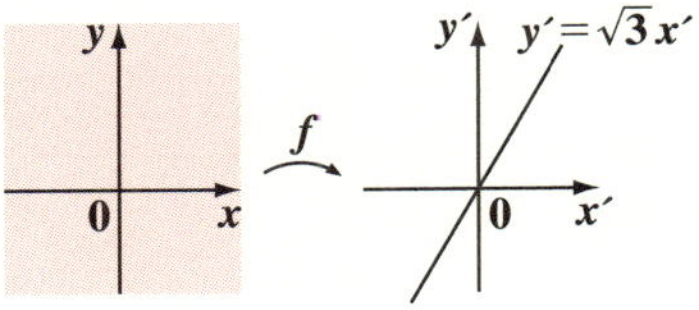

直線 $y=\sqrt{3}x$ に移される。 ……………………………………………………(答)

**(2)** $\begin{bmatrix} x' \\ y' \end{bmatrix}=\begin{bmatrix} 0 \\ 0 \end{bmatrix}$ ……③ とおいて，③を①に代入すると，

$x'y'$ 平面上の原点 O(0, 0)を表す。

$\begin{bmatrix} 0 \\ 0 \end{bmatrix}=\begin{bmatrix} \sqrt{3}x+y \\ 3x+\sqrt{3}y \end{bmatrix}$ より，$\sqrt{3}x+y=0$

$3x+\sqrt{3}y=0$ は，これと同じ式だ。

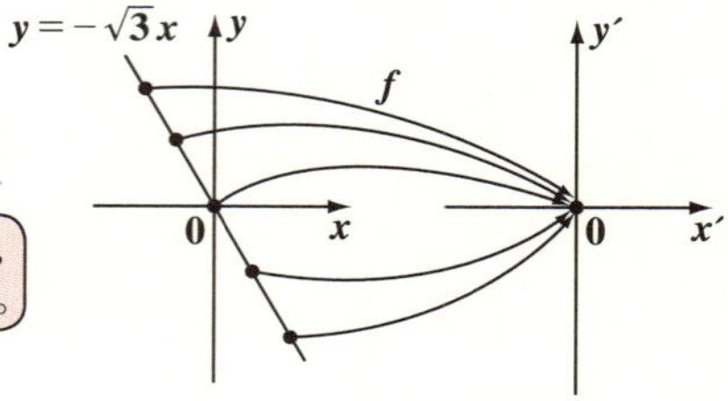


$\therefore\ y=-\sqrt{3}x$ ……④ となる。

よって，1 次変換 $f$ によって，原点 O に移されるのは，直線 $y=-\sqrt{3}x$ ……④ である。(すなわち，④の直線上のすべての点が $f$ により原点 O に移される)

…………(答)

**(3)** 点 $(k,\ \sqrt{3}k)$ ($k$：実数定数) は，(1)で求めた直線 $y=\sqrt{3}x$ ……② 上の点である。ここで，

$\begin{bmatrix} x' \\ y' \end{bmatrix}=\begin{bmatrix} k \\ \sqrt{3}k \end{bmatrix}$ ……⑤ とおいて，⑤を①に代入すると，

$\begin{bmatrix} k \\ \sqrt{3}k \end{bmatrix}=\begin{bmatrix} \sqrt{3}x+y \\ 3x+\sqrt{3}y \end{bmatrix}$ より，$k=\sqrt{3}x+y$ ← $\sqrt{3}k=3x+\sqrt{3}y$ は，これと同じ式だ。

$\therefore\ y=-\sqrt{3}x+k$

よって，右図に示すように直線 $y=-\sqrt{3}x+k$ 上のすべての点が，1 次変換 $f$ によって，点 $(k,\ \sqrt{3}k)$ に移される。 …………………(答)

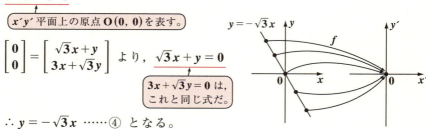

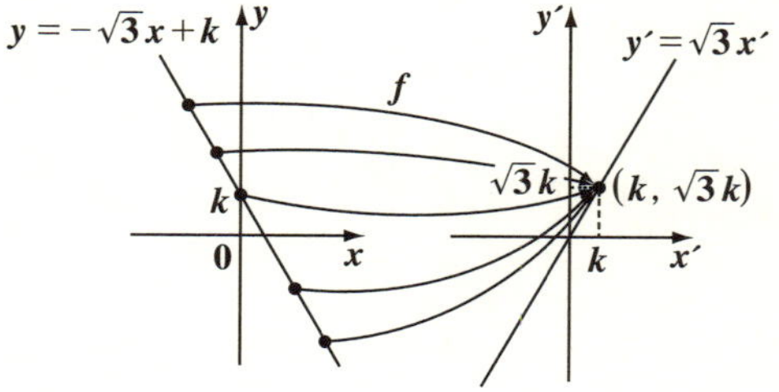


$k=0$ のとき，$y=-\sqrt{3}x$ が O(0, 0) に移されるので，これは(2)の結果と一致する。

(4) (1)より，$xy$ 平面全体が，$f$ により直線 $y=\sqrt{3}x$ に移されるわけだから $xy$ 平面内の1部である円：$x^2+y^2=1$ ……⑥ は，直線 $y=\sqrt{3}x$ の1部に移されることになる。

1次変換 $f$ の公式：

$$\begin{bmatrix} x' \\ y' \end{bmatrix} = \begin{bmatrix} \sqrt{3} & 1 \\ 3 & \sqrt{3} \end{bmatrix}\begin{bmatrix} x \\ y \end{bmatrix} = \begin{bmatrix} \sqrt{3}x+y \\ 3x+\sqrt{3}y \end{bmatrix}$$ より，

直線 $y'=\sqrt{3}x'$ の定義域（$x'$ の値の範囲）が分かれば十分なので，$y'=3x+\sqrt{3}y$ は不要！

$x'=\sqrt{3}x+y$ ……⑦ となる。

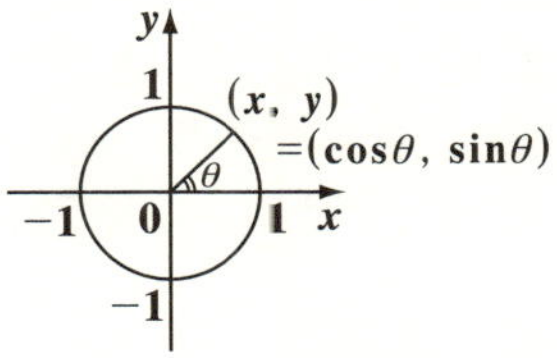


⑥の円の方程式は，右図に示すように，媒介変数 $\theta$ $(0 \leqq \theta < 2\pi)$ を用いて，

$$\begin{cases} x=\cos\theta \\ y=\sin\theta \end{cases}$$ ……⑧ と表される。

⑧を⑥に代入すると，$\cos^2\theta+\sin^2\theta=1$ となって，成り立つからだね。

⑧を⑦に代入して，$x'$ の取り得る値の範囲を三角関数の合成を使って調べると，

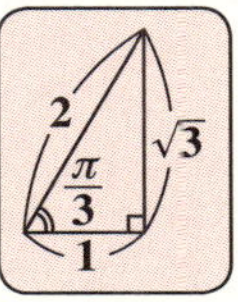


$x'=\sqrt{3}\cos\theta+\sin\theta=1\cdot\sin\theta+\sqrt{3}\cdot\cos\theta$

$=2\left(\frac{1}{2}\sin\theta+\frac{\sqrt{3}}{2}\cos\theta\right)$

（$2=\sqrt{1^2+(\sqrt{3})^2}$，$\frac{1}{2}=\cos\frac{\pi}{3}$，$\frac{\sqrt{3}}{2}=\sin\frac{\pi}{3}$）

公式
$\sin(\alpha+\beta)$
$=\sin\alpha\cos\beta+\cos\alpha\sin\beta$

$=2\sin\left(\theta+\frac{\pi}{3}\right)$ $\quad(0 \leqq \theta < 2\pi)$

よって，$-1 \leqq \sin\left(\theta+\frac{\pi}{3}\right) \leqq 1$ より，$-2 \leqq x' \leqq 2$ となる。 ← 定義域が分かった！

以上より，円 $x^2+y^2=1$ は，1次変換 $f$ によって，線分 $y=\sqrt{3}x$ $(-2 \leqq x \leqq 2)$ に移される。

…………(答)

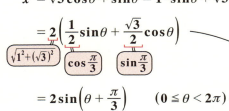

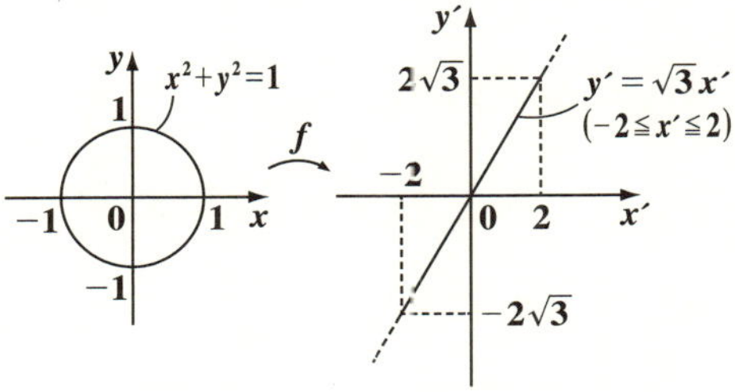

# 行列の n 乗計算の基本(I)

| 演習問題 53 | CHECK 1 | CHECK 2 | CHECK 3 |
|---|---|---|---|

行列 $A = \begin{bmatrix} a & -3 \\ -2a & b+5 \end{bmatrix}$ ……① ($a, b$：実数定数，$a \neq 0$) が次式をみたす。

$A^2 - 7A = O$ ……②

このとき，定数 $a$，$b$ の値と，$A^n$ ($n = 1, 2, 3, \cdots$) を求めよ。

**ヒント！** $a$，$b$ を求めるために，①に，ケーリー・ハミルトンの定理を用いると，$A^2 - (a+b+5)A + \{a(b+5) - 6a\}E = O$ となる。今回は，明らかに，$A \neq kE$ なので，これと②とで単純に係数比較をすればいい。また，行列の $n$ 乗計算の基本公式：「$A^2 = kA$ ($k$：実数定数) のとき，$A^n = k^{n-1}A$ となる」ことも利用しよう。

## 解答＆解説

$A = \begin{bmatrix} a & -3 \\ -2a & b+5 \end{bmatrix}$ ……① より，ケーリー・ハミルトンの定理を用いて，

$A^2 - (\underbrace{a+b+5}_{7})A + \{\underbrace{a(b+5) - 6a}_{0}\}E = O$ ……③ となる。また，$A$ は，

$A^2 - 7 \cdot A + 0 \cdot E = O$ ……② をみたす。

ここで，$A \neq kE$ (スカラー行列) であるので，

③と②の係数を比較して，

> $A = \begin{bmatrix} a & -3 \\ -2a & b+5 \end{bmatrix}$ より，$A$ はスカラー行列 $kE = \begin{bmatrix} k & 0 \\ 0 & k \end{bmatrix}$ にはなり得ない。

$a + b + 5 = 7$ ……④ かつ $a(b+5) - 6a = 0$ ……⑤ となる。

④より，$b = -a + 2$ ……④′　④′を $ab - a = 0$ ……⑤′ に代入して，

$a(-a+2) - a = 0 \qquad -a^2 + a = 0 \qquad a(a-1) = 0$

ここで，$a \neq 0$ より，$a = 1$ である。これを④′に代入して，$b = 1$ ………(答)

$a = 1$，$b = 1$ を①に代入して，$A = \begin{bmatrix} 1 & -3 \\ -2 & 6 \end{bmatrix}$ ……①′ となる。

②より，$A^2 = 7A$ より，$A^n$ ($n = 1, 2, 3, \cdots$) は，

$A^n = 7^{n-1}A = 7^{n-1}\begin{bmatrix} 1 & -3 \\ -2 & 6 \end{bmatrix} = \begin{bmatrix} 7^{n-1} & -3 \cdot 7^{n-1} \\ -2 \cdot 7^{n-1} & 6 \cdot 7^{n-1} \end{bmatrix}$ となる。……………(答)

行列の $n$ 乗計算の基本公式：$A^2 = kA$ ならば，$A^n = k^{n-1}A$ となる。

# 行列の $n$ 乗計算の基本(II)

## 演習問題 54

CHECK 1　CHECK 2　CHECK 3

1次変換 $f$ により，点$(1, 1)$は点$(-1, 2)$に，また点$(1, -1)$は点$(-1, -2)$に移される。このとき，1次変換 $f$ を表す行列 $A$ を求め，$A^n$ $(n=1, 2, 3, \cdots)$ を求めよ。

**ヒント！** 2組の点の対応が与えられれば，$f$ を表す行列 $A$ が求まるんだね。今回このAが対角行列 $A=\begin{bmatrix}\alpha & 0\\0 & \beta\end{bmatrix}$ の形になるので，$A^n=\begin{bmatrix}\alpha^n & 0\\0 & \beta^n\end{bmatrix}$ と求められるんだね。

## 解答＆解説

1次変換 $f$ により，(i)点$(1, 1)$は点$(-1, 2)$に，(ii)点$(1, -1)$は点$(-1, -2)$に移されるので，

(i) $A\begin{bmatrix}1\\1\end{bmatrix}=\begin{bmatrix}-1\\2\end{bmatrix}$ ……①　　(ii) $A\begin{bmatrix}1\\-1\end{bmatrix}=\begin{bmatrix}-1\\-2\end{bmatrix}$ ……② となる。

①と②を1つの式にまとめると，

$$A\begin{bmatrix}1 & 1\\1 & -1\end{bmatrix}=\begin{bmatrix}-1 & -1\\2 & -2\end{bmatrix} \cdots\cdots③$$ となるので，

③の両辺に $\begin{bmatrix}1 & 1\\1 & -1\end{bmatrix}^{-1}=\frac{1}{-2}\begin{bmatrix}-1 & -1\\-1 & 1\end{bmatrix}=\frac{1}{2}\begin{bmatrix}1 & 1\\1 & -1\end{bmatrix}$ を右からかけると，

$$A=\begin{bmatrix}-1 & -1\\2 & -2\end{bmatrix}\cdot\frac{1}{2}\begin{bmatrix}1 & 1\\1 & -1\end{bmatrix}=\frac{1}{2}\begin{bmatrix}-1 & -1\\2 & -2\end{bmatrix}\begin{bmatrix}1 & 1\\1 & -1\end{bmatrix}=\frac{1}{2}\begin{bmatrix}-2 & 0\\0 & 4\end{bmatrix}$$

$$\therefore A=\begin{bmatrix}-1 & 0\\0 & 2\end{bmatrix} \cdots\cdots④$$ となる。…………………………(答)

よって，行列 $A$ の $n$ 乗 $A^n$ $(n=1, 2, 3, \cdots)$ は，④より，

$$A^n=\begin{bmatrix}-1 & 0\\0 & 2\end{bmatrix}^n=\begin{bmatrix}(-1)^n & 0\\0 & 2^n\end{bmatrix}$$ $(n=1, 2, 3, \cdots)$ となる。…………(答)

行列の $n$ 乗計算の基本公式：対角行列 $A=\begin{bmatrix}\alpha & 0\\0 & \beta\end{bmatrix}$ のとき，$A^n=\begin{bmatrix}\alpha^n & 0\\0 & \beta^n\end{bmatrix}$ となる。

# 行列の $n$ 乗計算の基本(Ⅲ)

**演習問題 55** CHECK 1 CHECK 2 CHECK 3

行列 $A=\begin{bmatrix} a-1 & -1 \\ 2a-3 & 3-a \end{bmatrix}$ ($a$：実数定数，$a<3$) の行列式 $\det A=2$ であるとき，$a$ の値と行列 $A$ を求め，$A^n$ ($n=1, 2, 3, \cdots$) を求めよ。

**ヒント！** $\det A=(a-1)\cdot(3-a)-(-1)\cdot(2a-3)=2$ から $a$ の値を求め，行列 $A$ を計算すればいいんだね。この問題では，回転の行列 $R(\theta)$ の $n$ 乗計算の公式：$R(\theta)^n=R(n\theta)$ を利用することになる。頑張ろう！

## 解答＆解説

行列 $A=\begin{bmatrix} a-1 & -1 \\ 2a-3 & 3-a \end{bmatrix}$ ……① の行列式 $\det A=2$ より，

$\det A=(a-1)(3-a)-(-1)\cdot(2a-3)=2$ となる。よって，

$-a^2+4a-3+2a-3=2$ より，$a^2-6a+8=0$

$(a-2)(a-4)=0$　ここで，$a<3$ より，$a=2$ ……② である。…………(答)

②を①に代入して，求める行列 $A$ は，

$$A=\begin{bmatrix} 2-1 & -1 \\ 4-3 & 3-2 \end{bmatrix}=\begin{bmatrix} 1 & -1 \\ 1 & 1 \end{bmatrix} \cdots\cdots ③$$ である。…………(答)

$r\cdot R(\theta)$ の形に書き変えよう！

③より，$$A=\sqrt{2}\begin{bmatrix} \frac{1}{\sqrt{2}} & -\frac{1}{\sqrt{2}} \\ \frac{1}{\sqrt{2}} & \frac{1}{\sqrt{2}} \end{bmatrix}=\sqrt{2}\begin{bmatrix} \cos\frac{\pi}{4} & -\sin\frac{\pi}{4} \\ \sin\frac{\pi}{4} & \cos\frac{\pi}{4} \end{bmatrix}\quad \left[=\sqrt{2}\cdot R\left(\frac{\pi}{4}\right)\right]$$

よって，行列 $A$ の $n$ 乗 $A^n$ ($n=1, 2, 3, \cdots$) は，

$$A^n=\left\{\sqrt{2}\begin{bmatrix} \cos\frac{\pi}{4} & -\sin\frac{\pi}{4} \\ \sin\frac{\pi}{4} & \cos\frac{\pi}{4} \end{bmatrix}\right\}^n=2^{\frac{n}{2}}\begin{bmatrix} \cos\frac{n\pi}{4} & -\sin\frac{n\pi}{4} \\ \sin\frac{n\pi}{4} & \cos\frac{n\pi}{4} \end{bmatrix}$$ となる。………(答)

($n=1, 2, 3, \cdots$)

$\left(2^{\frac{1}{2}}\right)^n$

$R(\theta)$ の $n$ 乗計算の公式：$R(\theta)^n=R(n\theta)$ を使った！

# 行列の $n$ 乗計算の基本 (IV)



演習問題 56　CHECK 1　CHECK 2　CHECK 3

1次変換 $f$ により，点 $(1,\ -1)$ は点 $(2,\ -3)$ に，また点 $(-1,\ 0)$ は点 $(-3,\ 0)$ に移される。このとき，1次変換 $f$ を表す行列 $A$ を求め，$A^n$ $(n=1,\ 2,\ 3,\ \cdots)$ を求めよ。

ヒント！ 2組の点の対応関係から，$f$ を表す行列 $A$ を計算できる。今回の行列の $n$ 乗計算の基本公式として，$\begin{bmatrix}1 & \alpha \\ 0 & 1\end{bmatrix}^n=\begin{bmatrix}1 & n\alpha \\ 0 & 1\end{bmatrix}$ を利用することになるんだね。

## 解答＆解説

1次変換 $f$ により，(i) 点 $(1,\ -1)$ は点 $(2,\ -3)$ に，(ii) 点 $(-1,\ 0)$ は点 $(-3,\ 0)$ に移されるので，

(i) $A\begin{bmatrix}1 \\ -1\end{bmatrix}=\begin{bmatrix}2 \\ -3\end{bmatrix}$ ……①　　(ii) $A\begin{bmatrix}-1 \\ 0\end{bmatrix}=\begin{bmatrix}-3 \\ 0\end{bmatrix}$ ……② となる。

①と②を1つの式にまとめると，

$A\begin{bmatrix}1 & -1 \\ -1 & 0\end{bmatrix}=\begin{bmatrix}2 & -3 \\ -3 & 0\end{bmatrix}$ ……③ となる。よって，③の両辺に

$\begin{bmatrix}1 & -1 \\ -1 & 0\end{bmatrix}^{-1}=\dfrac{1}{-1}\begin{bmatrix}0 & 1 \\ 1 & 1\end{bmatrix}=\begin{bmatrix}0 & -1 \\ -1 & -1\end{bmatrix}$ を右からかけると，

$A=\begin{bmatrix}2 & -3 \\ -3 & 0\end{bmatrix}\begin{bmatrix}0 & -1 \\ -1 & -1\end{bmatrix}=\begin{bmatrix}3 & 1 \\ 0 & 3\end{bmatrix}$ ……④ となる。……………………………(答)

よって，行列 $A$ の $n$ 乗 $A^n$ $(n=1,\ 2,\ 3,\ \cdots)$ は，④より，

$$A^n=\begin{bmatrix}3 & 1 \\ 0 & 3\end{bmatrix}^n=\left\{3\begin{bmatrix}1 & \frac{1}{3} \\ 0 & 1\end{bmatrix}\right\}^n=3^n\begin{bmatrix}1 & \frac{1}{3} \\ 0 & 1\end{bmatrix}^n=3^n\begin{bmatrix}1 & \frac{n}{3} \\ 0 & 1\end{bmatrix}$$

$$=\begin{bmatrix}3^n & n\cdot 3^{n-1} \\ 0 & 3^n\end{bmatrix}$$ となる。……………………………………(答)

行列の $n$ 乗計算の基本公式：$\begin{bmatrix}1 & \alpha \\ 0 & 1\end{bmatrix}^n=\begin{bmatrix}1 & n\alpha \\ 0 & 1\end{bmatrix}$ を使った！

## ケーリー・ハミルトンの定理と行列の $n$ 乗（Ⅰ）

演習問題 57　CHECK 1　CHECK 2　CHECK 3

$A=\begin{bmatrix}5 & -2\\4 & -1\end{bmatrix}$ について，ケーリー・ハミルトンの定理を用いて，

$A^n$ $(n=1,\ 2,\ 3,\ \cdots)$ を求めよ。

ヒント！ ケーリー・ハミルトンの式から $A^2-4A+3E=O$ となるので，$x^n$ を $x^2-4x+3$ で割ると，$x^n=(x^2-4x+3)Q(x)+ax+b$ となる。これから，$a$，$b$ の値を求めることにより，$A^n=aA+bE$ として $A^n$ を求めることができるんだね。この解法パターンを使って解いていこう！

### 解答＆解説

$A=\begin{bmatrix}5 & -2\\4 & -1\end{bmatrix}$ ……① に，ケーリー・ハミルトンの定理を用いると，

$A^2-4A+3E=O$ ……② となる。 ← $A^2-(5-1)A+\{5\times(-1)-(-2)\times4\}E=O$

この②の $A$ に $x$，$E$ に $1$，$O$ に $0$ を代入した $A$ の特性方程式は，

$x^2-4x+3=0$ ……③ となる。 ← これを，$A$ の特性方程式という。

この③の左辺で，$x^n$ $(n=1,\ 2,\ 3,\ \cdots)$ を割って，その商を $Q(x)$，余りを $ax+b$ とおくと，

$x^n=\underbrace{(x^2-4x+3)}_{2次式}\cdot\underbrace{Q(x)}_{商}+\underbrace{ax+b}_{余り(1次式)}$ ……④ となる。よって，

$x^n=(x-1)(x-3)Q(x)+ax+b$ ……④′ となる。

この④′は，$x$ についての恒等式なので，$x$ にどんな値を代入しても成り立つ。よって，④′の両辺に，$x=1$ と $3$ を代入すると，

$1^n=\underbrace{(1-1)}_{0}(1-3)Q(1)+a\cdot1+b$

$3^n=(3-1)\underbrace{(3-3)}_{0}Q(3)+a\cdot3+b$

よって，$\begin{cases}a+b=1 & \cdots\cdots⑤\\3a+b=3^n & \cdots\cdots⑥\end{cases}$ となる。

⑥－⑤より，$2a = 3^n - 1$

$\therefore a = \frac{1}{2}(3^n - 1)$ ……⑦ となる。

⑤×3－⑥より，$2b = 3 - 3^n$

$\therefore b = \frac{1}{2}(3 - 3^n)$ ……⑧ となる。

ここで，$A^k$ $(k = 1, 2, 3, \cdots)$ と $E$ の積には交換法則が成り立つことを利用

> 一般に行列の積では，$AB \neq BA$ となって交換法則は成り立たないが，$A^k$ や $E$ では，たとえば，$A^2 \cdot E = E \cdot A^2$，$A^2 \cdot A^3 = A^3 \cdot A^2$，…などのように交換法則が成り立つため，④の式と同様に，$A^n = (A^2 - 4A + 3E) \cdot Q(A) + aA + bE$ も成り立つ。

すると，$A^n$ $(n = 1, 2, 3, \cdots)$ についても，④と同様の式が成り立つ。

$\therefore A^n = \underbrace{(A^2 - 4A + 3E)}_{O\ (②より)} \cdot Q(A) + aA + bE$ ……⑨

ここで，$A^2 - 4A + 3E = O$ （②より）から，⑨は，

$A^n = aA + bE$ ……⑩ となる。

⑩に，①，⑦，⑧を代入すると，求める $A^n$ は

$$A^n = a\begin{bmatrix} 5 & -2 \\ 4 & -1 \end{bmatrix} + b\begin{bmatrix} 1 & 0 \\ 0 & 1 \end{bmatrix} = \begin{bmatrix} 5a+b & -2a \\ 4a & -a+b \end{bmatrix}$$

$$= \begin{bmatrix} \frac{5}{2}(3^n-1) + \frac{1}{2}(3-3^n) & -2 \cdot \frac{1}{2}(3^n-1) \\ 4 \cdot \frac{1}{2}(3^n-1) & -\frac{1}{2}(3^n-1) + \frac{1}{2}(3-3^n) \end{bmatrix}$$

$\therefore A^n = \begin{bmatrix} 2 \cdot 3^n - 1 & -3^n + 1 \\ 2 \cdot 3^n - 2 & -3^n + 2 \end{bmatrix}$ ……⑪ $(n = 1, 2, 3, \cdots)$ となる。…………(答)

> ⑪の $n$ に $1$ を代入すると，
> $A^1 = \begin{bmatrix} 2 \cdot 3 - 1 & -3 + 1 \\ 2 \cdot 3 - 2 & -3 + 2 \end{bmatrix} = \begin{bmatrix} 5 & -2 \\ 4 & -1 \end{bmatrix}$ となって，①と一致する。
> これで，検算も終了だね！

## ケーリー・ハミルトンの定理と行列の $n$ 乗(Ⅱ)

### 演習問題 58 　CHECK 1　CHECK 2　CHECK 3

$A=\begin{bmatrix}2&2\\3&1\end{bmatrix}$ について，ケーリー・ハミルトンの定理を用いて，$A^n$ $(n=1,\ 2,\ 3,\ \cdots)$ を求めよ。

**ヒント！** ケーリー・ハミルトンの定理から，$A^2-3A-4E=O$ となるので，$x^n$ を $x^2-3x-4$ で割って，$x^n=(x^2-3x-4)Q(x)+ax+b$ となる。これから，$a$ と $b$ の値を求めれば，$A^n=aA+bE$ から $A^n$ を求めることができる。

### 解答＆解説

$A=\begin{bmatrix}2&2\\3&1\end{bmatrix}$ ……① に，ケーリー・ハミルトンの定理を用いると，

$A^2-3A-4E=O$ ……② となる。 ← $A^2-(2+1)A+(2\cdot1-2\cdot3)E=O$

この②から行列 $A$ の特性方程式は，

$x^2-3x-4=0$ ……③ となる。

③の左辺で，$x^n$ $(n=1,\ 2,\ 3,\ \cdots)$ を割って，その商を $Q(x)$，余りを $ax+b$ とおくと，

$x^n=\underbrace{(x^2-3x-4)}_{2次式}\cdot\underbrace{Q(x)}_{商}+\underbrace{ax+b}_{余り(1次式)}$ ……④ となる。よって，

$x^n=(x+1)(x-4)Q(x)+ax+b$ ……④´ となる。

この④´は，$x$ についての恒等式なので，任意の $x$ の値について成り立つ。よって，④´の両辺に，$x=-1$ と $4$ を代入すると，

$(-1)^n=\underbrace{(-1+1)}_{0}(-1-4)Q(-1)+a(-1)+b$

$4^n=(4+1)\underbrace{(4-4)}_{0}Q(4)+a\cdot4+b$

よって，$\begin{cases}-a+b=(-1)^n & \cdots\cdots⑤\\ 4a+b=4^n & \cdots\cdots⑥\end{cases}$ となる。

⑥－⑤より，$5a = 4^n - (-1)^n$

$\therefore a = \frac{1}{5}\{2^{2n} - (-1)^n\}$ ……⑦ となる。

⑤×4＋⑥より，$5b = 4\cdot(-1)^n + 4^n$

$\therefore b = \frac{1}{5}\{2^{2n} + 4\cdot(-1)^n\}$ ……⑧ となる。

ここで，$A^k$ $(k = 1, 2, 3, \cdots)$ と $E$ の積には交換の法則が成り立つ。

よって，$A^n$ $(n = 1, 2, 3, \cdots)$ についても，④と同様に次式が成り立つ。

$A^n = \underbrace{(A^2 - 3A - 4E)}_{O\ (②より)}\cdot Q(A) + aA + bE$ ……⑨

ここで，$A^2 - 3A - 4E = O$ ……② より，⑨は，

$A^n = aA + bE$ ……⑩ となる。

⑩に，①，⑦，⑧を代入して，

$$A^n = a\begin{bmatrix} 2 & 2 \\ 3 & 1 \end{bmatrix} + b\begin{bmatrix} 1 & 0 \\ 0 & 1 \end{bmatrix} = \begin{bmatrix} 2a+b & 2a \\ 3a & a+b \end{bmatrix}$$

$$= \begin{bmatrix} \frac{2}{5}\{2^{2n}-(-1)^n\} + \frac{1}{5}\{2^{2n}+4\cdot(-1)^n\} & \frac{2}{5}\{2^{2n}-(-1)^n\} \\ \frac{3}{5}\{2^{2n}-(-1)^n\} & \frac{1}{5}\{2^{2n}-(-1)^n\} + \frac{1}{5}\{2^{2n}+4\cdot(-1)^n\} \end{bmatrix}$$

$$\therefore A^n = \frac{1}{5}\begin{bmatrix} 3\cdot 2^{2n} + 2\cdot(-1)^n & 2^{2n+1} - 2\cdot(-1)^n \\ 3\cdot 2^{2n} - 3\cdot(-1)^n & 2^{2n+1} + 3\cdot(-1)^n \end{bmatrix} \cdots\cdots ⑪ \ (n = 1, 2, 3, \cdots)$$

となる。……………………………………………………………(答)

⑪の $n$ に1を代入して，検算しておこう。

$$A^1 = \frac{1}{5}\begin{bmatrix} 3\cdot 2^2 + 2\cdot(-1) & 2^3 - 2\cdot(-1) \\ 3\cdot 2^2 - 3\cdot(-1) & 2^3 + 3\cdot(-1) \end{bmatrix} = \frac{1}{5}\begin{bmatrix} 12-2 & 8+2 \\ 12+3 & 8-3 \end{bmatrix}$$

$= \frac{1}{5}\begin{bmatrix} 10 & 10 \\ 15 & 5 \end{bmatrix} = \begin{bmatrix} 2 & 2 \\ 3 & 1 \end{bmatrix}$ となって，①と一致する。

# ケーリー・ハミルトンの定理と行列の $n$ 乗(Ⅲ)

**演習問題 59** CHECK 1 CHECK 2 CHECK 3

$A=\begin{bmatrix} 4 & 1 \\ -1 & 2 \end{bmatrix}$ について，ケーリー・ハミルトンの定理を用いて，

$A^n$ $(n=1,\ 2,\ 3,\ \cdots)$ を求めよ。

**ヒント！** ケーリー・ハミルトンの定理から，$A^2-6A+9E=O$ となるので，特性方程式は，$x^2-6x+9=0$ となる。よって，$x^n$をこの左辺で割って，$x^n=(x-3)^2Q(x)+ax+b$ となる。しかし，今回この $a,\ b$ の値を求めるのに，この両辺を微分する必要があるんだね。

## 解答＆解説

$A=\begin{bmatrix} 4 & 1 \\ -1 & 2 \end{bmatrix}$ ……① に，ケーリー・ハミルトンの定理を用いると，

$A^2-6A+9E=O$ ……② となる。 ← $A^2-(4+2)A+\{4\times2-1\times(-1)\}E=O$

この②から，$A$ の特性方程式は，

$x^2-6x+9=0$ ……③ となる。

③の左辺で，$x^n(n=1,2,3,\cdots)$を割って，その商を$Q(x)$，余りを$ax+b$とおくと，

$x^n=(x^2-6x+9)\cdot Q(x)+ax+b$ ……④ すなわち，

$x^n=(x-3)^2\cdot Q(x)+ax+b$ …………④′ となる。

④′の恒等式だけでは，$x=3$を代入して，$3a+b=3^n$の1つの方程式しか得られない。2つの未知数 $a,\ b$ を決定するために，もう1つの方程式がいる。そのために，④′の両辺を $x$ で微分することが，この問題のポイントになるんだね。
$\{(x-3)^2\cdot Q(x)\}'=(x-3)\cdot\widetilde{Q(x)}$ の形になることに気を付けよう！

④′の両辺を $x$ で微分して，

$nx^{n-1}=\{(x-3)^2\cdot Q(x)\}'+a$

$2(x-3)\cdot Q(x)+(x-3)^2\cdot Q'(x)=(x-3)\{2Q(x)+(x-3)Q'(x)\}$

これは何か $x$ の関数 $\widetilde{Q(x)}$ とでもおこう。

$n\cdot x^{n-1}=(x-3)\widetilde{Q(x)}+a$ ……⑤ となる。

④′と⑤に $x=3$ を代入すると，

$3^n=\underbrace{(3-3)^2\cdot Q(3)}_{0}+a\cdot3+b$ $\quad n\cdot3^{n-1}=\underbrace{(3-3)\cdot\widetilde{Q(3)}}_{0}+a$ より，

$$\begin{cases} 3a+b=3^n & \cdots\cdots⑥ \\ a=n\cdot 3^{n-1} & \cdots\cdots⑦ \end{cases}$$

となる。⑦を⑥に代入して，

$n\cdot 3^n+b=3^n \qquad \therefore b=(1-n)\cdot 3^n$ ……⑧ となる。

これで，無事に $a$ と $b$ の値が求められた！

ここで，$A^k$ $(k=1, 2, 3, \cdots)$ と $E$ の積には交換法則が成り立つ。

よって，$A^n$ $(n=1, 2, 3, \cdots)$ についても，④と同様に次式が成り立つ。

$A^n=(A^2-6A+9E)\cdot Q(A)+aA+bE$ ……⑨

O（②より）

ここで，$A^2-6A+9E=O$ ……② より，⑨は，

$A^n=aA+bE$ ……⑩ となる。

⑩に，①，⑦，⑧を代入して，

$$A^n=a\begin{bmatrix} 4 & 1 \\ -1 & 2 \end{bmatrix}+b\begin{bmatrix} 1 & 0 \\ 0 & 1 \end{bmatrix}=\begin{bmatrix} 4a+b & a \\ -a & 2a+b \end{bmatrix}$$

$$=\begin{bmatrix} 4\cdot n\cdot 3^{n-1}+(1-n)\cdot 3^n & n\cdot 3^{n-1} \\ -n\cdot 3^{n-1} & 2\cdot n\cdot 3^{n-1}+(1-n)\cdot 3^n \end{bmatrix}$$

$$=\begin{bmatrix} (4n+3-3n)\cdot 3^{n-1} & n\cdot 3^{n-1} \\ -n\cdot 3^{n-1} & (2n+3-3n)\cdot 3^{n-1} \end{bmatrix}$$

$\therefore A^n=\begin{bmatrix} (n+3)\cdot 3^{n-1} & n\cdot 3^{n-1} \\ -n\cdot 3^{n-1} & (3-n)\cdot 3^{n-1} \end{bmatrix}$ ……⑪ $(n=1, 2, 3, \cdots)$ である。……(答)

⑪に $n=1$ を代入して，検算すると，

$A^1=\begin{bmatrix} 4\cdot 1 & 1\cdot 1 \\ -1\cdot 1 & 2\cdot 1 \end{bmatrix}=\begin{bmatrix} 4 & 1 \\ -1 & 2 \end{bmatrix}$ となって，①と一致するので大丈夫だね。

ケーリー・ハミルトンの定理と行列の $n$ 乗(Ⅳ)

演習問題 60　CHECK 1　CHECK 2　CHECK 3

$A=\begin{bmatrix}1 & 3\\ -3 & -5\end{bmatrix}$ について，ケーリー・ハミルトンの定理を用いて，

$A^n$ $(n=1,\ 2,\ 3,\ \cdots)$ を求めよ。

ヒント！ ケーリー・ハミルトンの定理から，$A^2+4A+4E=O$ となるので，特性方程式は，$(x+2)^2=0$ となる。よって，$x^n$ をこの左辺で割って，$x^n=(x+2)^2Q(x)+ax+b$ となる。しかし，これだけでは，$a$ と $b$ の定数を決定できないので，この両辺を微分して，$n\cdot x^{n-1}=(x+2)\cdot\widetilde{Q(x)}+a$ として，もう $1$ つの恒等式を作らないといけないんだね。

## 解答＆解説

$A=\begin{bmatrix}1 & 3\\ -3 & -5\end{bmatrix}$ ……① に，ケーリー・ハミルトンの定理を用いると，

$A^2+4A+4E=O$ ……② となる。 ← $A^2-(1-5)A+\{(1\times(-5))-3\times(-3)\}E=O$

この②から，$A$ の特性方程式は，

$x^2+4x+4=0$ ……③ となる。

③の左辺で，$x^n(n=1,2,3,\cdots)$ を割って，その商を $Q(x)$，余りを $ax+b$ とおくと，

$x^n=(x^2+4x+4)\cdot Q(x)+ax+b$ ……④　すなわち，

$x^n=(x+2)^2\cdot Q(x)+ax+b$ …………④′ となる。

$a$，$b$ を決定するために，もう $1$ つの $x$ の恒等式を，④′の両辺を $x$ で微分することにより導くと，

$n\cdot x^{n-1}=\underline{(x+2)\cdot\widetilde{Q(x)}}+a$ ……⑤ となる。

$\{(x+2)^2\cdot Q(x)\}'=2(x+2)\cdot Q(x)+(x+2)^2Q'(x)=(x+2)\cdot\{\underline{2Q(x)+(x+2)Q'(x)}\}$

$\widetilde{Q(x)}$ とおいた。

④′と⑤は $x$ の恒等式より，これに $x=-2$ を代入すると，

$$\begin{cases}(-2)^n=\underbrace{(-2+2)^2}_{0}\cdot Q(-2)+a\cdot(-2)+b\\ n\cdot(-2)^{n-1}=\underbrace{(-2+2)}_{0}\cdot\widetilde{Q(-2)}+a\end{cases}$$

$$\begin{cases} -2a+b=(-2)^n & \cdots\cdots ⑥ \\ a=n\cdot(-2)^{n-1} & \cdots\cdots\cdots ⑦ \end{cases}$$ となる。

⑦を⑥に代入して，$-2\cdot n(-2)^{n-1}+b=(-2)^n$

$\therefore\ b=(2n-2)\cdot(-2)^{n-1}$ ……⑧ となる。

ここで，$A^k$ $(k=1,\ 2,\ 3,\ \cdots)$ と $E$ の積には交換法則が成り立つ。

よって，$A^n$ $(n=1,\ 2,\ 3,\ \cdots)$ についても，④と同様に次式が成り立つ。

$A^n=(A^2+4A+4E)\cdot Q(A)+aA+bE$ ……⑨

O (②より)

ここで，$A^2+4A+4E=O$ ……② より，⑨は，

$A^n=aA+bE$ ……⑩ となる。

⑩に，①，⑦，⑧を代入して，

$$A^n=a\begin{bmatrix}1 & 3\\ -3 & -5\end{bmatrix}+b\begin{bmatrix}1 & 0\\ 0 & 1\end{bmatrix}=\begin{bmatrix}a+b & 3a\\ -3a & -5a+b\end{bmatrix}$$

$$=\begin{bmatrix}n\cdot(-2)^{n-1}+(2n-2)\cdot(-2)^{n-1} & 3\cdot n(-2)^{n-1}\\ -3\cdot n(-2)^{n-1} & -5\cdot n(-2)^{n-1}+(2n-2)(-2)^{n-1}\end{bmatrix}$$

$$\therefore\ A^n=\begin{bmatrix}(3n-2)\cdot(-2)^{n-1} & 3n\cdot(-2)^{n-1}\\ -3n\cdot(-2)^{n-1} & (-3n-2)\cdot(-2)^{n-1}\end{bmatrix}$$ ……⑪ $(n=1,\ 2,\ 3,\ \cdots)$ である。

…………(答)

⑪に $n=1$ を代入して，検算をしておく。

$$A^1=\begin{bmatrix}(3-2)\cdot 1 & 3\cdot 1\cdot 1\\ -3\cdot 1\cdot 1 & (-3-2)\cdot 1\end{bmatrix}=\begin{bmatrix}1 & 3\\ -3 & -5\end{bmatrix}$$ となって，$A$ と一致する。

# $P^{-1}AP$ による行列の $n$ 乗 (Ⅰ)

演習問題 61　CHECK 1　CHECK 2　CHECK 3

$A = \begin{bmatrix} 5 & -2 \\ 4 & -1 \end{bmatrix}$ と $P = \begin{bmatrix} 1 & 1 \\ 2 & 1 \end{bmatrix}$ について，次の問いに答えよ。

(1) $P^{-1}AP$ を求めよ。

(2) $(P^{-1}AP)^n$ を利用して，$A^n$ ($n = 1, 2, 3, \cdots$) を求めよ。

ヒント！ (1) $P^{-1}AP = \begin{bmatrix} \alpha & 0 \\ 0 & \beta \end{bmatrix}$ (対角行列) となるので，(2) では，この両辺を $n$ 乗して，$(P^{-1}AP)^n = \begin{bmatrix} \alpha^n & 0 \\ 0 & \beta^n \end{bmatrix}$ から $A^n$ を求めればいいんだね。行列 $A$ は，演習問題 57 (P112) のものと同じ行列であるが，今回は $P^{-1}AP$ を利用して $A^n$ を求めよう！

## 解答&解説

(1) $A = \begin{bmatrix} 5 & -2 \\ 4 & -1 \end{bmatrix}$ と $P = \begin{bmatrix} 1 & 1 \\ 2 & 1 \end{bmatrix}$ について，

$P$ の行列式 $\Delta = \det P = 1^2 - 1 \cdot 2 = -1$ $(\neq 0)$ より，

$P$ の逆行列 $P^{-1}$ を求めると，

$$P^{-1} = \begin{bmatrix} 1 & 1 \\ 2 & 1 \end{bmatrix}^{-1} = \frac{1}{-1}\begin{bmatrix} 1 & -1 \\ -2 & 1 \end{bmatrix} = \begin{bmatrix} -1 & 1 \\ 2 & -1 \end{bmatrix} \text{ となる。}$$

よって，$P^{-1}AP$ を求めると，

$$P^{-1}AP = \begin{bmatrix} -1 & 1 \\ 2 & -1 \end{bmatrix}\begin{bmatrix} 5 & -2 \\ 4 & -1 \end{bmatrix}\begin{bmatrix} 1 & 1 \\ 2 & 1 \end{bmatrix}$$

$$= \begin{bmatrix} -1 & 1 \\ 6 & -3 \end{bmatrix}\begin{bmatrix} 1 & 1 \\ 2 & 1 \end{bmatrix} = \begin{bmatrix} 1 & 0 \\ 0 & 3 \end{bmatrix}$$

← $P^{-1}AP$ により，行列 $A$ を対角化した。

$\therefore P^{-1}AP = \begin{bmatrix} 1 & 0 \\ 0 & 3 \end{bmatrix}$ ……① である。 ……………………………(答)

(2) ①の両辺を $n$ 乗して，

$$(P^{-1}AP)^n = \begin{bmatrix} 1 & 0 \\ 0 & 3 \end{bmatrix}^n$$

$(P^{-1}AP)^n = P^{-1}A^nP$

$\begin{bmatrix} 1 & 0 \\ 0 & 3 \end{bmatrix}^n = \begin{bmatrix} 1^n & 0 \\ 0 & 3^n \end{bmatrix} = \begin{bmatrix} 1 & 0 \\ 0 & 3^n \end{bmatrix}$

$(P^{-1}AP)^n = P^{-1}AP \cdot P^{-1}AP \cdot P^{-1}AP \cdots P^{-1}AP$ （$PP^{-1} = E$）

$= P^{-1}AEAEAE \cdots EAP$

$= P^{-1}\underbrace{A \cdot A \cdot A \cdot \cdots \cdot A}_{n\text{個の}A\text{の積}}P = P^{-1}A^nP$

$\therefore P^{-1}A^nP = \begin{bmatrix} 1 & 0 \\ 0 & 3^n \end{bmatrix}$ ……② $(n=1, 2, 3, \cdots)$ となる。

よって，②の両辺に，左から $P$，右から $P^{-1}$ をかけると，

$\underbrace{P\cdot P^{-1}}_{E}A^n\underbrace{P\cdot P^{-1}}_{E} = P\begin{bmatrix} 1 & 0 \\ 0 & 3^n \end{bmatrix}P^{-1}$ より，

$$A^n = \begin{bmatrix} 1 & 1 \\ 2 & 1 \end{bmatrix}\begin{bmatrix} 1 & 0 \\ 0 & 3^n \end{bmatrix}\begin{bmatrix} -1 & 1 \\ 2 & -1 \end{bmatrix}$$

$$= \begin{bmatrix} 1 & 3^n \\ 2 & 3^n \end{bmatrix}\begin{bmatrix} -1 & 1 \\ 2 & -1 \end{bmatrix} = \begin{bmatrix} -1+2\cdot 3^n & 1-3^n \\ -2+2\cdot 3^n & 2-3^n \end{bmatrix}$$

$\therefore$ 求める $A^n$ $(n=1, 2, 3, \cdots)$ は，

$A^n = \begin{bmatrix} 2\cdot 3^n-1 & -3^n+1 \\ 2\cdot 3^n-2 & -3^n+2 \end{bmatrix}$ $(n=1, 2, 3, \cdots)$ である。 …………………(答)

この結果は，演習問題 **57** (**P112**) で導いたものと一致する。
このように，$A$ の変換行列 $P$ が与えられている場合，$P^{-1}AP$ により，$A$ を対角化して，$A^n$ を求める解法パターンは重要なのでシッカリ頭に入れておこう。
ここで，変換行列 $P$ はどのようにして求めるか？について，この後，演習問題 **67** (**P132**) で練習しよう！

## $P^{-1}AP$による行列の$n$乗(Ⅱ)

演習問題 62　CHECK 1　CHECK 2　CHECK 3

$A=\begin{bmatrix}2&2\\3&1\end{bmatrix}$と$P=\begin{bmatrix}2&1\\-3&1\end{bmatrix}$について，次の問いに答えよ。

(1) $P^{-1}AP$を求めよ。

(2) $(P^{-1}AP)^n$を利用して，$A^n$ $(n=1,\ 2,\ 3,\ \cdots)$を求めよ。

**ヒント！** この行列$A$は，演習問題**58**(**P114**)のものと同じ行列だけれど，今回は，与えられた変換行列$P$により，$P^{-1}AP$として，まず，対角行列を作る。そして，これを$n$乗することにより，$A^n$を求めるんだね。

### 解答&解説

(1) $A=\begin{bmatrix}2&2\\3&1\end{bmatrix}$と$P=\begin{bmatrix}2&1\\-3&1\end{bmatrix}$について，

$P$の行列式$\Delta=\det P=2\cdot1-1\cdot(-3)=5\ (\neq0)$より，

$P$の逆行列$P^{-1}$を求めると，

$$P^{-1}=\begin{bmatrix}2&1\\-3&1\end{bmatrix}^{-1}=\frac{1}{5}\begin{bmatrix}1&-1\\3&2\end{bmatrix}$$となる。

よって，$P^{-1}AP$を求めると，

$$P^{-1}AP=\frac{1}{5}\begin{bmatrix}1&-1\\3&2\end{bmatrix}\begin{bmatrix}2&2\\3&1\end{bmatrix}\begin{bmatrix}2&1\\-3&1\end{bmatrix}$$

$$=\frac{1}{5}\begin{bmatrix}-1&1\\12&8\end{bmatrix}\begin{bmatrix}2&1\\-3&1\end{bmatrix}$$

$$=\frac{1}{5}\begin{bmatrix}-5&0\\0&20\end{bmatrix}$$

この対角成分の$-1$と$4$は実は行列$A$の2つの固有値なんだね。

$\therefore P^{-1}AP=\begin{bmatrix}-1&0\\0&4\end{bmatrix}$ ……① である。 ……(答)

(2) ①の両辺を$n$乗して，

$\begin{bmatrix}\alpha&0\\0&\beta\end{bmatrix}^n=\begin{bmatrix}\alpha^n&0\\0&\beta^n\end{bmatrix}$

$$(P^{-1}AP)^n=\begin{bmatrix}-1&0\\0&4\end{bmatrix}^n=\begin{bmatrix}(-1)^n&0\\0&4^n\end{bmatrix}=\begin{bmatrix}(-1)^n&0\\0&2^{2n}\end{bmatrix}$$

$P^{-1}AEAEAE\cdots EAP=P^{-1}\underbrace{A\cdot A\cdot A\cdot\cdots\cdot A}_{n個のAの積}P=P^{-1}A^nP$

$\therefore P^{-1}A^nP=\begin{bmatrix}(-1)^n & 0\\ 0 & 2^{2n}\end{bmatrix}$ ……② $(n=1,\ 2,\ 3,\ \cdots)$ となる。

よって，②の両辺に，左から $P$ を，右から $P^{-1}$ をかけると，

$$\underbrace{P\cdot P^{-1}}_{E}A^n\underbrace{P\cdot P^{-1}}_{E}=P\begin{bmatrix}(-1)^n & 0\\ 0 & 2^{2n}\end{bmatrix}P^{-1}$$ より，

$$A^n=\begin{bmatrix}2 & 1\\ -3 & 1\end{bmatrix}\begin{bmatrix}(-1)^n & 0\\ 0 & 2^{2n}\end{bmatrix}\frac{1}{5}\begin{bmatrix}1 & -1\\ 3 & 2\end{bmatrix}$$

行列のかける順序は変えられないが，係数 $\frac{1}{5}$ は表に出して構わない。

$$=\frac{1}{5}\begin{bmatrix}2 & 1\\ -3 & 1\end{bmatrix}\begin{bmatrix}(-1)^n & 0\\ 0 & 2^{2n}\end{bmatrix}\begin{bmatrix}1 & -1\\ 3 & 2\end{bmatrix}$$

$$=\frac{1}{5}\begin{bmatrix}2\cdot(-1)^n & 2^{2n}\\ -3(-1)^n & 2^{2n}\end{bmatrix}\begin{bmatrix}1 & -1\\ 3 & 2\end{bmatrix}$$

$$=\frac{1}{5}\begin{bmatrix}2(-1)^n+3\cdot 2^{2n} & -2(-1)^n+2^{2n+1}\\ -3(-1)^n+3\cdot 2^{2n} & 3(-1)^n+2^{2n+1}\end{bmatrix}$$

$\therefore$ 求める $A^n$ $(n=1,\ 2,\ 3,\ \cdots)$ は，

$$A^n=\frac{1}{5}\begin{bmatrix}3\cdot 2^{2n}+2\cdot(-1)^n & 2^{2n+1}-2\cdot(-1)^n\\ 3\cdot 2^{2n}-3\cdot(-1)^n & 2^{2n+1}+3\cdot(-1)^n\end{bmatrix}$$ $(n=1,\ 2,\ 3,\ \cdots)$ である。

…………(答)

この $A^n$ の計算結果は，演習問題 **58** (**P114**) で導いたものと一致する。

## $P^{-1}AP$ による行列の $n$ 乗 (Ⅲ)

演習問題 63　CHECK 1　CHECK 2　CHECK 3

$A=\begin{bmatrix}4&1\\-1&2\end{bmatrix}$ と $P=\begin{bmatrix}1&1\\-1&0\end{bmatrix}$ について，次の問いに答えよ。

(1) $P^{-1}AP$ を求めよ。

(2) $(P^{-1}AP)^n$ を利用して，$A^n$ $(n=1,\ 2,\ 3,\ \cdots)$ を求めよ。

ヒント！ この行列 $A$ は，演習問題 59 (P116) のものと同じ行列なんだね。今回は，(1) で $P^{-1}AP$ を求めると，$P^{-1}AP=\begin{bmatrix}\lambda&1\\0&\lambda\end{bmatrix}$ の形になる。よって，(2) でこの両辺を $n$ 乗するとき，$n$ 乗計算の基本公式：$\begin{bmatrix}1&\alpha\\0&1\end{bmatrix}^n=\begin{bmatrix}1&n\alpha\\0&1\end{bmatrix}$ を利用すればいいんだね。

### 解答＆解説

(1) $A=\begin{bmatrix}4&1\\-1&2\end{bmatrix}$ と $P=\begin{bmatrix}1&1\\-1&0\end{bmatrix}$ について，

$P$ の行列式 $\Delta=\det P=1\cdot 0-1\cdot(-1)=1\ (\neq 0)$ より，

$P$ の逆行列 $P^{-1}$ を求めると，

$$P^{-1}=\begin{bmatrix}1&1\\-1&0\end{bmatrix}^{-1}=\frac{1}{1}\begin{bmatrix}0&-1\\1&1\end{bmatrix}=\begin{bmatrix}0&-1\\1&1\end{bmatrix}$$ となる。

よって，$P^{-1}AP$ を求めると，

$$P^{-1}AP=\begin{bmatrix}0&-1\\1&1\end{bmatrix}\begin{bmatrix}4&1\\-1&2\end{bmatrix}\begin{bmatrix}1&1\\-1&0\end{bmatrix}$$

$$=\begin{bmatrix}1&-2\\3&3\end{bmatrix}\begin{bmatrix}1&1\\-1&0\end{bmatrix}=\begin{bmatrix}3&1\\0&3\end{bmatrix}$$

今回は，$P^{-1}AP$ は対角行列ではなく，$P^{-1}AP=\begin{bmatrix}\lambda&1\\0&\lambda\end{bmatrix}$ (ジョルダン細胞) の形になった。

$$\therefore P^{-1}AP=\begin{bmatrix}3&1\\0&3\end{bmatrix}\ \cdots\cdots ①$$ である。 ……………………………………(答)

(2) ①の両辺を $n$ 乗すると，

$$\underbrace{(P^{-1}AP)^n}_{P^{-1}A^nP}=\begin{bmatrix}3&1\\0&3\end{bmatrix}^n=\left\{3\begin{bmatrix}1&\frac{1}{3}\\0&1\end{bmatrix}\right\}^n=3^n\begin{bmatrix}1&\frac{1}{3}\\0&1\end{bmatrix}^n$$

よって，

$$P^{-1}A^nP = 3^n\begin{bmatrix} 1 & \frac{1}{3} \\ 0 & 1 \end{bmatrix}^n = 3^n\begin{bmatrix} 1 & \frac{n}{3} \\ 0 & 1 \end{bmatrix}$$

$n$乗計算の基本公式：

$$\begin{bmatrix} 1 & \alpha \\ 0 & 1 \end{bmatrix}^n = \begin{bmatrix} 1 & n\alpha \\ 0 & 1 \end{bmatrix}$$

を使った！

$\therefore P^{-1}A^nP = \begin{bmatrix} 3^n & n\cdot 3^{n-1} \\ 0 & 3^n \end{bmatrix}$ ……② $(n = 1, 2, 3, \cdots)$ となる。

よって，②の両辺に，左から $P$ を，右から $P^{-1}$ をかけると，

$$A^n = P\begin{bmatrix} 3^n & n\cdot 3^{n-1} \\ 0 & 3^n \end{bmatrix}P^{-1}$$

$$= \begin{bmatrix} 1 & 1 \\ -1 & 0 \end{bmatrix}\begin{bmatrix} 3^n & n\cdot 3^{n-1} \\ 0 & 3^n \end{bmatrix}\begin{bmatrix} 0 & -1 \\ 1 & 1 \end{bmatrix}$$

$$= \begin{bmatrix} 3^n & n\cdot 3^{n-1}+3^n \\ -3^n & -n\cdot 3^{n-1} \end{bmatrix}\begin{bmatrix} 0 & -1 \\ 1 & 1 \end{bmatrix}$$

$$= \begin{bmatrix} n\cdot 3^{n-1}+3^n & -3^n+n\cdot 3^{n-1}+3^n \\ -n\cdot 3^{n-1} & 3^n-n\cdot 3^{n-1} \end{bmatrix}$$

$\therefore A^n = \begin{bmatrix} (n+3)\cdot 3^{n-1} & n\cdot 3^{n-1} \\ -n\cdot 3^{n-1} & (3-n)\cdot 3^{n-1} \end{bmatrix}$ $(n = 1, 2, 3, \cdots)$ である。

…………(答)

この $A^n$ の計算結果は，演習問題 **59** (**P116**) で導いたものと同じだね。
ケーリー・ハミルトンの定理を利用する解法パターンと，$P^{-1}AP$ を利用する解法パターンのいずれでも，$A^n$ を求めることができる。よく練習しておこう！

# $P^{-1}AP$ による行列の $n$ 乗(Ⅳ)

演習問題 64　CHECK 1　CHECK 2　CHECK 3

$A=\begin{bmatrix}1 & 3\\-3 & -5\end{bmatrix}$ と $P=\begin{bmatrix}1 & \frac{1}{3}\\-1 & 0\end{bmatrix}$ について，次の問いに答えよ。

(1) $P^{-1}AP$ を求めよ。

(2) $(P^{-1}AP)^n$ を利用して，$A^n$ $(n=1,\ 2,\ 3,\ \cdots)$ を求めよ。

ヒント！ 今回の行列 $A$ は，演習問題 **60**(**P118**) で扱った行列と同じものだね。(**1**) の $P^{-1}AP$ の計算で $\begin{bmatrix}\lambda & 1\\0 & \lambda\end{bmatrix}$(ジョルダン細胞) の形の行列が導かれるので，(**2**) では，これを $n$ 乗して，$A^n$ を求めればいいんだね。頑張ろう！

## 解答＆解説

(1) $A=\begin{bmatrix}1 & 3\\-3 & -5\end{bmatrix}$ と $P=\begin{bmatrix}1 & \frac{1}{3}\\-1 & 0\end{bmatrix}$ について，

$P$ の行列式 $\Delta=\det P=1\cdot 0-\frac{1}{3}\cdot(-1)=\frac{1}{3}\ (\neq 0)$ より，

$P$ の逆行列 $P^{-1}$ を求めると，

$$P^{-1}=\frac{1}{\frac{1}{3}}\begin{bmatrix}0 & -\frac{1}{3}\\1 & 1\end{bmatrix}=3\begin{bmatrix}0 & -\frac{1}{3}\\1 & 1\end{bmatrix}=\begin{bmatrix}0 & -1\\3 & 3\end{bmatrix}$$ となる。

よって，$P^{-1}AP$ を求めると，

$$P^{-1}AP=\begin{bmatrix}0 & -1\\3 & 3\end{bmatrix}\begin{bmatrix}1 & 3\\-3 & -5\end{bmatrix}\begin{bmatrix}1 & \frac{1}{3}\\-1 & 0\end{bmatrix}$$

$$=\begin{bmatrix}3 & 5\\-6 & -6\end{bmatrix}\begin{bmatrix}1 & \frac{1}{3}\\-1 & 0\end{bmatrix}=\begin{bmatrix}-2 & 1\\0 & -2\end{bmatrix}$$

$P^{-1}AP=\begin{bmatrix}\lambda & 1\\0 & \lambda\end{bmatrix}$ となって，ジョルダン細胞の形の行列が導けた。

$\therefore P^{-1}AP=\begin{bmatrix}-2 & 1\\0 & -2\end{bmatrix}$ ……① である。……………………(答)

**(2)** ①の両辺を $n$ 乗すると，

$$\underbrace{(P^{-1}AP)^n}_{P^{-1}A^nP} = \begin{bmatrix} -2 & 1 \\ 0 & -2 \end{bmatrix}^n = \left\{-2\begin{bmatrix} 1 & -\frac{1}{2} \\ 0 & 1 \end{bmatrix}\right\}^n = (-2)^n\begin{bmatrix} 1 & -\frac{1}{2} \\ 0 & 1 \end{bmatrix}^n \text{より，}$$

$$P^{-1}A^nP = (-2)^n\begin{bmatrix} 1 & -\frac{1}{2} \\ 0 & 1 \end{bmatrix}^n = (-2)^n\begin{bmatrix} 1 & -\frac{n}{2} \\ 0 & 1 \end{bmatrix}$$

行列の $n$ 乗の基本公式：$\begin{bmatrix} 1 & \alpha \\ 0 & 1 \end{bmatrix}^n = \begin{bmatrix} 1 & n\alpha \\ 0 & 1 \end{bmatrix}$

$$\therefore P^{-1}A^nP = \begin{bmatrix} (-2)^n & n\cdot(-2)^{n-1} \\ 0 & (-2)^n \end{bmatrix} \cdots\cdots ② \quad (n = 1,\ 2,\ 3,\ \cdots)$$ となる。

よって，②の両辺に，左から $P$ を，右から $P^{-1}$ をかけて，

$$A^n = P\begin{bmatrix} (-2)^n & n\cdot(-2)^{n-1} \\ 0 & (-2)^n \end{bmatrix}P^{-1}$$

$$= \begin{bmatrix} 1 & \frac{1}{3} \\ -1 & 0 \end{bmatrix}\begin{bmatrix} (-2)^n & n\cdot(-2)^{n-1} \\ 0 & (-2)^n \end{bmatrix}\begin{bmatrix} 0 & -1 \\ 3 & 3 \end{bmatrix}$$

$$= \begin{bmatrix} (-2)^n & n(-2)^{n-1} + \frac{1}{3}(-2)^n \\ -(-2)^n & -n(-2)^{n-1} \end{bmatrix}\begin{bmatrix} 0 & -1 \\ 3 & 3 \end{bmatrix}$$

$$= \begin{bmatrix} 3n(-2)^{n-1} + (-2)^n & -(-2)^n + 3n(-2)^{n-1} + (-2)^n \\ -3n(-2)^{n-1} & (-2)^n - 3n(-2)^{n-1} \end{bmatrix}$$

$$\therefore A^n = \begin{bmatrix} (3n-2)\cdot(-2)^{n-1} & 3n(-2)^{n-1} \\ -3n(-2)^{n-1} & (-3n-2)\cdot(-2)^{n-1} \end{bmatrix} \quad (n = 1,\ 2,\ 3,\ \cdots)$$ である。

…………(答)

このの $A^n$ の計算結果は，演習問題 **60** (**P118**) で導いたものと一致する。

# $P^{-1}AP$による複素行列の$n$乗(Ⅰ)

演習問題 65　CHECK 1　CHECK 2　CHECK 3

$A=\begin{bmatrix}3 & 2\sqrt{2}i\\ -2\sqrt{2}i & 1\end{bmatrix}$ と $P=\begin{bmatrix}1 & \sqrt{2}i\\ \sqrt{2}i & 1\end{bmatrix}$ ($i$：虚数単位) について，次の問いに答えよ。

(1) $P^{-1}AP$ を求めよ。

(2) $(P^{-1}AP)^n$ を利用して，$A^n$ $(n=1, 2, 3, \cdots)$ を求めよ。

ヒント！ 今回は，$A$, $P$ 共に複素数を成分にもつ複素行列なんだけれど，実行列のときと同様に，(1)では，$P^{-1}AP=\begin{bmatrix}\alpha & 0\\ 0 & \beta\end{bmatrix}$の形の対角行列になる。よって，(2)では，この両辺を$n$乗して，$A^n$を求めればいいんだね。虚数の計算では，$i^2=-1$となることがポイントだね。

## 解答＆解説

(1) $A=\begin{bmatrix}3 & 2\sqrt{2}i\\ -2\sqrt{2}i & 1\end{bmatrix}$ と $P=\begin{bmatrix}1 & \sqrt{2}i\\ \sqrt{2}i & 1\end{bmatrix}$ について，

$P$ の行列式 $\Delta=\det P=1^2-(\sqrt{2}i)^2=1-2\underbrace{i^2}_{(-1)}=3\ (\neq 0)$ より，

$P$ の逆行列 $P^{-1}$ を求めると，

$$P^{-1}=\begin{bmatrix}1 & \sqrt{2}i\\ \sqrt{2}i & 1\end{bmatrix}^{-1}=\frac{1}{3}\begin{bmatrix}1 & -\sqrt{2}i\\ -\sqrt{2}i & 1\end{bmatrix}\text{ となる。}$$

よって，$P^{-1}AP$ を求めると，

$$P^{-1}AP=\frac{1}{3}\begin{bmatrix}1 & -\sqrt{2}i\\ -\sqrt{2}i & 1\end{bmatrix}\begin{bmatrix}3 & 2\sqrt{2}i\\ -2\sqrt{2}i & 1\end{bmatrix}\begin{bmatrix}1 & \sqrt{2}i\\ \sqrt{2}i & 1\end{bmatrix}$$

$$=\frac{1}{3}\begin{bmatrix}3+4i^2 & 2\sqrt{2}i-\sqrt{2}i\\ -3\sqrt{2}i-2\sqrt{2}i & -4i^2+1\end{bmatrix}\begin{bmatrix}1 & \sqrt{2}i\\ \sqrt{2}i & 1\end{bmatrix}$$

$$=\frac{1}{3}\begin{bmatrix}-1 & \sqrt{2}i\\ -5\sqrt{2}i & 5\end{bmatrix}\begin{bmatrix}1 & \sqrt{2}i\\ \sqrt{2}i & 1\end{bmatrix}=\frac{1}{3}\begin{bmatrix}-1+2i^2 & 0\\ 0 & -10i^2+5\end{bmatrix}$$

$$=\frac{1}{3}\begin{bmatrix}-3 & 0\\ 0 & 15\end{bmatrix}$$

$P^{-1}AP$は実対角行列になった！

$\therefore P^{-1}AP=\begin{bmatrix}-1 & 0\\ 0 & 5\end{bmatrix}$ ……① である。 ……………………………………(答)

**(2)** ①の両辺を $n$ 乗すると，

$$\underbrace{(P^{-1}AP)^n}_{P^{-1}A^nP} = \begin{bmatrix} -1 & 0 \\ 0 & 5 \end{bmatrix}^n = \begin{bmatrix} (-1)^n & 0 \\ 0 & 5^n \end{bmatrix}$$

$$\therefore P^{-1}A^nP = \begin{bmatrix} (-1)^n & 0 \\ 0 & 5^n \end{bmatrix} \cdots\cdots② \ (n = 1,\ 2,\ 3,\ \cdots) \text{となる。}$$

よって，②の両辺に，左から $P$ を，右から $P^{-1}$ をかけて，

$$A^n = P\begin{bmatrix} (-1)^n & 0 \\ 0 & 5^n \end{bmatrix}P^{-1}$$

$$= \begin{bmatrix} 1 & \sqrt{2}i \\ \sqrt{2}i & 1 \end{bmatrix}\begin{bmatrix} (-1)^n & 0 \\ 0 & 5^n \end{bmatrix}\frac{1}{3}\begin{bmatrix} 1 & -\sqrt{2}i \\ -\sqrt{2}i & 1 \end{bmatrix}$$

$$= \frac{1}{3}\begin{bmatrix} (-1)^n & 5^n\sqrt{2}i \\ (-1)^n\sqrt{2}i & 5^n \end{bmatrix}\begin{bmatrix} 1 & -\sqrt{2}i \\ -\sqrt{2}i & 1 \end{bmatrix}$$

$$= \frac{1}{3}\begin{bmatrix} (-1)^n - 2\cdot 5^n i^2 & -(-1)^n\sqrt{2}i + 5^n\sqrt{2}i \\ (-1)^n\sqrt{2}i - 5^n\sqrt{2}i & -2(-1)^n i^2 + 5^n \end{bmatrix}$$

$$\therefore A^n = \frac{1}{3}\begin{bmatrix} (-1)^n + 2\cdot 5^n & \{5^n - (-1)^n\}\sqrt{2}i \\ \{(-1)^n - 5^n\}\sqrt{2}i & 2(-1)^n + 5^n \end{bmatrix} \cdots\cdots③ \ (n = 1,\ 2,\ 3,\ \cdots)$$

である。 ……………………………………………………………(答)

③の $n$ に $1$ を代入して，検算しておこう。

$$A^1 = \frac{1}{3}\begin{bmatrix} -1+2\cdot 5 & (5+1)\sqrt{2}i \\ (-1-5)\cdot\sqrt{2}i & -2+5 \end{bmatrix} = \frac{1}{3}\begin{bmatrix} 9 & 6\sqrt{2}i \\ -6\sqrt{2}i & 3 \end{bmatrix}$$

$$= \begin{bmatrix} 3 & 2\sqrt{2}i \\ -2\sqrt{2}i & 1 \end{bmatrix}$$ となって，行列 $A$ と一致するので，大丈夫だね。

# $P^{-1}AP$ による複素行列の $n$ 乗(II)

| 演習問題 66 | CHECK 1 | CHECK 2 | CHECK 3 |
|---|---|---|---|

$A=\begin{bmatrix} 2 & -\sqrt{3}i \\ \sqrt{3}i & 0 \end{bmatrix}$ と $P=\begin{bmatrix} 1 & \sqrt{3}i \\ -\sqrt{3}i & -1 \end{bmatrix}$ ($i$：虚数単位) について，次の問いに答えよ。

(1) $P^{-1}AP$ を求めよ。

(2) $(P^{-1}AP)^n$ を利用して，$A^n$ ($n=1, 2, 3, \cdots$) を求めよ。

ヒント！ もう1題，複素行列 $A$ を $P^{-1}AP$ によって対角化して，$A^n$ を求める問題を解いてみよう。計算過程で，$i^2=-1$ となることに気を付ければ，他は，実行列の $(P^{-1}AP)^n$ を用いた行列の $n$ 乗計算の解法パターンと同様なんだね。

## 解答＆解説

(1) $A=\begin{bmatrix} 2 & -\sqrt{3}i \\ \sqrt{3}i & 0 \end{bmatrix}$ と $P=\begin{bmatrix} 1 & \sqrt{3}i \\ -\sqrt{3}i & -1 \end{bmatrix}$ について，

$P$ の行列式 $\Delta=\det P=1\cdot(-1)-(-\sqrt{3}i)\cdot\sqrt{3}i=-1+3i^2=-4\ (\neq 0)$ より，

$P$ の逆行列 $P^{-1}$ を求めると，

$$P^{-1}=\begin{bmatrix} 1 & \sqrt{3}i \\ -\sqrt{3}i & -1 \end{bmatrix}^{-1}=\frac{1}{-4}\begin{bmatrix} -1 & -\sqrt{3}i \\ \sqrt{3}i & 1 \end{bmatrix}=\frac{1}{4}\begin{bmatrix} 1 & \sqrt{3}i \\ -\sqrt{3}i & -1 \end{bmatrix} \text{ となる。}$$

よって，$P^{-1}AP$ を求めると，

$$P^{-1}AP=\frac{1}{4}\begin{bmatrix} 1 & \sqrt{3}i \\ -\sqrt{3}i & -1 \end{bmatrix}\begin{bmatrix} 2 & -\sqrt{3}i \\ \sqrt{3}i & 0 \end{bmatrix}\begin{bmatrix} 1 & \sqrt{3}i \\ -\sqrt{3}i & -1 \end{bmatrix}$$

$$=\frac{1}{4}\begin{bmatrix} 2+3i^2 & -\sqrt{3}i \\ -2\sqrt{3}i-\sqrt{3}i & 3i^2 \end{bmatrix}\begin{bmatrix} 1 & \sqrt{3}i \\ -\sqrt{3}i & -1 \end{bmatrix}$$

$$=\frac{1}{4}\begin{bmatrix} -1 & -\sqrt{3}i \\ -3\sqrt{3}i & -3 \end{bmatrix}\begin{bmatrix} 1 & \sqrt{3}i \\ -\sqrt{3}i & -1 \end{bmatrix}=\frac{1}{4}\begin{bmatrix} -1+3i^2 & 0 \\ 0 & -9i^2+3 \end{bmatrix}$$

$$=\frac{1}{4}\begin{bmatrix} -4 & 0 \\ 0 & 12 \end{bmatrix}$$

$P^{-1}AP$ は実対角行列になった！

$\therefore P^{-1}AP=\begin{bmatrix} -1 & 0 \\ 0 & 3 \end{bmatrix}$ ……① である。……(答)

(2) ①の両辺を $n$ 乗すると，

$$\underbrace{(P^{-1}AP)^n}_{P^{-1}A^nP} = \begin{bmatrix} -1 & 0 \\ 0 & 3 \end{bmatrix}^n = \begin{bmatrix} (-1)^n & 0 \\ 0 & 3^n \end{bmatrix}$$

$\therefore P^{-1}A^nP = \begin{bmatrix} (-1)^n & 0 \\ 0 & 3^n \end{bmatrix}$ ……② $(n = 1, 2, 3, \cdots)$ となる。

よって，②の両辺に，左から $P$ を，右から $P^{-1}$ をかけて，

$$A^n = P\begin{bmatrix} (-1)^n & 0 \\ 0 & 3^n \end{bmatrix}P^{-1}$$

$$= \begin{bmatrix} 1 & \sqrt{3}i \\ -\sqrt{3}i & -1 \end{bmatrix}\begin{bmatrix} (-1)^n & 0 \\ 0 & 3^n \end{bmatrix}\frac{1}{4}\begin{bmatrix} 1 & \sqrt{3}i \\ -\sqrt{3}i & -1 \end{bmatrix}$$

$$= \frac{1}{4}\begin{bmatrix} (-1)^n & 3^n\sqrt{3}i \\ -(-1)^n\sqrt{3}i & -3^n \end{bmatrix}\begin{bmatrix} 1 & \sqrt{3}i \\ -\sqrt{3}i & -1 \end{bmatrix}$$

$$= \frac{1}{4}\begin{bmatrix} (-1)^n - 3^{n+1}i^2 & (-1)^n\sqrt{3}i - 3^n\sqrt{3}i \\ -(-1)^n\sqrt{3}i + 3^n\sqrt{3}i & -3(-1)^n i^2 + 3^n \end{bmatrix}$$

$\therefore A^n = \frac{1}{4}\begin{bmatrix} (-1)^n + 3^{n+1} & \{(-1)^n - 3^n\}\sqrt{3}i \\ \{3^n - (-1)^n\}\sqrt{3}i & 3\cdot(-1)^n + 3^n \end{bmatrix}$ ……③ $(n = 1, 2, 3, \cdots)$

である。 ……………………………………………………………(答)

③の $n$ に 1 を代入して，検算しておこう。

$A^1 = \frac{1}{4}\begin{bmatrix} -1+3^2 & (-1-3)\sqrt{3}i \\ (3+1)\sqrt{3}i & -3+3 \end{bmatrix} = \frac{1}{4}\begin{bmatrix} 8 & -4\sqrt{3}i \\ 4\sqrt{3}i & 0 \end{bmatrix}$

$= \begin{bmatrix} 2 & -\sqrt{3}i \\ \sqrt{3}i & 0 \end{bmatrix}$ となって，行列 $A$ と一致することが分かった。

これで，検算も終了だね。

# 実行列の対角化(I)

| 演習問題 67 | CHECK 1 | CHECK 2 | CHECK 3 |
|---|---|---|---|

$A=\begin{bmatrix}5 & -2\\4 & -1\end{bmatrix}$ の2つの固有値と，これに対応する適当な固有ベクトルを求めて，行列 $P$ を作り，$P^{-1}AP$ により行列 $A$ を対角化せよ。

**ヒント！** この行列 $A$ は，演習問題 61 (P120) で解説した行列と同じものだ。今回は，この固有値と固有ベクトルを求めて，行列 $A$ を対角化してみよう！

## 解答＆解説

$\begin{bmatrix}5 & -2\\4 & -1\end{bmatrix}\begin{bmatrix}x\\y\end{bmatrix}=\lambda\begin{bmatrix}x\\y\end{bmatrix}$，すなわち，$A\begin{bmatrix}x\\y\end{bmatrix}=\lambda E\begin{bmatrix}x\\y\end{bmatrix}$ ……① より，

（$A$の固有値と固有ベクトルの式）（ここに単位行列 $E$ を入れる。）

$(A-\lambda E)\begin{bmatrix}x\\y\end{bmatrix}=\begin{bmatrix}0\\0\end{bmatrix}$ ……①′ となる。（$T$とおく）

ここで，$T=A-\lambda E=\begin{bmatrix}5 & -2\\4 & -1\end{bmatrix}-\lambda\begin{bmatrix}1 & 0\\0 & 1\end{bmatrix}=\begin{bmatrix}5-\lambda & -2\\4 & -1-\lambda\end{bmatrix}$ とおくと，①′は，

$\begin{bmatrix}5-\lambda & -2\\4 & -1-\lambda\end{bmatrix}\begin{bmatrix}x\\y\end{bmatrix}=\begin{bmatrix}0\\0\end{bmatrix}$ ……①″ となる。

ここで，$\begin{bmatrix}x\\y\end{bmatrix}\neq\begin{bmatrix}0\\0\end{bmatrix}$ (自明な解) より，$T$ は逆行列 $T^{-1}$ をもたない。よって，$T$ の行列式 $|T|$ は，

（$T^{-1}$ が存在すると仮定すると，①″の両辺に $T^{-1}$ を左からかけて，$\begin{bmatrix}x\\y\end{bmatrix}=T^{-1}\begin{bmatrix}0\\0\end{bmatrix}=\begin{bmatrix}0\\0\end{bmatrix}$ となって，$\begin{bmatrix}x\\y\end{bmatrix}$ が自明な解をもつので，矛盾する。(背理法)）

$|T|=(5-\lambda)(-1-\lambda)-(-2)\cdot 4$

（$(\lambda-5)(\lambda+1)=\lambda^2-4\lambda-5$）

$=\lambda^2-4\lambda+3=(\lambda-1)(\lambda-3)=0$ となる。←固有方程式

$\therefore \lambda=1$ または $3$ である。(ここで，$\lambda_1=1$，$\lambda_2=3$ とおく。) ……………(答)

(i) $\lambda_1=1$ のとき，

①″より，$\begin{bmatrix}4 & -2\\4 & -2\end{bmatrix}\begin{bmatrix}x\\y\end{bmatrix}=\begin{bmatrix}0\\0\end{bmatrix}$ となる。よって，$4x-2y=0$ より，

$2x-y=0$ ……②

②より，$x=1$，$y=2$ とする。

（②をみたせば，$x$，$y$ はこれ以外，たとえば，$x=2$，$y=4$ など…，何でも構わない。）

$\therefore \lambda_1 = 1$ のとき，

固有ベクトルを $\begin{bmatrix} x_1 \\ y_1 \end{bmatrix}$ とおいて，$\begin{bmatrix} x_1 \\ y_1 \end{bmatrix} = \begin{bmatrix} 1 \\ 2 \end{bmatrix}$ ……③ とする。…………(答)

(ii) $\lambda_2 = 3$ のとき，

①″より，$\begin{bmatrix} 2 & -2 \\ 4 & -4 \end{bmatrix}\begin{bmatrix} x \\ y \end{bmatrix} = \begin{bmatrix} 0 \\ 0 \end{bmatrix}$ となる。よって，$2x - 2y = 0$ より，

$4x - 4y = 0$ は同じもの

$x - y = 0$ ……④

④より，$x = 1$，$y = 1$ とする。

④をみたせば，$x$，$y$ はこれ以外，たとえば，$x = -1$，$y = -1$ など…，何でも構わない。

$\therefore \lambda_2 = 3$ のとき，

固有ベクトルを $\begin{bmatrix} x_2 \\ y_2 \end{bmatrix}$ とおいて，$\begin{bmatrix} x_2 \\ y_2 \end{bmatrix} = \begin{bmatrix} 1 \\ 1 \end{bmatrix}$ ……⑤ とする。…………(答)

以上(i)，(ii)の固有値と固有ベクトルの結果を①に代入すると，

$$\begin{cases} A\begin{bmatrix} 1 \\ 2 \end{bmatrix} = 1\cdot\begin{bmatrix} 1 \\ 2 \end{bmatrix} = \begin{bmatrix} 1\cdot1 \\ 1\cdot2 \end{bmatrix} \quad \cdots\cdots ⑥ \\ A\begin{bmatrix} 1 \\ 1 \end{bmatrix} = 3\begin{bmatrix} 1 \\ 1 \end{bmatrix} = \begin{bmatrix} 3\cdot1 \\ 3\cdot1 \end{bmatrix} \quad \cdots\cdots ⑦ \end{cases}$$ となる。

⑥，⑦をまとめて1つの式で表すと，

$$A\underbrace{\begin{bmatrix} 1 & 1 \\ 2 & 1 \end{bmatrix}}_{P} = \begin{bmatrix} 1\cdot1 & 3\cdot1 \\ 1\cdot2 & 3\cdot1 \end{bmatrix} = \underbrace{\begin{bmatrix} 1 & 1 \\ 2 & 1 \end{bmatrix}}_{P}\begin{bmatrix} 1 & 0 \\ 0 & 3 \end{bmatrix} \quad \cdots\cdots ⑧$$ となる。

ここで，$P = \begin{bmatrix} 1 & 1 \\ 2 & 1 \end{bmatrix}$ とおくと，⑧は $AP = P\begin{bmatrix} 1 & 0 \\ 0 & 3 \end{bmatrix}$ ……⑧′ となる。

また，$P$ の行列式 $\det P = 1^2 - 1\cdot2 = -1\ (\neq 0)$ より，逆行列 $P^{-1}$ は存在する。

よって，$P^{-1}$ を⑧′の両辺に左からかけると，

$P^{-1}AP = \begin{bmatrix} 1 & 0 \\ 0 & 3 \end{bmatrix}$ となって，行列 $A$ を対角化できる。

…………………………(答)

(ただし，$P = \begin{bmatrix} 1 & 1 \\ 2 & 1 \end{bmatrix}$ である。)

$\lambda_1 = 1$ と $\lambda_2 = 3$ のときの固有ベクトルは一意には定まらない。②，④をみたすので，$\begin{bmatrix} x_1 \\ y_1 \end{bmatrix} = \begin{bmatrix} 2 \\ 4 \end{bmatrix}$，$\begin{bmatrix} x_2 \\ y_2 \end{bmatrix} = \begin{bmatrix} -1 \\ -1 \end{bmatrix}$ でもよいので，$P = \begin{bmatrix} 2 & -1 \\ 4 & -1 \end{bmatrix}$ としても，$P^{-1}AP$ から，同様に $A$ を対角化できる。

# 実行列の対角化(Ⅱ)

**演習問題 68** CHECK 1 CHECK 2 CHECK 3

$A=\begin{bmatrix}2&2\\3&1\end{bmatrix}$ の $2$ つの固有値と，これに対応する適当な固有ベクトルを求めて，行列 $P$ を作り，$P^{-1}AP$ により行列 $A$ を対角化せよ。

ヒント！ この行列 $A$ は，演習問題 $62$ (P122) で用いた行列と同じだね。まず，$|T|=|A-\lambda E|=0$ から，固有値 $\lambda_1$ と $\lambda_2$ を求めて，固有ベクトルを求めよう。

**解答＆解説**

$\begin{bmatrix}2&2\\3&1\end{bmatrix}\begin{bmatrix}x\\y\end{bmatrix}=\lambda\begin{bmatrix}x\\y\end{bmatrix}$，すなわち，$A\begin{bmatrix}x\\y\end{bmatrix}=\lambda E\begin{bmatrix}x\\y\end{bmatrix}$ ……① より，

$(A-\lambda E)\begin{bmatrix}x\\y\end{bmatrix}=\begin{bmatrix}0\\0\end{bmatrix}$ ……①′ となる。（$A-\lambda E$：$T$とおく）

ここで，$T=A-\lambda E=\begin{bmatrix}2&2\\3&1\end{bmatrix}-\lambda\begin{bmatrix}1&0\\0&1\end{bmatrix}=\begin{bmatrix}2-\lambda&2\\3&1-\lambda\end{bmatrix}$ とおくと，①′は，

$\begin{bmatrix}2-\lambda&2\\3&1-\lambda\end{bmatrix}\begin{bmatrix}x\\y\end{bmatrix}=\begin{bmatrix}0\\0\end{bmatrix}$ ……①″ となる。

ここで，$\begin{bmatrix}x\\y\end{bmatrix}\neq\begin{bmatrix}0\\0\end{bmatrix}$ より，$T$ は逆行列 $T^{-1}$ をもたない。よって，$T$ の行列式

$|T|$ は，$|T|=(2-\lambda)(1-\lambda)-2\cdot3=\lambda^2-3\lambda-4=0$ となる。

（$(2-\lambda)(1-\lambda)=(\lambda-2)(\lambda-1)=\lambda^2-3\lambda+2$）　（$\lambda^2-3\lambda-4=0$：固有方程式）

よって，$(\lambda+1)(\lambda-4)=0$ より，

$\therefore\lambda=-1$ または $4$ である。(ここで，$\lambda_1=-1$，$\lambda_2=4$ とおく。) ………(答)

(i) $\lambda_1=-1$ のとき，

①″より，$\begin{bmatrix}3&2\\3&2\end{bmatrix}\begin{bmatrix}x\\y\end{bmatrix}=\begin{bmatrix}0\\0\end{bmatrix}$ よって，$3x+2y=0$ ……② となる。

②より，$x=2$，$y=-3$ とおく。←（②をみたすので，$x=-2$，$y=3$ でもよい。）

$\therefore\lambda_1=-1$ のとき，

固有ベクトルを $\begin{bmatrix}x_1\\y_1\end{bmatrix}$ とおいて，$\begin{bmatrix}x_1\\y_1\end{bmatrix}=\begin{bmatrix}2\\-3\end{bmatrix}$ ……③ とする。………(答)

(ii) $\lambda_2 = 4$ のとき，　　3x−3y=0 は，これと同じもの

①″より，$\begin{bmatrix} -2 & 2 \\ 3 & -3 \end{bmatrix}\begin{bmatrix} x \\ y \end{bmatrix} = \begin{bmatrix} 0 \\ 0 \end{bmatrix}$ となる。よって，$-2x+2y=0$ より，

$-x+y=0$ ……④

④より，$x=1$，$y=1$ とする。← ④をみたすので，$x=-1$，$y=-1$ でも構わない。

$\therefore \lambda_2 = 4$ のとき，

固有ベクトルを $\begin{bmatrix} x_2 \\ y_2 \end{bmatrix}$ とおいて，$\begin{bmatrix} x_2 \\ y_2 \end{bmatrix} = \begin{bmatrix} 1 \\ 1 \end{bmatrix}$ ……⑤ とする。…………(答)

以上 (i), (ii) の固有値と固有ベクトルの結果を①に代入すると，

$$\begin{cases} A\begin{bmatrix} 2 \\ -3 \end{bmatrix} = -1\cdot\begin{bmatrix} 2 \\ -3 \end{bmatrix} = \begin{bmatrix} -1\cdot 2 \\ -1\cdot(-3) \end{bmatrix} \cdots\cdots ⑥ \\ A\begin{bmatrix} 1 \\ 1 \end{bmatrix} = \ \ 4\ \begin{bmatrix} 1 \\ 1 \end{bmatrix} = \begin{bmatrix} 4\cdot 1 \\ 4\cdot 1 \end{bmatrix} \cdots\cdots ⑦ \end{cases}$$ となる。

⑥, ⑦を1つの式にまとめて表すと，

$$A\underbrace{\begin{bmatrix} 2 & 1 \\ -3 & 1 \end{bmatrix}}_{P} = \begin{bmatrix} -1\cdot 2 & 4\cdot 1 \\ -1\cdot(-3) & 4\cdot 1 \end{bmatrix} = \underbrace{\begin{bmatrix} 2 & 1 \\ -3 & 1 \end{bmatrix}}_{P}\begin{bmatrix} -1 & 0 \\ 0 & 4 \end{bmatrix} \cdots\cdots ⑧$$ となる。

ここで，$P = \begin{bmatrix} 2 & 1 \\ -3 & 1 \end{bmatrix}$ とおくと，⑧は $AP = P\begin{bmatrix} -1 & 0 \\ 0 & 4 \end{bmatrix}$ ……⑧′ となる。

また，$P$ の行列式 $\det P = 2\cdot 1 - 1\cdot(-3) = 5\ (\neq 0)$ より，逆行列 $P^{-1}$ は存在する。

よって，$P^{-1}$ を⑧′の両辺に左からかけると，

$P^{-1}AP = \begin{bmatrix} -1 & 0 \\ 0 & 4 \end{bmatrix}$ となって，行列 $A$ を対角化できる。

……………………(答)

$\left( ただし，P = \begin{bmatrix} 2 & 1 \\ -3 & 1 \end{bmatrix} である。\right)$

$P = \begin{bmatrix} 2 & -1 \\ -3 & -1 \end{bmatrix}$ としても，$P^{-1}AP = \begin{bmatrix} -1 & 0 \\ 0 & 4 \end{bmatrix}$ と対角化できる。また，$P$ の2つの列を入れ替えて，$P = \begin{bmatrix} -1 & 2 \\ -1 & -3 \end{bmatrix}$ とすると，当然 $P^{-1}AP = \begin{bmatrix} 4 & 0 \\ 0 & -1 \end{bmatrix}$ の形で対角化できるのも大丈夫だね。確認しておこう。

# 複素行列の対角化

**演習問題 69** CHECK 1 CHECK 2 CHECK 3

$A=\begin{bmatrix} 3 & 2\sqrt{2}i \\ -2\sqrt{2}i & 1 \end{bmatrix}$ の2つの固有値と，これに対応する適当な固有ベクトルを求めて，行列 $P$ を作り，$P^{-1}AP$ により行列 $A$ を対角化せよ。

**ヒント！** この複素行列 $A$ は，演習問題 65 (P128) で用いた行列と同じものだ。複素行列でも，固有値は実数として求められる。実行列のときと同様に対角化できるんだね。

## 解答＆解説

$\begin{bmatrix} 3 & 2\sqrt{2}i \\ -2\sqrt{2}i & 1 \end{bmatrix}\begin{bmatrix} x \\ y \end{bmatrix}=\lambda\begin{bmatrix} x \\ y \end{bmatrix}$，すなわち，$A\begin{bmatrix} x \\ y \end{bmatrix}=\lambda E\begin{bmatrix} x \\ y \end{bmatrix}$ ……① より，

（$A$ の固有値と固有ベクトルの式）（ここに単位行列 $E$ を入れる。）

$(A-\lambda E)\begin{bmatrix} x \\ y \end{bmatrix}=\begin{bmatrix} 0 \\ 0 \end{bmatrix}$ ……①′ となる。（$T$ とおく）

ここで，$T=A-\lambda E=\begin{bmatrix} 3 & 2\sqrt{2}i \\ -2\sqrt{2}i & 1 \end{bmatrix}-\lambda\begin{bmatrix} 1 & 0 \\ 0 & 1 \end{bmatrix}=\begin{bmatrix} 3-\lambda & 2\sqrt{2}i \\ -2\sqrt{2}i & 1-\lambda \end{bmatrix}$ とおくと，

①′は，$\begin{bmatrix} 3-\lambda & 2\sqrt{2}i \\ -2\sqrt{2}i & 1-\lambda \end{bmatrix}\begin{bmatrix} x \\ y \end{bmatrix}=\begin{bmatrix} 0 \\ 0 \end{bmatrix}$ ……①″ となる。

ここで，$\begin{bmatrix} x \\ y \end{bmatrix}\neq\begin{bmatrix} 0 \\ 0 \end{bmatrix}$ より，$T$ は逆行列 $T^{-1}$ をもたない。よって，$T$ の行列式

$|T|$ は，$|T|=(3-\lambda)(1-\lambda)-2\sqrt{2}i\cdot(-2\sqrt{2}i)=\lambda^2-4\lambda-5=(\lambda+1)(\lambda-5)=0$

（$(\lambda-3)(\lambda-1)=\lambda^2-4\lambda+3$）（$-8i^2=8$）（固有方程式）

$\therefore\lambda=-1$ または $5$ である。（ここで，$\lambda_1=-1$，$\lambda_2=5$ とおく。） ………(答)

(i) $\lambda_1=-1$ のとき，

①″より，$\begin{bmatrix} 4 & 2\sqrt{2}i \\ -2\sqrt{2}i & 2 \end{bmatrix}\begin{bmatrix} x \\ y \end{bmatrix}=\begin{bmatrix} 0 \\ 0 \end{bmatrix}$ よって，$4x+2\sqrt{2}iy=0$ より，

（これは，$-2\sqrt{2}ix+2y=0$ と同じもの。）

$2x+\sqrt{2}i\cdot y=0$ ……② より，$x=1$，$y=\sqrt{2}i$ とする。

（$x=1$ のとき，②より，$2+\sqrt{2}iy=0$　$y=-\frac{2}{\sqrt{2}i}=\frac{2i^2}{\sqrt{2}i}=\sqrt{2}i$）

$\therefore\lambda_1=-1$ のとき，

固有ベクトルを $\begin{bmatrix} x_1 \\ y_1 \end{bmatrix}$ とおいて，$\begin{bmatrix} x_1 \\ y_1 \end{bmatrix}=\begin{bmatrix} 1 \\ \sqrt{2}i \end{bmatrix}$ ……③ とする。………(答)

(ii) $\lambda_2 = 5$ のとき，

これは，$-2\sqrt{2}ix - 4y = 0$ と同じもの

①″より，$\begin{bmatrix} -2 & 2\sqrt{2}i \\ -2\sqrt{2}i & -4 \end{bmatrix}\begin{bmatrix} x \\ y \end{bmatrix} = \begin{bmatrix} 0 \\ 0 \end{bmatrix}$ よって，$-2x + 2\sqrt{2}i \cdot y = 0$ から，

$-x + \sqrt{2}iy = 0$ ……④ より，$x = \sqrt{2}i$，$y = 1$ とする。

$\therefore \lambda_2 = 5$ のとき，

固有ベクトルを $\begin{bmatrix} x_2 \\ y_2 \end{bmatrix}$ とおいて，$\begin{bmatrix} x_2 \\ y_2 \end{bmatrix} = \begin{bmatrix} \sqrt{2}i \\ 1 \end{bmatrix}$ ……⑤ とする。 ………(答)

以上 (i), (ii) の固有値と固有ベクトルの結果を①に代入すると，

$$\begin{cases} A\begin{bmatrix} 1 \\ \sqrt{2}i \end{bmatrix} = -1 \cdot \begin{bmatrix} 1 \\ \sqrt{2}i \end{bmatrix} = \begin{bmatrix} -1 \cdot 1 \\ -1 \cdot \sqrt{2}i \end{bmatrix} & \text{……⑥} \\ A\begin{bmatrix} \sqrt{2}i \\ 1 \end{bmatrix} = \ 5\ \begin{bmatrix} \sqrt{2}i \\ 1 \end{bmatrix} = \begin{bmatrix} 5 \cdot \sqrt{2}i \\ 5 \cdot 1 \end{bmatrix} & \text{……⑦ となる。} \end{cases}$$

⑥と⑦を1つの式にまとめると，

$$\underbrace{A\begin{bmatrix} 1 & \sqrt{2}i \\ \sqrt{2}i & 1 \end{bmatrix}}_{P} = \begin{bmatrix} -1 \cdot 1 & 5 \cdot \sqrt{2}i \\ -1 \cdot \sqrt{2}i & 5 \cdot 1 \end{bmatrix} = \underbrace{\begin{bmatrix} 1 & \sqrt{2}i \\ \sqrt{2}i & 1 \end{bmatrix}}_{P}\begin{bmatrix} -1 & 0 \\ 0 & 5 \end{bmatrix} \text{ ……⑧ となる。}$$

ここで，$P = \begin{bmatrix} 1 & \sqrt{2}i \\ \sqrt{2}i & 1 \end{bmatrix}$ とおくと，⑧は $AP = P\begin{bmatrix} -1 & 0 \\ 0 & 5 \end{bmatrix}$ ……⑧′ となる。

また，$P$ の行列式 $\det P = 1^2 - (\sqrt{2}i)^2 = 1 - 2i^2 = 3$ $(\neq 0)$ より，逆行列 $P^{-1}$ は存在する。よって，$P^{-1}$ を⑧′の両辺に左からかけると，

$P^{-1}AP = \begin{bmatrix} -1 & 0 \\ 0 & 5 \end{bmatrix}$ となって，行列 $A$ を対角化できる。

……………………(答)

$\left(\text{ただし，} P = \begin{bmatrix} 1 & \sqrt{2}i \\ \sqrt{2}i & 1 \end{bmatrix} \text{である。}\right)$

もちろん，行列 $P$ は一意には定まらない。たとえば，$P$ の第1列と第2列を入れ替えて，$P = \begin{bmatrix} \sqrt{2}i & 1 \\ 1 & \sqrt{2}i \end{bmatrix}$ とすると，$P^{-1}AP = \begin{bmatrix} 5 & 0 \\ 0 & -1 \end{bmatrix}$ となるんだね。

# 講義 3 3次正方行列 [線形代数入門(II)]

## §1. 3次正方行列の行列式

3次正方行列 $A$ を下に示す。

$$A = \begin{bmatrix} a_{11} & a_{12} & a_{13} \\ a_{21} & a_{22} & a_{23} \\ a_{31} & a_{32} & a_{33} \end{bmatrix} \begin{matrix} \leftarrow ①行 \\ \leftarrow ②行 \\ \leftarrow ③行 \end{matrix} \quad \cdots\cdots ①$$

↑①′列 ↑②′列 ↑③′列

行は①, ②, ③で, 列は①′, ②′, ③′で表すことにしよう。

特殊な3次正方行列を下に示す。

(i) **零行列** $O = \begin{bmatrix} 0 & 0 & 0 \\ 0 & 0 & 0 \\ 0 & 0 & 0 \end{bmatrix}$ 　・$A + O = O + A = A$
　・$A \cdot O = O \cdot A = O$

(ii) **単位行列** $E = \begin{bmatrix} 1 & 0 & 0 \\ 0 & 1 & 0 \\ 0 & 0 & 1 \end{bmatrix}$ 　・$A \cdot E = E \cdot A = A$ 　・$E^n = E$ ($n$:自然数)
　・$A \cdot A^{-1} = A^{-1} \cdot A = E$ 　($A^{-1}$: $A$の逆行列)

(iii) **対角行列** $X = \begin{bmatrix} a & 0 & 0 \\ 0 & b & 0 \\ 0 & 0 & c \end{bmatrix}$

(iv) $A$ の **転置行列** ${}^tA$

行列 $A$ の行と列を入れ替えた行列を $A$ の**転置行列**といい, ${}^tA$ で表す。

$$A = \begin{bmatrix} a_{11} & a_{12} & a_{13} \\ a_{21} & a_{22} & a_{23} \\ a_{31} & a_{32} & a_{33} \end{bmatrix} \text{ に対して, } {}^tA = \begin{bmatrix} a_{11} & a_{21} & a_{31} \\ a_{12} & a_{22} & a_{32} \\ a_{13} & a_{23} & a_{33} \end{bmatrix}$$

対角線に対して, 各成分を対称移動したものと覚えてもいい

・${}^t({}^tA) = A$ 　・${}^t(A \pm B) = {}^tA \pm {}^tB$ 　・${}^t(AB) = {}^tB \, {}^tA$

正方行列 $A$ の行列式とは, 行列 $A$ を基にある規則に従って計算して得られる1つの数値のことであり, これを $\varDelta$ や $\det A$ や $|A|$ で表す。そして, $\det A \neq 0$ のとき, $A$ は逆行列 $A^{-1}$ をもつ。

**3** 次正方行列 $\boldsymbol{A}$ の行列式 $|\boldsymbol{A}|$ は，次のサラスの公式から求められる。

## 行列式とサラスの公式

**3** 次の正方行列 $\boldsymbol{A} = \begin{bmatrix} a_{11} & a_{12} & a_{13} \\ a_{21} & a_{22} & a_{23} \\ a_{31} & a_{32} & a_{33} \end{bmatrix}$ に対して，この行列式 $|\boldsymbol{A}|$ は，

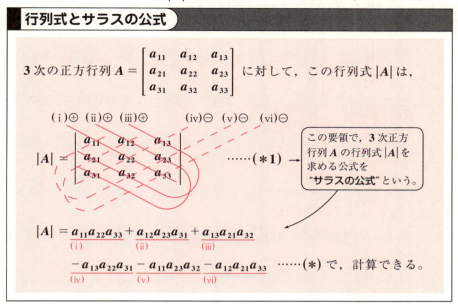

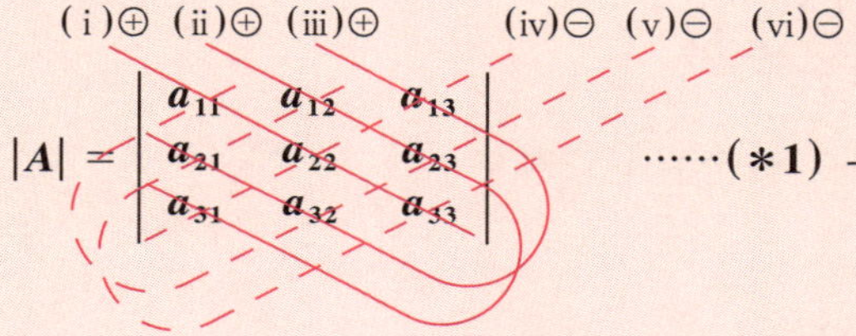


……(＊1) → この要領で，**3** 次正方行列 $\boldsymbol{A}$ の行列式 $|\boldsymbol{A}|$ を求める公式を **"サラスの公式"** という。

$$|\boldsymbol{A}| = \underset{\text{(i)}}{\underline{a_{11}a_{22}a_{33}}} + \underset{\text{(ii)}}{\underline{a_{12}a_{23}a_{31}}} + \underset{\text{(iii)}}{\underline{a_{13}a_{21}a_{32}}}$$

$$\underset{\text{(iv)}}{\underline{-a_{13}a_{22}a_{31}}} \underset{\text{(v)}}{\underline{-a_{11}a_{23}a_{32}}} \underset{\text{(vi)}}{\underline{-a_{12}a_{21}a_{33}}}$$ ……(＊) で，計算できる。

公式：$|\boldsymbol{A}| = |{}^t\boldsymbol{A}|$ が成り立つので，行列式の性質では，一般に「行で成り立つことは，列でも成り立つ。」 それでは，行列式の性質を以下に示す。

(Ⅰ) 行列 $\boldsymbol{A}$ のいずれか **1** つの行 (または，列) の成分がすべて **0** ならば，
　$|\boldsymbol{A}| = \boldsymbol{0}$ となる。

(Ⅱ) 行列 $\boldsymbol{A}$ のいずれか **2** つの行 (または，列) の成分がすべて同じであれば，
　$|\boldsymbol{A}| = \boldsymbol{0}$ となる。

(Ⅲ) 行列 $\boldsymbol{A}$ のいずれか **1** つの行 (または，列) の成分をすべて実数 $\boldsymbol{c}$ 倍すると，
　その行列式は，$\boldsymbol{c}|\boldsymbol{A}|$ となる。

(Ⅳ) 行列 $\boldsymbol{A}$ のいずれか **2** つの行 (または，列) を入れ替えたものの行列式は，
　$-|\boldsymbol{A}|$ となる。

(Ⅴ) 行列 $\boldsymbol{A}$ のいずれか **1** つの行 (または，列) を $\boldsymbol{c}$ 倍したものを別の行 (または，列) にたしても (または，引いても)，行列式の値は変化せず $|\boldsymbol{A}|$ である。

(Ⅵ) **2** つの **3** 次正方行列 $\boldsymbol{A}$ と $\boldsymbol{B}$ の積の行列式について，
　$|\boldsymbol{AB}| = |\boldsymbol{A}||\boldsymbol{B}|$ が成り立つ。

以上の性質を利用すれば，行列式の計算が簡単にできるようになる。

## §2. 連立1次方程式と逆行列

3元1次連立方程式 (未知数：$x$, $y$, $z$)

$$\underbrace{\begin{bmatrix} a_{11} & a_{12} & a_{13} \\ a_{21} & a_{22} & a_{23} \\ a_{31} & a_{32} & a_{33} \end{bmatrix}}_{\text{係数行列}A}\underbrace{\begin{bmatrix} x \\ y \\ z \end{bmatrix}}_{\text{未知数の列ベクトル}\boldsymbol{x}} = \underbrace{\begin{bmatrix} b_1 \\ b_2 \\ b_3 \end{bmatrix}}_{\text{定数項の列ベクトル}\boldsymbol{b}}$$

すなわち，$A\boldsymbol{x} = \boldsymbol{b}$ ……① の解法は，

拡大係数行列 $A_a = [A \mid \boldsymbol{b}]$ に行基本変形を施して解ベクトル $\boldsymbol{u}$ を次の模式図のように求める。

$$A_a = [A \mid \boldsymbol{b}] \xrightarrow{\text{行基本変形}} [\underbrace{E}_{\text{単位行列}} \mid \underbrace{\boldsymbol{u}}_{x,\ y,\ z\text{ の解の列ベクトル}}]$$

ただし，行基本変形とは，次の3つの操作のことである

(i) 2つの行を入れ替える。

(ii) 1つの行を $c$ 倍する。(ただし，$c \neq 0$)

(iii) 1つの行を $c$ 倍したものを，他の行にたす。(または，他の行から引く。)

3元1次連立方程式の解法を応用することにより，3次正方行列 $A$ の逆行列を次のように求めることができる。この手法を**掃き出し法**という。

### 掃き出し法による逆行列 $A^{-1}$ の計算

$n$ 次正方行列 $A$ が正則のとき，$AA^{-1} = A^{-1}A = E$ をみたす逆行列 $A^{-1}$ が存在し，それは，

$$[A \mid E] \xrightarrow{\text{行基本変形}} [E \mid A^{-1}]$$

によって，計算することができる。

(ex) $$\left[\underbrace{\begin{matrix} 1 & 2 & -1 \\ 0 & 1 & 1 \\ 1 & 2 & 0 \end{matrix}}_{A} \;\middle|\; \begin{matrix} 1 & 0 & 0 \\ 0 & 1 & 0 \\ 0 & 0 & 1 \end{matrix}\right] \xrightarrow{\text{行基本変形}} \left[\begin{matrix} 1 & 0 & 0 \\ 0 & 1 & 0 \\ 0 & 0 & 1 \end{matrix} \;\middle|\; \underbrace{\begin{matrix} -2 & -2 & 3 \\ 1 & 1 & -1 \\ -1 & 0 & 1 \end{matrix}}_{A\text{の逆行列}A^{-1}}\right]$$

一般に，3次正方行列 $A$ に行基本変形を行った場合，図1(ⅰ),(ⅱ),(ⅲ)に，そのイメージを示すような階段行列を作ることができる。図の中で"＊"は0以外の数を表しており，(ⅰ)，(ⅱ)，(ⅲ)に示すように＊(または，0)が階段状に存在するので，これを**階段行列**という。

行列 $A$ をこのように階段行列で表したとき，少なくとも1つは0でない成分をもつ行の個数を**ランク**(**階数**(かいすう))と呼び，$r$ または，$rank\,A$ で表す。

図　3次正方行列の階段行列のイメージ

(ⅰ) $\begin{bmatrix} * & \triangle & \triangle \\ 0 & * & \triangle \\ 0 & 0 & * \end{bmatrix} \; r=3$

(ⅱ) $\begin{bmatrix} * & \triangle & \triangle \\ 0 & * & \triangle \\ 0 & 0 & 0 \end{bmatrix} \; r=2$

(ⅲ) $\begin{bmatrix} * & \triangle & \triangle \\ 0 & 0 & 0 \\ 0 & 0 & 0 \end{bmatrix} \; r=1$

(△は，0でも構わない。)

従って，

図1(ⅰ)のランクは $r=3$ であり，(ⅱ)のランクは $r=2$，(ⅲ)のランクは $r=1$ である。

このランクを利用して，3元1次連立方程式 $A\boldsymbol{x}=\boldsymbol{b}$ ……① を解くことができる。拡大係数行列 $A_a=[A\,|\,\boldsymbol{b}]$ に行基本変形を行って，$rank\,A$ と $rank\,A_a$ を調べる。

(ex) $[A\,|\,\boldsymbol{b}] \xrightarrow{\text{行基本変形}} \left[\begin{array}{ccc|c} 1 & -1 & 2 & 3 \\ 0 & 1 & -1 & 2 \\ 0 & 0 & 0 & 0 \end{array}\right]$ のとき，

（$r=2$：$rank\,A$，$r=2$：$rank\,A_a$）

$$\begin{cases} x-y+2z=3 & \cdots\cdots① \\ \quad\;\; y-\;z=2 & \cdots\cdots② \end{cases}$$ となる。

このとき，自由度 $f=3-2=1$ より，1つの任意定数 $k$ で，$x$，$y$，$z$ は表される。（3：$x, y, z$ の未知数の個数，2：$rank\,A=rank\,A_a$）

$z=k$ とおくと，②より，$y=k+2$　これらを①に代入して，

$x-(k+2)+2k=3$ より，$x=-k+5$ となる。

$$\therefore \begin{bmatrix} x \\ y \\ z \end{bmatrix} = \begin{bmatrix} -k+5 \\ k+2 \\ k \end{bmatrix}$$ ($k$：任意定数) となる。

## §3. 3次正方行列の対角化

3次の正方行列 $A$ についての固有値と固有ベクトルの定義を下に示す。

### 固有値と固有ベクトル

3次の正方行列 $A$ に対して,

$$A\begin{bmatrix}x\\y\\z\end{bmatrix}=\lambda\begin{bmatrix}x\\y\\z\end{bmatrix}\cdots\cdots(*)$$ をみたす

(固有ベクトル)(固有値)(固有ベクトル)

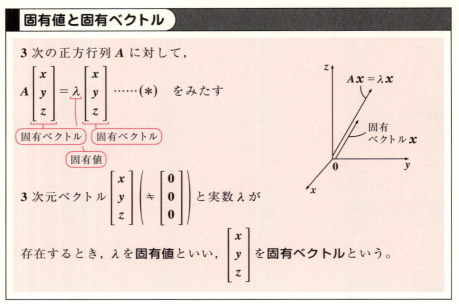

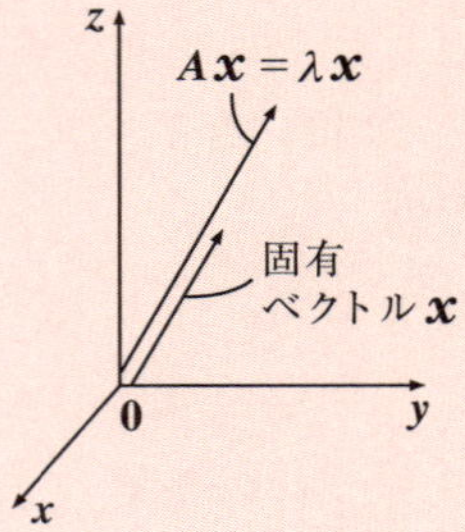


3次元ベクトル $\begin{bmatrix}x\\y\\z\end{bmatrix}\left(\neq\begin{bmatrix}0\\0\\0\end{bmatrix}\right)$ と実数 $\lambda$ が

存在するとき, $\lambda$ を**固有値**といい, $\begin{bmatrix}x\\y\\z\end{bmatrix}$ を**固有ベクトル**という。

$A\begin{bmatrix}x\\y\\z\end{bmatrix}=\lambda E\begin{bmatrix}x\\y\\z\end{bmatrix}$ ……$(*)$ を変形して, $(A-\lambda E)\begin{bmatrix}x\\y\\z\end{bmatrix}=\begin{bmatrix}0\\0\\0\end{bmatrix}$ ……$(*)'$ となる。

($E$:単位行列)($A-\lambda E$:$T$とおく)

ここで, $T=A-\lambda E$ とおく。$T$ の行列式 $|T|\neq 0$ のとき, $T^{-1}$ が存在するので,

$T^{-1}$ を $(*)'$ の両辺に左からかけると, $\begin{bmatrix}x\\y\\z\end{bmatrix}=\begin{bmatrix}0\\0\\0\end{bmatrix}$ となって, 矛盾する。よって,

$T^{-1}$ は存在しないので, $|T|=0$ となる。これが, $\lambda$ の3次方程式になるので,

(固有方程式)

これから $\lambda$ の異なる3つの解 $\lambda_1$, $\lambda_2$, $\lambda_3$ を求め, そして, それぞれの固有値に対する適当な固有ベクトル $x_1$, $x_2$, $x_3$ を求める。これらの結果を示すと次のようになる。

$Ax_1=\lambda_1x_1$ ……①, $Ax_2=\lambda_2x_2$ ……②, $Ax_3=\lambda_3x_3$ ……③

ここで，$\boldsymbol{x}_1=\begin{bmatrix} x_1 \\ y_1 \\ z_1 \end{bmatrix}$，$\boldsymbol{x}_2=\begin{bmatrix} x_2 \\ y_2 \\ z_2 \end{bmatrix}$，$\boldsymbol{x}_3=\begin{bmatrix} x_3 \\ y_3 \\ z_3 \end{bmatrix}$ とおくと，

①，②，③は，

$$A\begin{bmatrix} x_1 \\ y_1 \\ z_1 \end{bmatrix}=\begin{bmatrix} \lambda_1 x_1 \\ \lambda_1 y_1 \\ \lambda_1 z_1 \end{bmatrix} \cdots\cdots①' \qquad A\begin{bmatrix} x_2 \\ y_2 \\ z_2 \end{bmatrix}=\begin{bmatrix} \lambda_2 x_2 \\ \lambda_2 y_2 \\ \lambda_2 z_2 \end{bmatrix} \cdots\cdots②'$$

$$A\begin{bmatrix} x_3 \\ y_3 \\ z_3 \end{bmatrix}=\begin{bmatrix} \lambda_3 x_3 \\ \lambda_3 y_3 \\ \lambda_3 z_3 \end{bmatrix} \cdots\cdots③'$$ となる。①′，②′，③′を1つの式でまとめると，

$$A\begin{bmatrix} x_1 & x_2 & x_3 \\ y_1 & y_2 & y_3 \\ z_1 & z_2 & z_3 \end{bmatrix}=\begin{bmatrix} \lambda_1 x_1 & \lambda_2 x_2 & \lambda_3 x_3 \\ \lambda_1 y_1 & \lambda_2 y_2 & \lambda_3 y_3 \\ \lambda_1 z_1 & \lambda_2 z_2 & \lambda_3 z_3 \end{bmatrix}$$

$\begin{bmatrix} x_1 & x_2 & x_3 \\ y_1 & y_2 & y_3 \\ z_1 & z_2 & z_3 \end{bmatrix}\begin{bmatrix} \lambda_1 & 0 & 0 \\ 0 & \lambda_2 & 0 \\ 0 & 0 & \lambda_3 \end{bmatrix}$ と変形できるね。

$$A\underbrace{\begin{bmatrix} x_1 & x_2 & x_3 \\ y_1 & y_2 & y_3 \\ z_1 & z_2 & z_3 \end{bmatrix}}_{P}=\underbrace{\begin{bmatrix} x_1 & x_2 & x_3 \\ y_1 & y_2 & y_3 \\ z_1 & z_2 & z_3 \end{bmatrix}}_{P}\begin{bmatrix} \lambda_1 & 0 & 0 \\ 0 & \lambda_2 & 0 \\ 0 & 0 & \lambda_3 \end{bmatrix}$$

ここで，$P=[\boldsymbol{x}_1\ \boldsymbol{x}_2\ \boldsymbol{x}_3]=\begin{bmatrix} x_1 & x_2 & x_3 \\ y_1 & y_2 & y_3 \\ z_1 & z_2 & z_3 \end{bmatrix}$ とおくと，

$$AP=P\begin{bmatrix} \lambda_1 & 0 & 0 \\ 0 & \lambda_2 & 0 \\ 0 & 0 & \lambda_3 \end{bmatrix} \cdots\cdots④$$ となる。ここで，証明は略すが，

$P$ の逆行列 $P^{-1}$ は存在する。よって，$P^{-1}$ を④の両辺に左からかけると，

$$P^{-1}AP=\begin{bmatrix} \lambda_1 & 0 & 0 \\ 0 & \lambda_2 & 0 \\ 0 & 0 & \lambda_3 \end{bmatrix}$$ となって，$A$ の対角化ができる。

# 3次正方行列の基本計算

**演習問題 70** CHECK 1 CHECK 2 CHECK 3

$A = \begin{bmatrix} 2 & 1 & 1 \\ 0 & -1 & 3 \\ -1 & 2 & 0 \end{bmatrix}$, $B = \begin{bmatrix} -4 & 0 & 4 \\ 2 & 3 & 0 \\ 1 & -1 & 1 \end{bmatrix}$ について，次の計算をせよ。

(1) $A+B$ (2) $3A-2B$ (3) $A \cdot B$

(4) $B \cdot A$ (5) $B^2$

**ヒント！** 3次正方行列同士の係数倍と，和・差・積の計算の問題だ。2次正方行列のときの計算と同様だけど，計算量は増えるので，テンポよく正確に解いていこう！

## 解答＆解説

(1) $A+B = \begin{bmatrix} 2 & 1 & 1 \\ 0 & -1 & 3 \\ -1 & 2 & 0 \end{bmatrix} + \begin{bmatrix} -4 & 0 & 4 \\ 2 & 3 & 0 \\ 1 & -1 & 1 \end{bmatrix} = \begin{bmatrix} -2 & 1 & 5 \\ 2 & 2 & 3 \\ 0 & 1 & 1 \end{bmatrix}$ ……………………(答)

(2) $3A-2B = 3\begin{bmatrix} 2 & 1 & 1 \\ 0 & -1 & 3 \\ -1 & 2 & 0 \end{bmatrix} - 2\begin{bmatrix} -4 & 0 & 4 \\ 2 & 3 & 0 \\ 1 & -1 & 1 \end{bmatrix}$

$= \begin{bmatrix} 6 & 3 & 3 \\ 0 & -3 & 9 \\ -3 & 6 & 0 \end{bmatrix} - \begin{bmatrix} -8 & 0 & 8 \\ 4 & 6 & 0 \\ 2 & -2 & 2 \end{bmatrix} = \begin{bmatrix} 14 & 3 & -5 \\ -4 & -9 & 9 \\ -5 & 8 & -2 \end{bmatrix}$ ……………(答)

(3) $A \cdot B = \begin{bmatrix} 2 & 1 & 1 \\ 0 & -1 & 3 \\ -1 & 2 & 0 \end{bmatrix}\begin{bmatrix} -4 & 0 & 4 \\ 2 & 3 & 0 \\ 1 & -1 & 1 \end{bmatrix} = \begin{bmatrix} -5 & 2 & 9 \\ 1 & -6 & 3 \\ 8 & 6 & -4 \end{bmatrix}$ ……………………(答)

(4) $B \cdot A = \begin{bmatrix} -4 & 0 & 4 \\ 2 & 3 & 0 \\ 1 & -1 & 1 \end{bmatrix}\begin{bmatrix} 2 & 1 & 1 \\ 0 & -1 & 3 \\ -1 & 2 & 0 \end{bmatrix} = \begin{bmatrix} -12 & 4 & -4 \\ 4 & -1 & 11 \\ 1 & 4 & -2 \end{bmatrix}$ ……………………(答)

一般に，行列の積では $AB \neq BA$ である。(3), (4)の結果でも確認できた！

(5) $B^2 = \begin{bmatrix} -4 & 0 & 4 \\ 2 & 3 & 0 \\ 1 & -1 & 1 \end{bmatrix}\begin{bmatrix} -4 & 0 & 4 \\ 2 & 3 & 0 \\ 1 & -1 & 1 \end{bmatrix} = \begin{bmatrix} 20 & -4 & -12 \\ -2 & 9 & 8 \\ -5 & -4 & 5 \end{bmatrix}$ ……………………(答)

# 行列式の計算 (I)

## 演習問題 71　CHECK 1　CHECK 2　CHECK 3

$A = \begin{bmatrix} 2 & 1 & 1 \\ 0 & -1 & 3 \\ -1 & 2 & 0 \end{bmatrix}$, $B = \begin{bmatrix} -4 & 0 & 4 \\ 2 & 3 & 0 \\ 1 & -1 & 1 \end{bmatrix}$ について，次の行列式を求めよ。

(1) $|A|$　　(2) $|B|$　　(3) $|{}^t\!A|$　　(4) $|AB|$

**ヒント！** 3 次正方行列の行列式は，サラスの公式を用いて求められる。また，(3), (4) では，公式 $|{}^t\!A| = |A|$ や $|AB| = |A| \cdot |B|$ も利用しよう。

## 解答＆解説

(1) 行列 $A$ の行列式 $|A|$ をサラスの公式により求めると，

$$|A| = \begin{vmatrix} 2 & 1 & 1 \\ 0 & -1 & 3 \\ -1 & 2 & 0 \end{vmatrix} = 2\cdot(-1)\cdot 0 + 1\cdot 3\cdot(-1) + 1\cdot 0\cdot 2 - 1\cdot(-1)^2 - 3\cdot 2^2 - 0^2\cdot 1$$

$$= -3 - 1 - 12 = -16 \quad \cdots\cdots(\text{答})$$

サラスの公式

$$\begin{vmatrix} a_{11} & a_{12} & a_{13} \\ a_{21} & a_{22} & a_{23} \\ a_{31} & a_{32} & a_{33} \end{vmatrix} = a_{11}a_{22}a_{33} + a_{12}a_{23}a_{31} + a_{13}a_{21}a_{32} - a_{13}a_{22}a_{31} - a_{11}a_{23}a_{32} - a_{12}a_{21}a_{33}$$

(2) 行列 $B$ の行列式 $|B|$ をサラスの公式により求めると，

$$|B| = \begin{vmatrix} -4 & 0 & 4 \\ 2 & 3 & 0 \\ 1 & -1 & 1 \end{vmatrix} = -4\cdot 3\cdot 1 + 0^2\cdot 1 + 4(-1)\cdot 2 - 4\cdot 3\cdot 1 - 0\cdot(-1)\cdot(-4) - 1\cdot 2\cdot 0$$

$$= -12 - 8 - 12 = -32 \quad \cdots\cdots(\text{答})$$

(3) 行列 $A$ の転置行列 ${}^t\!A$ の行列式 $|{}^t\!A|$ は，

公式：$|{}^t\!A| = |A|$ より，(1) の結果から，

$|{}^t\!A| = |A| = -16$ ……(答)

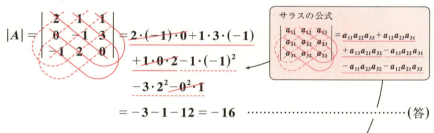

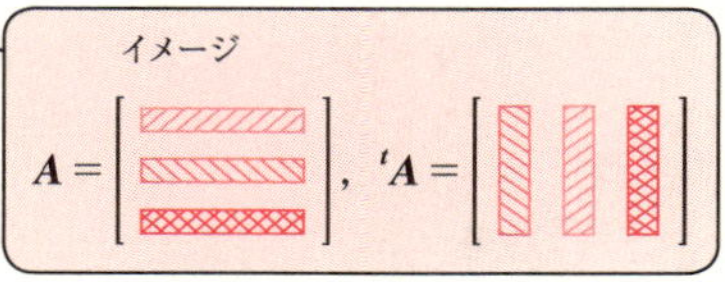


(4) 行列式の公式 $|AB| = |A| \cdot |B|$ より，(1), (2) の結果から，

$|AB| = |A| \cdot |B| = (-16)\cdot(-32) = 2^4 \times 2^5 = 2^9 = 512$ ……(答)

# 行列式の計算(II)

**演習問題 72** CHECK 1 CHECK 2 CHECK 3

$X=\begin{bmatrix}3&-1&4\\0&3&-6\\1&2&2\end{bmatrix}$, $Y=\begin{bmatrix}2&4&6\\3&8&8\\1&4&2\end{bmatrix}$ について，次の行列式を求めよ。

(1) $|X|$　　(2) $|Y|$　　(3) $|XY|$

(4) $|X+Y|$　　(5) $|2X-Y|$

ヒント！ 行列式の性質：(I) **1** つの行の成分がすべて **0** のとき，行列式は **0** となる。…(V) **1** つの行を $c$ 倍したものを他の行にたしても行列式の値は変わらない。…などもうまく利用して，行列式の値を求めよう。

## 解答＆解説

(1) $|X|=\begin{vmatrix}3&-1&4\\0&3&-6\\1&2&2\end{vmatrix}=3\begin{vmatrix}3&-1&4\\0&1&-2\\1&2&2\end{vmatrix}=3\times2\begin{vmatrix}3&-1&2\\0&1&-1\\1&2&1\end{vmatrix}$

（第 **2** 行より **3** をくくり出す）（第 **3** 列より **2** をくくり出す）

$=-1\times6\begin{vmatrix}1&2&1\\0&1&-1\\3&-1&2\end{vmatrix}\overset{③-3\times①}{=}-6\begin{vmatrix}1&2&1\\0&1&-1\\0&-7&-1\end{vmatrix}$

（第 **1** 行と第 **3** 行の入れ替え）（第 **3** 行から，**3** 倍した第 **1** 行を引く）

$=-6\{1\cdot1\cdot(-1)-(-1)\cdot(-7)\cdot1\}=-6(-1-7)=-6\times(-8)=48$ …① …(答)

(2) $|Y|=\begin{vmatrix}2&4&6\\3&8&8\\1&4&2\end{vmatrix}=2\begin{vmatrix}1&2&3\\3&8&8\\1&4&2\end{vmatrix}\underset{③-①}{\overset{②-3\times①}{=}}2\begin{vmatrix}1&2&3\\0&2&-1\\0&2&-1\end{vmatrix}$

（第 **1** 行より **2** をくくり出す）（第 **2** 行から，**3** 倍した第 **1** 行を引く）（第 **3** 行から，第 **1** 行を引く）（第 **2** 行と第 **3** 行が同じより **0**）

$=0$ ……② ……………………………………………………(答)

(3) $|X|=48$ ……①，$|Y|=0$ ……② より，

$|XY|=|X|\cdot|Y|=48\times0=0$ ……………………………………(答)

(4) $X+Y=\begin{bmatrix}3&-1&4\\0&3&-6\\1&2&2\end{bmatrix}+\begin{bmatrix}2&4&6\\3&8&8\\1&4&2\end{bmatrix}=\begin{bmatrix}5&3&10\\3&11&2\\2&6&4\end{bmatrix}$ より,

第 3 列から, 2 をくくり出す

第 3 行から, 2 をくくり出す

$$|X+Y|=\begin{vmatrix}5&3&10\\3&11&2\\2&6&4\end{vmatrix}=2\begin{vmatrix}5&3&5\\3&11&1\\2&6&2\end{vmatrix}=2\times2\begin{vmatrix}5&3&5\\3&11&1\\1&3&1\end{vmatrix}$$

第 1 行と第 3 行の入れ替え

第 2 行から, 3 倍した第 1 行を引く

$$\overset{①\leftrightarrow③}{=}-1\times4\begin{vmatrix}1&3&1\\3&11&1\\5&3&5\end{vmatrix}\underset{③-5\times①}{\overset{②-3\times①}{=}}-4\begin{vmatrix}1&3&1\\0&2&-2\\0&-12&0\end{vmatrix}$$

第 3 行から, 5 倍した第 1 行を引く

$$=-4\begin{vmatrix}1&3&1\\0&2&-2\\0&-12&0\end{vmatrix}=-4\times(0-24)=96$$ ……………………(答)

(5) $2X-Y=2\begin{bmatrix}3&-1&4\\0&3&-6\\1&2&2\end{bmatrix}-\begin{bmatrix}2&4&6\\3&8&8\\1&4&2\end{bmatrix}=\begin{bmatrix}4&-6&2\\-3&-2&-20\\1&0&2\end{bmatrix}$ より,

第 1 行より, 2 をくくり出す

$$|2X-Y|=\begin{vmatrix}4&-6&2\\-3&-2&-20\\1&0&2\end{vmatrix}=2\begin{vmatrix}2&-3&1\\-3&-2&-20\\1&0&2\end{vmatrix}$$

第 1 行と第 3 行の入れ替え

第 2 行に, 3 倍した第 1 行をたす

$$\overset{①\leftrightarrow③}{=}-1\times2\begin{vmatrix}1&0&2\\-3&-2&-20\\2&-3&1\end{vmatrix}\underset{③-2\times①}{\overset{②+3\times①}{=}}-2\begin{vmatrix}1&0&2\\0&-2&-14\\0&-3&-3\end{vmatrix}$$

第 3 行から, 2 倍した第 1 行を引く

第 2 行から, $-2$ を, 第 3 行から, $-3$ をくくり出す

$$=(-2)\times(-3)\times(-2)\begin{vmatrix}1&0&2\\0&1&7\\0&1&1\end{vmatrix}=-12\cdot(1^3-7\cdot1^2)$$

$$=-12\times(-6)=72$$ ……………………(答)

### 演習問題 73　　　CHECK 1　　CHECK 2　　CHECK 3

次の問いに答えよ。

(1) $A = \begin{bmatrix} a+b & c & c \\ b & c+a & b \\ a & a & b+c \end{bmatrix}$ $(a, b, c：実数)$ が逆行列 $A^{-1}$ をもたないとき，

$a, b, c$ の条件を示せ。

(2) $B = \begin{bmatrix} a & b+c & a-b \\ b & c+a & b-c \\ c & a+b & c-a \end{bmatrix}$ $(a, b, c：実数)$ が逆行列 $B^{-1}$ をもたないとき，

$a, b, c$ の条件を示せ。

---

**ヒント！** 一般に，行列 $A$ が逆行列 $A^{-1}$ をもたない (正則でない) とき，$|A|=0$ となる。したがって，(1) では，行列式 $|A|$ を求めて，$|A|=0$ から，$a, b, c$ の条件を求め，(2) では，行列式 $|B|$ を求めて，$|B|=0$ から，$a, b, c$ の条件を求めればいいんだね。各行列式は，行列式の性質をうまく利用して，求めていこう！

### 解答＆解説

(1) 行列 $A$ が逆行列 $A^{-1}$ をもたないための条件は，$|A|=0$ ……① である。

よって，行列式 $|A|$ を求めると，

第1行から，第2行と第3行を引く

$$|A| = \begin{vmatrix} a+b & c & c \\ b & c+a & b \\ a & a & b+c \end{vmatrix} \overset{①-②-③}{=} \begin{vmatrix} 0 & -2a & -2b \\ b & c+a & b \\ a & a & b+c \end{vmatrix}$$

第1行から，$-2$ をくくり出す　　　　第2行から，第1行を引く

$$= -2 \begin{vmatrix} 0 & a & b \\ b & c+a & b \\ a & a & b+c \end{vmatrix} \overset{②-①}{\underset{③-①}{=}} -2 \begin{vmatrix} 0 & a & b \\ b & c & 0 \\ a & 0 & c \end{vmatrix}$$

第3行から，第1行を引く

$\therefore |A| = -2(-abc-abc) = -2 \times (-2abc) = 4abc$ ……② となる。

②を①に代入して，$4abc = 0$　　$\therefore abc = 0$ ……③ となる。

よって，行列 $A$ が逆行列 $A^{-1}$ をもたないための $a, b, c$ の条件は，③より，
$a=0$ または $b=0$ または $c=0$ である。……………………………………(答)

(2) 行列 $B$ が逆行列 $B^{-1}$ をもたないための条件は，$|B|=0$ ……④ である。
よって，行列式 $|B|$ を求めると，

第2列に，第1列をたす

$$|B|=\begin{vmatrix} a & b+c & a-b \\ b & c+a & b-c \\ c & a+b & c-a \end{vmatrix} \underset{③'-①'}{\overset{②'+①'}{=}} \begin{vmatrix} a & a+b+c & -b \\ b & a+b+c & -c \\ c & a+b+c & -a \end{vmatrix}$$

第3列から，第1列を引く

第2列から，$(a+b+c)$ をくくり出す　　第1列と第2列の入れ替え

$$=(a+b+c)\begin{vmatrix} a & 1 & -b \\ b & 1 & -c \\ c & 1 & -a \end{vmatrix} \overset{①'\leftrightarrow②'}{=} -1\cdot(a+b+c)\begin{vmatrix} 1 & a & -b \\ 1 & b & -c \\ 1 & c & -a \end{vmatrix}$$

$$\underset{③-①}{\overset{②-①}{=}} -(a+b+c)\begin{vmatrix} 1 & a & -b \\ 0 & b-a & b-c \\ 0 & c-a & b-a \end{vmatrix}$$

$$=-(a+b+c)\{(b-a)^2-(b-c)(c-a)\}$$

$b^2-2ab+a^2-(bc-ab-c^2+ca)=a^2+b^2+c^2-ab-bc-ca$
$=\frac{1}{2}\{(a^2-2ab+b^2)+(b^2-2bc+c^2)+(c^2-2ca+a^2)\}$

$\therefore |B|=-\frac{1}{2}(a+b+c)\{(a-b)^2+(b-c)^2+(c-a)^2\}$ ……⑤ となる。

⑤を④に代入して，

$-\frac{1}{2}(a+b+c)\{(a-b)^2+(b-c)^2+(c-a)^2\}=0$ より，

$(a+b+c)\{(a-b)^2+(b-c)^2+(c-a)^2\}=0$ ……⑥

よって，行列 $B$ が逆行列 $B^{-1}$ をもたないための $a, b, c$ の条件は，⑥より，
$a+b+c=0$ または $a=b=c$ である。……(答)

実数 $x, y, z$ が
$x^2+y^2+z^2=0$ のとき，
(0以上)(0以上)(0以上)
$x=0$ かつ $y=0$ かつ $z=0$
となる。よって，
$(a-b)^2+(b-c)^2+(c-a)^2=0$
のとき，$a-b=0$ かつ
$b-c=0$ かつ $c-a=0$ より，
$a=b=c$ となる。

# 行列式の計算 (IV)

演習問題 74　CHECK 1　CHECK 2　CHECK 3

次の問いに答えよ。

(1) $A=\begin{bmatrix} 2-\lambda & -1 & 3 \\ 4 & 1-\lambda & -1 \\ -1 & 2 & 3-\lambda \end{bmatrix}$ ($\lambda$：実数) が，逆行列 $A^{-1}$ をもたないとき，

実数 $\lambda$ の値を求めよ。

(2) $B=\begin{bmatrix} -1-\lambda & 2 & 2 \\ 3 & 2-\lambda & 1 \\ -1 & -3 & -2-\lambda \end{bmatrix}$ ($\lambda$：実数) が，逆行列 $B^{-1}$ をもたないとき，

実数 $\lambda$ の値を求めよ。

ヒント！ (1) では，$|A|=0$，(2) では，$|B|=0$ から，$\lambda$ の 3 次方程式を導いて，これを解けばいい。$|A|$ を求める際には，第 2, 3 列を第 1 列にたし，また，$|B|$ を求める際には，第 2, 3 行を第 1 行にたすとうまくいくんだね。頑張ろう！

## 解答＆解説

(1) 行列 $A$ が逆行列 $A^{-1}$ をもたないための条件は，$|A|=0$ ……① である。

よって，行列式 $|A|$ を求めると，

（第 1 列に，第 2 列と第 3 列をたす）

$$|A|=\begin{vmatrix} 2-\lambda & -1 & 3 \\ 4 & 1-\lambda & -1 \\ -1 & 2 & 3-\lambda \end{vmatrix} \overset{①'+②'+③'}{=} \begin{vmatrix} 4-\lambda & -1 & 3 \\ 4-\lambda & 1-\lambda & -1 \\ 4-\lambda & 2 & 3-\lambda \end{vmatrix}$$

（第 1 列から，$(4-\lambda)$ をくくり出す）（第 2 行から，第 1 行を引く）（第 3 行から，第 1 行を引く）

$$=(4-\lambda)\begin{vmatrix} 1 & -1 & 3 \\ 1 & 1-\lambda & -1 \\ 1 & 2 & 3-\lambda \end{vmatrix} \underset{③-①}{\overset{②-①}{=}} (4-\lambda)\begin{vmatrix} 1 & -1 & 3 \\ 0 & 2-\lambda & -4 \\ 0 & 3 & -\lambda \end{vmatrix}$$

$$=(4-\lambda)\{-\lambda(2-\lambda)-(-12)\}$$

$\therefore\ |A|=-(\lambda-4)(\lambda^2-2\lambda+12)$ ……② となる。

②を①に代入して，$-(\lambda-4)(\lambda^2-2\lambda+12)=0$ より，

$(\lambda-4)(\lambda^2-2\lambda+12)=0$

∴求める実数$\lambda$の値は，$\lambda=4$である。……………………………(答)

$\lambda^2-2\lambda+12=0$ の判別式を$D$とおくと，$\frac{D}{4}=(-1)^2-1\times12=-11<0$ より，実数解をもたない。

(2) 行列$B$が逆行列$B^{-1}$をもたないための条件は，$|B|=0$ ……③ である。

よって，行列式$|B|$を求めると，

第1行に，第2行と第3行をたす

$$|B|=\begin{vmatrix}-1-\lambda & 2 & 2\\ 3 & 2-\lambda & 1\\ -1 & -3 & -2-\lambda\end{vmatrix}\overset{①+②+③}{=}\begin{vmatrix}1-\lambda & 1-\lambda & 1-\lambda\\ 3 & 2-\lambda & 1\\ -1 & -3 & -2-\lambda\end{vmatrix}$$

第1行から，$(1-\lambda)$をくくり出す

第2列から，第1列を引く

$$=(1-\lambda)\begin{vmatrix}1 & 1 & 1\\ 3 & 2-\lambda & 1\\ -1 & -3 & -2-\lambda\end{vmatrix}\underset{③'-①'}{\overset{②'-①'}{=}}(1-\lambda)\begin{vmatrix}1 & 0 & 0\\ 3 & -1-\lambda & -2\\ -1 & -2 & -1-\lambda\end{vmatrix}$$

第3列から，第1列を引く

$$=(1-\lambda)\{(-1-\lambda)^2-4\}$$

$(\lambda+1)^2-4=\lambda^2+2\lambda+1-4=\lambda^2+2\lambda-3=(\lambda-1)(\lambda+3)$

∴ $|B|=-(\lambda-1)(\lambda-1)(\lambda+3)=-(\lambda-1)^2(\lambda+3)$ ……④ となる。

④を③に代入して，$-(\lambda-1)^2(\lambda+3)=0$ より，

$(\lambda-1)^2(\lambda+3)=0$

∴求める実数$\lambda$の値は，$\lambda=1$ または$-3$ である。…………………(答)

# 行列式の計算(V)

**演習問題 75** CHECK 1 CHECK 2 CHECK 3

次の問いに答えよ。

(1) $A=\begin{bmatrix}1-\lambda & -1 & 1\\ 3 & -2-\lambda & 0\\ 3 & -4 & 2-\lambda\end{bmatrix}$ ($\lambda$：実数) が，逆行列 $A^{-1}$ をもたないとき，

実数 $\lambda$ の値を求めよ。

(2) $B=\begin{bmatrix}3-\lambda & 4 & -4\\ 3 & 1-\lambda & -2\\ 3 & 0 & -1-\lambda\end{bmatrix}$ ($\lambda$：実数) が，逆行列 $B^{-1}$ をもたないとき，

実数 $\lambda$ の値を求めよ。

**ヒント！** (1) では，$|A|=0$，(2) では，$|B|=0$ から，$\lambda$ の 3 次方程式を作って，これを解けばいいんだね。行列式 $|A|$ や $|B|$ の計算では，行列式の性質をうまく利用して，できるだけ，成分が 0 となる個数を増やせば，計算が楽に，早くなるんだね。頑張ろう！

## 解答＆解説

(1) 行列 $A$ が逆行列 $A^{-1}$ をもたないための条件は，$|A|=0$ ……① である。

よって，行列式 $|A|$ を求めると，

（第 3 行から，第 2 行を引く）

$$|A|=\begin{vmatrix}1-\lambda & -1 & 1\\ 3 & -2-\lambda & 0\\ 3 & -4 & 2-\lambda\end{vmatrix}\overset{③-②}{=}\begin{vmatrix}1-\lambda & -1 & 1\\ 3 & -2-\lambda & 0\\ 0 & -2+\lambda & 2-\lambda\end{vmatrix}$$

（第 3 行から，$(2-\lambda)$ をくくり出す）

$$=\begin{vmatrix}1-\lambda & -1 & 1\\ 3 & -2-\lambda & 0\\ 0 & -(2-\lambda) & 2-\lambda\end{vmatrix}=(2-\lambda)\begin{vmatrix}1-\lambda & -1 & 1\\ 3 & -2-\lambda & 0\\ 0 & -1 & 1\end{vmatrix}$$

（第 2 列に，第 3 列をたす）

$$\overset{②'+③'}{=}(2-\lambda)\begin{vmatrix}1-\lambda & 0 & 1\\ 3 & -2-\lambda & 0\\ 0 & 0 & 1\end{vmatrix}=(2-\lambda)\underline{(1-\lambda)(-2-\lambda)}$$

（サラスの公式から，この値のみが残る！）

$$\therefore\ |A|=-(\lambda-1)(\lambda-2)(\lambda+2)\ \cdots\cdots②$$

②を①に代入して，$-(\lambda-1)(\lambda-2)(\lambda+2)=0$ より，

$(\lambda-1)(\lambda-2)(\lambda+2)=0$

∴ 求める実数 $\lambda$ の値は，$\lambda=1$ または $2$ または $-2$ である。…………(答)

(2) 行列 $B$ が逆行列 $B^{-1}$ をもたないための条件は，$|B|=0$ ……③ である。

よって，行列式 $|B|$ を求めると，

（第3列に，第2列をたす）

$$|B|=\begin{vmatrix}3-\lambda & 4 & -4\\ 3 & 1-\lambda & -2\\ 3 & 0 & -1-\lambda\end{vmatrix}\overset{③'+②'}{=}\begin{vmatrix}3-\lambda & 4 & 0\\ 3 & 1-\lambda & -1-\lambda\\ 3 & 0 & -1-\lambda\end{vmatrix}$$

（第3列から，$-(1+\lambda)$ をくくり出す）（第3行から，第2行を引く）

$$=-(1+\lambda)\begin{vmatrix}3-\lambda & 4 & 0\\ 3 & 1-\lambda & 1\\ 3 & 0 & 1\end{vmatrix}\overset{③-②}{=}-(1+\lambda)\begin{vmatrix}3-\lambda & 4 & 0\\ 3 & 1-\lambda & 1\\ 0 & -1+\lambda & 0\end{vmatrix}$$

$$=-(1+\lambda)\cdot(-1)\cdot(-1+\lambda)(3-\lambda)$$

（サラスの公式から，この値のみが残る！）

∴ $|B|=-(\lambda-1)(\lambda+1)(\lambda-3)$ ……④

④を③に代入して，$-(\lambda-1)(\lambda+1)(\lambda-3)=0$ より，

$(\lambda-1)(\lambda+1)(\lambda-3)=0$

∴ 求める実数 $\lambda$ の値は，$\lambda=1$ または $-1$ または $3$ である。…………(答)

## 掃き出し法による 3 元 1 次方程式の解法

| 演習問題 76 | CHECK 1 | CHECK 2 | CHECK 3 |
|---|---|---|---|

次の 3 元 1 次連立方程式を掃き出し法を使って解け。

(1) $\begin{cases} x - 2y + z = -1 \\ 3x + y - 2z = 6 \\ -x + 3y + 3z = 7 \end{cases}$ ……①     (2) $\begin{cases} -x + y - z = 4 \\ 3x - y + 2z = -4 \\ 2x + 2y + z = 6 \end{cases}$ ……②

**ヒント!** 3元1次連立方程式を行列とベクトルで表すと $Ax = b$ ($A$:係数行列, $x$:未知数の列ベクトル, $b$:定数項の列ベクトル)となる。ここで,拡大係数行列 $A_a = [A \mid b]$ について,$[A \mid b] \xrightarrow{\text{行基本変形}} [E \mid u]$ ($E$:単位行列)と変形すると,$u$ が解の列ベクトルになるんだね。

### 解答 & 解説

(1) ①をまとめて, $\begin{bmatrix} 1 & -2 & 1 \\ 3 & 1 & -2 \\ -1 & 3 & 3 \end{bmatrix} \begin{bmatrix} x \\ y \\ z \end{bmatrix} = \begin{bmatrix} -1 \\ 6 \\ 7 \end{bmatrix}$ ……①′ となる。ここで,

$A = \begin{bmatrix} 1 & -2 & 1 \\ 3 & 1 & -2 \\ -1 & 3 & 3 \end{bmatrix}$, $x = \begin{bmatrix} x \\ y \\ z \end{bmatrix}$, $b = \begin{bmatrix} -1 \\ 6 \\ 7 \end{bmatrix}$ とおく。このとき,

拡大係数行列 $[A \mid b]$ に行基本変形を施して,$[E \mid u]$ とすると,$u$ が①の方程式の解の列ベクトルになる。

$[A \mid b] = \left[\begin{array}{ccc|c} 1 & -2 & 1 & -1 \\ 3 & 1 & -2 & 6 \\ -1 & 3 & 3 & 7 \end{array}\right] \xrightarrow[\text{③}+\text{①}]{\text{②}-3\times\text{①}} \left[\begin{array}{ccc|c} 1 & -2 & 1 & -1 \\ 0 & 7 & -5 & 9 \\ 0 & 1 & 4 & 6 \end{array}\right]$

$\xrightarrow{\text{②} \leftrightarrow \text{③}} \left[\begin{array}{ccc|c} 1 & -2 & 1 & -1 \\ 0 & 1 & 4 & 6 \\ 0 & 7 & -5 & 9 \end{array}\right] \xrightarrow[\text{③}-7\times\text{②}]{\text{①}+2\times\text{②}} \left[\begin{array}{ccc|c} 1 & 0 & 9 & 11 \\ 0 & 1 & 4 & 6 \\ 0 & 0 & -33 & -33 \end{array}\right]$

$\xrightarrow{-\frac{1}{33}\times\text{③}} \left[\begin{array}{ccc|c} 1 & 0 & 9 & 11 \\ 0 & 1 & 4 & 6 \\ 0 & 0 & 1 & 1 \end{array}\right] \xrightarrow[\text{②}-4\times\text{③}]{\text{①}-9\times\text{③}} \left[\begin{array}{ccc|c} 1 & 0 & 0 & 2 \\ 0 & 1 & 0 & 2 \\ 0 & 0 & 1 & 1 \end{array}\right]$

$\underbrace{\phantom{xxxxx}}_{E} \quad \underbrace{\phantom{x}}_{u}$

以上より，求める①の**3元1次連立方程式**の解は，

$$\begin{bmatrix} x \\ y \\ z \end{bmatrix} = \begin{bmatrix} 2 \\ 2 \\ 1 \end{bmatrix}$$ である。‥‥‥‥‥‥‥‥‥‥‥‥‥‥‥‥‥‥‥‥‥‥‥(答)

**(2)** ②をまとめて，$\begin{bmatrix} -1 & 1 & -1 \\ 3 & -1 & 2 \\ 2 & 2 & 1 \end{bmatrix}\begin{bmatrix} x \\ y \\ z \end{bmatrix} = \begin{bmatrix} 4 \\ -4 \\ 6 \end{bmatrix}$ ‥‥‥②′ となる。ここで，

$A = \begin{bmatrix} -1 & 1 & -1 \\ 3 & -1 & 2 \\ 2 & 2 & 1 \end{bmatrix}$, $x = \begin{bmatrix} x \\ y \\ z \end{bmatrix}$, $b = \begin{bmatrix} 4 \\ -4 \\ 6 \end{bmatrix}$ とおく。このとき，

拡大係数行列 $[A\,|\,b]$ に行基本変形を施して，$[E\,|\,u]$ とすると，$u$ が②の方程式の解の列ベクトルになる。

$$[A\,|\,b] = \begin{bmatrix} -1 & 1 & -1 & \Big| & 4 \\ 3 & -1 & 2 & \Big| & -4 \\ 2 & 2 & 1 & \Big| & 6 \end{bmatrix} \xrightarrow{-1\times①} \begin{bmatrix} 1 & -1 & 1 & \Big| & -4 \\ 3 & -1 & 2 & \Big| & -4 \\ 2 & 2 & 1 & \Big| & 6 \end{bmatrix}$$

$$\xrightarrow[③-2\times①]{②-3\times①} \begin{bmatrix} 1 & -1 & 1 & \Big| & -4 \\ 0 & 2 & -1 & \Big| & 8 \\ 0 & 4 & -1 & \Big| & 14 \end{bmatrix} \xrightarrow{\frac{1}{2}\times②} \begin{bmatrix} 1 & -1 & 1 & \Big| & -4 \\ 0 & 1 & -\frac{1}{2} & \Big| & 4 \\ 0 & 4 & -1 & \Big| & 14 \end{bmatrix}$$

$$\xrightarrow[③-4\times②]{①+②} \begin{bmatrix} 1 & 0 & \frac{1}{2} & \Big| & 0 \\ 0 & 1 & -\frac{1}{2} & \Big| & 4 \\ 0 & 0 & 1 & \Big| & -2 \end{bmatrix} \xrightarrow[②+\frac{1}{2}\times③]{①-\frac{1}{2}\times③} \begin{bmatrix} 1 & 0 & 0 & \Big| & 1 \\ 0 & 1 & 0 & \Big| & 3 \\ 0 & 0 & 1 & \Big| & -2 \end{bmatrix}$$

$\underbrace{\phantom{xxxxxxxx}}_{E} \quad \underbrace{\phantom{xx}}_{u}$

以上より，求める②の**3元1次連立方程式**の解は，

$$\begin{bmatrix} x \\ y \\ z \end{bmatrix} = \begin{bmatrix} 1 \\ 3 \\ -2 \end{bmatrix}$$ である。‥‥‥‥‥‥‥‥‥‥‥‥‥‥‥‥‥‥‥‥‥(答)

# 3 次正方行列の逆行列 (I)

**演習問題 77** CHECK 1 CHECK 2 CHECK 3

次の 3 次正方行列が正則であることを示し，その逆行列を掃き出し法により求めよ。

(1) $A=\begin{bmatrix}1&-2&-2\\0&1&2\\-1&0&-1\end{bmatrix}$　　(2) $B=\begin{bmatrix}2&-1&-1\\-1&1&0\\3&0&-1\end{bmatrix}$

**ヒント！** 一般に，行列 $A$ は，$|A|\neq 0$ のとき正則となり，逆行列 $A^{-1}$ をもつ。また，行列 $A$ の逆行列 $A^{-1}$ は，$[A\,|\,E]$ に行基本変形を施して，$[E\,|\,A^{-1}]$ として求めればいい。

## 解答＆解説

(1) まず，行列 $A$ の行列式 $|A|$ を求めると，

$$|A|=\begin{vmatrix}1&-2&-2\\0&1&2\\-1&0&-1\end{vmatrix}\overset{③+①}{=}\begin{vmatrix}1&-2&-2\\0&1&2\\0&-2&-3\end{vmatrix}=-3-(-4)=1\ (\neq 0)$$

よって，$|A|\neq 0$ より，$A$ は正則なので，逆行列 $A^{-1}$ をもつ。…………(終)

この $A^{-1}$ を掃き出し法により求めると，

$$[A\,|\,E]=\left[\begin{array}{ccc|ccc}1&-2&-2&1&0&0\\0&1&2&0&1&0\\-1&0&-1&0&0&1\end{array}\right]$$

$$\xrightarrow{③+①}\left[\begin{array}{ccc|ccc}1&-2&-2&1&0&0\\0&1&2&0&1&0\\0&-2&-3&1&0&1\end{array}\right]\xrightarrow[③+2\times②]{①+2\times②}\left[\begin{array}{ccc|ccc}1&0&2&1&2&0\\0&1&2&0&1&0\\0&0&1&1&2&1\end{array}\right]$$

$$\xrightarrow[②-2\times③]{①-2\times③}\left[\begin{array}{ccc|ccc}1&0&0&-1&-2&-2\\0&1&0&-2&-3&-2\\0&0&1&1&2&1\end{array}\right]=[E\,|\,A^{-1}]$$

$$\therefore A^{-1}=\begin{bmatrix}-1&-2&-2\\-2&-3&-2\\1&2&1\end{bmatrix}$$ である。…………………………………(答)

**(2)** まず，行列 $B$ の行列式 $|B|$ を求めると，

第1行から，$-1$ をくくり出す

$$|B|=\begin{vmatrix}2&-1&-1\\-1&1&0\\3&0&-1\end{vmatrix}\overset{①\leftrightarrow②}{=}-\begin{vmatrix}-1&1&0\\2&-1&-1\\3&0&-1\end{vmatrix}=\underbrace{(-1)^2}_{1}\begin{vmatrix}1&-1&0\\2&-1&-1\\3&0&-1\end{vmatrix}$$

$$\underset{③-3\times①}{\overset{②-2\times①}{=}}\begin{vmatrix}1&-1&0\\0&1&-1\\0&3&-1\end{vmatrix}=-1-(-3)=2\ (\neq 0)$$

よって，$|B|\neq 0$ より，$B$ は正則なので，逆行列 $B^{-1}$ をもつ。…………(終)

この $B^{-1}$ を掃き出し法により求めると，

$$[B\,|\,E]=\left[\begin{array}{ccc|ccc}2&-1&-1&1&0&0\\-1&1&0&0&1&0\\3&0&-1&0&0&1\end{array}\right]$$

$$\xrightarrow{①\leftrightarrow②}\left[\begin{array}{ccc|ccc}-1&1&0&0&1&0\\2&-1&-1&1&0&0\\3&0&-1&0&0&1\end{array}\right]\xrightarrow{-1\times①}\left[\begin{array}{ccc|ccc}1&-1&0&0&-1&0\\2&-1&-1&1&0&0\\3&0&-1&0&0&1\end{array}\right]$$

$$\underset{③-3\times①}{\xrightarrow{②-2\times①}}\left[\begin{array}{ccc|ccc}1&-1&0&0&-1&0\\0&1&-1&1&2&0\\0&3&-1&0&3&1\end{array}\right]\underset{③-3\times②}{\xrightarrow{①+②}}\left[\begin{array}{ccc|ccc}1&0&-1&1&1&0\\0&1&-1&1&2&0\\0&0&2&-3&-3&1\end{array}\right]$$

$$\xrightarrow{\frac{1}{2}\times③}\left[\begin{array}{ccc|ccc}1&0&-1&1&1&0\\0&1&-1&1&2&0\\0&0&1&-\frac{3}{2}&-\frac{3}{2}&\frac{1}{2}\end{array}\right]$$

$$\underset{②+③}{\xrightarrow{①+③}}\left[\begin{array}{ccc|ccc}1&0&0&-\frac{1}{2}&-\frac{1}{2}&\frac{1}{2}\\0&1&0&-\frac{1}{2}&\frac{1}{2}&\frac{1}{2}\\0&0&1&-\frac{3}{2}&-\frac{3}{2}&\frac{1}{2}\end{array}\right]=[E\,|\,B^{-1}]$$

$$\therefore B^{-1}=\frac{1}{2}\begin{bmatrix}-1&-1&1\\-1&1&1\\-3&-3&1\end{bmatrix}$$ である。……………………………………(答)

# 3次正方行列の逆行列(Ⅱ)

**演習問題 78** CHECK 1 CHECK 2 CHECK 3

行列 $A = \begin{bmatrix} -1 & 0 & a \\ 4 & 1 & 0 \\ a & 1 & 1 \end{bmatrix}$ ($a$：実数定数)の行列式 $|A| = 2$ である。

このとき，次の問いに答えよ。

(1) 定数 $a$ の値を求めよ。

(2) 行列 $A$ の逆行列 $A^{-1}$ を求めよ。

**ヒント！** (1) $|A| = 2$ より，$a$ の2次方程式が導けるので，これを解いて $a$ の値を求めよう。(2) では，2つの $a$ の値それぞれについて，掃き出し法を用いて，$A$ の逆行列 $A^{-1}$ を求めればいいんだね。計算は少し複雑だけれど，頑張ろう！

## 解答＆解説

(1) 行列 $A$ の行列式 $|A| = 2$ より，$a$ の値を求めると，

$$|A| = \begin{vmatrix} -1 & 0 & a \\ 4 & 1 & 0 \\ a & 1 & 1 \end{vmatrix} = -1 + 4a - a^2 = 2 \quad \text{より，}$$

サラスの公式

$$a^2 - 4a + 3 = 0 \qquad (a-1)(a-3) = 0 \qquad \therefore a = 1 \text{ または } 3 \quad \cdots\cdots\cdots\cdots\text{(答)}$$

(2) (i) $a = 1$ のとき，$A = \begin{bmatrix} -1 & 0 & 1 \\ 4 & 1 & 0 \\ 1 & 1 & 1 \end{bmatrix}$ の逆行列 $A^{-1}$ を掃き出し法により求めると，

$$[A \mid E] = \left[\begin{array}{ccc|ccc} -1 & 0 & 1 & 1 & 0 & 0 \\ 4 & 1 & 0 & 0 & 1 & 0 \\ 1 & 1 & 1 & 0 & 0 & 1 \end{array}\right]$$

$$\xrightarrow{-1\times①} \left[\begin{array}{ccc|ccc} 1 & 0 & -1 & -1 & 0 & 0 \\ 4 & 1 & 0 & 0 & 1 & 0 \\ 1 & 1 & 1 & 0 & 0 & 1 \end{array}\right] \xrightarrow[③-①]{②-4\times①} \left[\begin{array}{ccc|ccc} 1 & 0 & -1 & -1 & 0 & 0 \\ 0 & 1 & 4 & 4 & 1 & 0 \\ 0 & 1 & 2 & 1 & 0 & 1 \end{array}\right]$$

$$\xrightarrow{③-②} \left[\begin{array}{ccc|ccc} 1 & 0 & -1 & -1 & 0 & 0 \\ 0 & 1 & 4 & 4 & 1 & 0 \\ 0 & 0 & -2 & -3 & -1 & 1 \end{array}\right]$$

$$\xrightarrow{-\frac{1}{2}\times③}\left[\begin{array}{ccc|ccc}1&0&-1&-1&0&0\\0&1&4&4&1&0\\0&0&1&\frac{3}{2}&\frac{1}{2}&-\frac{1}{2}\end{array}\right]$$

$$\xrightarrow[②-4\times③]{①+③}\left[\begin{array}{ccc|ccc}1&0&0&\frac{1}{2}&\frac{1}{2}&-\frac{1}{2}\\0&1&0&-2&-1&2\\0&0&1&\frac{3}{2}&\frac{1}{2}&-\frac{1}{2}\end{array}\right]=[E\,|\,A^{-1}]$$

$\therefore A^{-1}=\frac{1}{2}\begin{bmatrix}1&1&-1\\-4&-2&4\\3&1&-1\end{bmatrix}$ である。……………………………………(答)

(ii) $a=3$ のとき，$A=\begin{bmatrix}-1&0&3\\4&1&0\\3&1&1\end{bmatrix}$ の逆行列 $A^{-1}$ を掃き出し法により求めると，

$$[A\,|\,E]=\left[\begin{array}{ccc|ccc}-1&0&3&1&0&0\\4&1&0&0&1&0\\3&1&1&0&0&1\end{array}\right]$$

$$\xrightarrow{-1\times①}\left[\begin{array}{ccc|ccc}1&0&-3&-1&0&0\\4&1&0&0&1&0\\3&1&1&0&0&1\end{array}\right]\xrightarrow[③-3\times①]{②-4\times①}\left[\begin{array}{ccc|ccc}1&0&-3&-1&0&0\\0&1&12&4&1&0\\0&1&10&3&0&1\end{array}\right]$$

$$\xrightarrow{③-②}\left[\begin{array}{ccc|ccc}1&0&-3&-1&0&0\\0&1&12&4&1&0\\0&0&-2&-1&-1&1\end{array}\right]\xrightarrow{-\frac{1}{2}\times③}\left[\begin{array}{ccc|ccc}1&0&-3&-1&0&0\\0&1&12&4&1&0\\0&0&1&\frac{1}{2}&\frac{1}{2}&-\frac{1}{2}\end{array}\right]$$

$$\xrightarrow[②-12\times③]{①+3\times③}\left[\begin{array}{ccc|ccc}1&0&0&\frac{1}{2}&\frac{3}{2}&-\frac{3}{2}\\0&1&0&-2&-5&6\\0&0&1&\frac{1}{2}&\frac{1}{2}&-\frac{1}{2}\end{array}\right]=[E\,|\,A^{-1}]$$

$\therefore A^{-1}=\frac{1}{2}\begin{bmatrix}1&3&-3\\-4&-10&12\\1&1&-1\end{bmatrix}$ である。……………………………………(答)

# 同次3元1次連立方程式

## 演習問題 79　CHECK 1　CHECK 2　CHECK 3

次の連立方程式を解け。

(1) $\begin{cases} 2x+y+4z=0 \\ x-3y+2z=0 \\ 4x+y-z=0 \end{cases}$ ……①　　(2) $\begin{cases} 3x+2y+2z=0 \\ 6x+6y+3z=0 \\ -3x-4y-z=0 \end{cases}$ ……②

(3) $\begin{cases} 2x+2y-z=0 \\ 4x+4y-2z=0 \\ -6x-6y+3z=0 \end{cases}$ ……③

**ヒント！** いずれも同次3元1次連立方程式なので，$A\boldsymbol{x}=\boldsymbol{0}$ の形になる。(1) では，$|A|\neq 0$ で，$A^{-1}$ が存在するので，自明な解をもつことになる。(2), (3) については，行列 $A$ に行基本変形を行って，階段行列を作って解いていけばいいんだね。

## 解答＆解説

(1) $A=\begin{bmatrix} 2 & 1 & 4 \\ 1 & -3 & 2 \\ 4 & 1 & -1 \end{bmatrix}$，$\boldsymbol{x}=\begin{bmatrix} x \\ y \\ z \end{bmatrix}$，$\boldsymbol{0}=\begin{bmatrix} 0 \\ 0 \\ 0 \end{bmatrix}$ とおくと，①の方程式は，

$A\boldsymbol{x}=\boldsymbol{0}$ ……①′ と表せる。

ここで，$A$ の行列式 $|A|$ を計算すると，

$$|A|=\begin{vmatrix} 2 & 1 & 4 \\ 1 & -3 & 2 \\ 4 & 1 & -1 \end{vmatrix}=-\begin{vmatrix} 1 & -3 & 2 \\ 2 & 1 & 4 \\ 4 & 1 & -1 \end{vmatrix} \underset{③-4\times①}{\overset{②-2\times①}{=}} -\begin{vmatrix} 1 & -3 & 2 \\ 0 & 7 & 0 \\ 0 & 13 & -9 \end{vmatrix}=-(-63)=63$$

よって，$|A|\neq 0$ より，$A$ は逆行列 $A^{-1}$ をもつ。

この $A^{-1}$ を，①′の両辺に左からかけると，

$\underbrace{A^{-1}A}_{E}\boldsymbol{x}=\underbrace{A^{-1}\boldsymbol{0}}_{\boldsymbol{0}}$　　よって，$\boldsymbol{x}=\boldsymbol{0}$ となる。

∴①の解は，$\begin{bmatrix} x \\ y \\ z \end{bmatrix}=\begin{bmatrix} 0 \\ 0 \\ 0 \end{bmatrix}$ (自明な解) である。……………………………(答)

(2) $A=\begin{bmatrix} 3 & 2 & 2 \\ 6 & 6 & 3 \\ -3 & -4 & -1 \end{bmatrix}$，$\boldsymbol{x}=\begin{bmatrix} x \\ y \\ z \end{bmatrix}$，$\boldsymbol{0}=\begin{bmatrix} 0 \\ 0 \\ 0 \end{bmatrix}$ とおくと，②の方程式は，

$A\boldsymbol{x} = \boldsymbol{0}$ ……②′ と表せる。ここで，$A$ に行基本変形を行うと，

$$A = \begin{bmatrix} 3 & 2 & 2 \\ 6 & 6 & 3 \\ -3 & -4 & -1 \end{bmatrix} \xrightarrow[③+①]{②-2\times①} \begin{bmatrix} 3 & 2 & 2 \\ 0 & 2 & -1 \\ 0 & -2 & 1 \end{bmatrix} \xrightarrow{③+②} \begin{bmatrix} 3 & 2 & 2 \\ 0 & 2 & -1 \\ 0 & 0 & 0 \end{bmatrix} \Big\} r = 2$$ より，

(階段行列)

$rank\,A = 2$ である。よって，②′は変形すると，

$$\begin{bmatrix} 3 & 2 & 2 \\ 0 & 2 & -1 \\ 0 & 0 & 0 \end{bmatrix}\begin{bmatrix} x \\ y \\ z \end{bmatrix} = \begin{bmatrix} 3x+2y+2z \\ 2y-z \\ 0 \end{bmatrix} = \begin{bmatrix} 0 \\ 0 \\ 0 \end{bmatrix}$$ となるので，

実質的に2つの方程式 $3x+2y+2z = 0$ ……㋐　$2y-z = 0$ ……㋑

となる。ここで，自由度 $f = 3 - 2 = 1$ より，　$y = k$ (任意定数) と

(未知数の数)(ランク)(任意定数の数)　(1個のみ)

おくと，㋑より，$z = 2k$　㋐より，$3x+2k+4k = 0$ より，$x = -2k$

∴②の解は，$\begin{bmatrix} x \\ y \\ z \end{bmatrix} = \begin{bmatrix} -2k \\ k \\ 2k \end{bmatrix}$ ($k$：任意定数) である。 ……………………(答)

(3) $A = \begin{bmatrix} 2 & 2 & -1 \\ 4 & 4 & -2 \\ -6 & -6 & 3 \end{bmatrix}$，$\boldsymbol{x} = \begin{bmatrix} x \\ y \\ z \end{bmatrix}$，$\boldsymbol{0} = \begin{bmatrix} 0 \\ 0 \\ 0 \end{bmatrix}$ とおくと，③の方程式は，

$A\boldsymbol{x} = \boldsymbol{0}$ ……③′ と表せる。ここで，$A$ に行基本変形を行うと，

$$A = \begin{bmatrix} 2 & 2 & -1 \\ 4 & 4 & -2 \\ -6 & -6 & 3 \end{bmatrix} \xrightarrow[③+3\times①]{②-2\times①} \begin{bmatrix} 2 & 2 & -1 \\ 0 & 0 & 0 \\ 0 & 0 & 0 \end{bmatrix} \Big\} r = 1$$ より，$rank\,A = 1$ よって③′は，

$$\begin{bmatrix} 2 & 2 & -1 \\ 0 & 0 & 0 \\ 0 & 0 & 0 \end{bmatrix}\begin{bmatrix} x \\ y \\ z \end{bmatrix} = \begin{bmatrix} 0 \\ 0 \\ 0 \end{bmatrix}$$ より，$2x+2y-z = 0$ ……㋐ となる。ここで，

自由度 $f = 3 - 1 = 2$ より，2つの任意定数 $k, l$ を用いて，$x = k$，$y = l$ とおくと，

㋐より，$z = 2k+2l$ となる。

∴③の解は，$\begin{bmatrix} x \\ y \\ z \end{bmatrix} = \begin{bmatrix} k \\ l \\ 2k+2l \end{bmatrix}$ ($k, l$：任意定数) である。 ……………(答)

# 非同次3元1次連立方程式(I)

演習問題 80　CHECK 1　CHECK 2　CHECK 3

次の連立方程式を解け。

(1) $\begin{cases} 2x + y - z = 2 \\ -x + 2y + 2z = 1 \\ x + 3y + 4z = -3 \end{cases}$ ……①　(2) $\begin{cases} x + 5y + 3z = 4 \\ 2x + y - 2z = 1 \\ -2x + 2y + 3z = -2 \end{cases}$ ……②

ヒント！ いずれも，非同次3元1次連立方程式なので，$\boldsymbol{A x} = \boldsymbol{b}$ の形で表せる。よって，拡大係数行列 $[A \mid \boldsymbol{b}]$ に行基本変形を行って，階段行列を作って解いていこう。

## 解答&解説

(1) $A = \begin{bmatrix} 2 & 1 & -1 \\ -1 & 2 & 2 \\ 1 & 3 & 4 \end{bmatrix}$, $\boldsymbol{x} = \begin{bmatrix} x \\ y \\ z \end{bmatrix}$, $\boldsymbol{b} = \begin{bmatrix} 2 \\ 1 \\ -3 \end{bmatrix}$ とおくと，①の方程式は，

$\boldsymbol{A x} = \boldsymbol{b}$ ……①′ と表せる。

ここで，拡大係数行列 $A_a = [A \mid \boldsymbol{b}]$ に行基本変形を行うと，

$$[A \mid \boldsymbol{b}] = \left[\begin{array}{ccc|c} 2 & 1 & -1 & 2 \\ -1 & 2 & 2 & 1 \\ 1 & 3 & 4 & -3 \end{array}\right] \xrightarrow{①\leftrightarrow③} \left[\begin{array}{ccc|c} 1 & 3 & 4 & -3 \\ -1 & 2 & 2 & 1 \\ 2 & 1 & -1 & 2 \end{array}\right]$$

$$\xrightarrow[③-2\times①]{②+①} \left[\begin{array}{ccc|c} 1 & 3 & 4 & -3 \\ 0 & 5 & 6 & -2 \\ 0 & -5 & -9 & 8 \end{array}\right] \xrightarrow{③+②} \left[\begin{array}{ccc|c} 1 & 3 & 4 & -3 \\ 0 & 5 & 6 & -2 \\ 0 & 0 & -3 & 6 \end{array}\right]$$

$$\xrightarrow{-\frac{1}{3}\times③} \left[\begin{array}{ccc|c} 1 & 3 & 4 & -3 \\ 0 & 5 & 6 & -2 \\ 0 & 0 & 1 & -2 \end{array}\right] \Big\} r = 3 \ [= rank\,A = rank\,A_a]$$

$r = 3$ より，
自由度 $f = 3 - 3 = 0$
ということは，任意定数は不要で，解が一意に定まるということだ。

よって，①′は，

$\begin{bmatrix} 1 & 3 & 4 \\ 0 & 5 & 6 \\ 0 & 0 & 1 \end{bmatrix}\begin{bmatrix} x \\ y \\ z \end{bmatrix} = \begin{bmatrix} -3 \\ -2 \\ -2 \end{bmatrix}$ となる。これから，

㋒を㋑に代入して，
$5y - 12 = -2 \quad y = 2$
よって，㋐は，$x + 6 - 8 = -3$
$\therefore x = -1$

$x + 3y + 4z = -3$ ……㋐　$5y + 6z = -2$ ……㋑　$z = -2$ ……㋒

㋐，㋑，㋒より，$x = -1$，$y = 2$，$z = -2$

$\therefore$ ①の解は，$\begin{bmatrix} x \\ y \\ z \end{bmatrix} = \begin{bmatrix} -1 \\ 2 \\ -2 \end{bmatrix}$ である。……………………(答)

**(2)** $A=\begin{bmatrix}1&5&3\\2&1&-2\\-2&2&3\end{bmatrix}$, $\boldsymbol{x}=\begin{bmatrix}x\\y\\z\end{bmatrix}$, $\boldsymbol{b}=\begin{bmatrix}4\\1\\-2\end{bmatrix}$ とおくと，②の方程式は，

$A\boldsymbol{x}=\boldsymbol{b}$ ……②′ と表せる。

ここで，拡大係数行列 $A_a=[A\,|\,\boldsymbol{b}]$ に行基本変形を行うと，

$$[A\,|\,\boldsymbol{b}]=\left[\begin{array}{ccc|c}1&5&3&4\\2&1&-2&1\\-2&2&3&-2\end{array}\right]\xrightarrow[②+2\times①]{②-2\times①}\left[\begin{array}{ccc|c}1&5&3&4\\0&-9&-8&-7\\0&12&9&6\end{array}\right]$$

$$\xrightarrow[\frac{1}{3}\times③]{-1\times②}\left[\begin{array}{ccc|c}1&5&3&4\\0&9&8&7\\0&4&3&2\end{array}\right]\xrightarrow{②\leftrightarrow③}\left[\begin{array}{ccc|c}1&5&3&4\\0&4&3&2\\0&9&8&7\end{array}\right]$$

$$\xrightarrow{③-\frac{9}{4}\times②}\left[\begin{array}{ccc|c}1&5&3&4\\0&4&3&2\\0&0&\frac{5}{4}&\frac{5}{2}\end{array}\right]\xrightarrow{\frac{4}{5}\times③}\left.\left[\begin{array}{ccc|c}1&5&3&4\\0&4&3&2\\0&0&1&2\end{array}\right]\right\}r=3\ \begin{bmatrix}=rank\,A\\=rank\,A_a\end{bmatrix}$$

$8-\frac{9}{4}\times3=\frac{32-27}{4}$　　$7-\frac{9}{4}\times2=\frac{28-18}{4}$

よって，②′を変形すると，

$\begin{bmatrix}1&5&3\\0&4&3\\0&0&1\end{bmatrix}\begin{bmatrix}x\\y\\z\end{bmatrix}=\begin{bmatrix}4\\2\\2\end{bmatrix}$ となる。これから，

$x+5y+3z=4$ ……㋐　$4y+3z=2$ ……㋑　$z=2$ ……㋒

㋒を㋑に代入して，$4y+6=2$　　$y=-1$ ……㋓

㋒と㋓を㋐に代入して，$x-5+6=4$　　$\therefore\ x=3$

$\therefore$ ②の解は，$\begin{bmatrix}x\\y\\z\end{bmatrix}=\begin{bmatrix}3\\-1\\2\end{bmatrix}$ である。………………………………(答)

## 非同次3元1次連立方程式(Ⅱ)

**演習問題 81** CHECK 1 CHECK 2 CHECK 3

次の連立方程式を解け。

(1) $\begin{cases} 2x-3y+2z=4 \\ 4x-5y+2z=10 \\ -6x+8y-4z=-14 \end{cases}$ ……①　(2) $\begin{cases} x+2y-3z=4 \\ 3x+7y-5z=14 \\ -2x-5y+2z=2 \end{cases}$ ……②

ヒント！ いずれも，非同次3元1次連立方程式なので，$A\boldsymbol{x}=\boldsymbol{b}$ の形で表せる。拡大係数行列 $A_a=[A|\boldsymbol{b}]$ を，行基本変形により階段行列に変形して，$rank\,A_a$ と $rank\,A$ を調べる。(2) では，$rank\,A<rank\,A_a$ となるので，矛盾が生じることが分かるはずだ。

### 解答&解説

(1) $A=\begin{bmatrix} 2 & -3 & 2 \\ 4 & -5 & 2 \\ -6 & 8 & -4 \end{bmatrix}$，$\boldsymbol{x}=\begin{bmatrix} x \\ y \\ z \end{bmatrix}$，$\boldsymbol{b}=\begin{bmatrix} 4 \\ 10 \\ -14 \end{bmatrix}$ とおくと，①の方程式は，

$A\boldsymbol{x}=\boldsymbol{b}$ ……①′ と表せる。

ここで，拡大係数行列 $A_a=[A|\boldsymbol{b}]$ に行基本変形を使って変形すると，

$$[A|\boldsymbol{b}]=\left[\begin{array}{ccc|c} 2 & -3 & 2 & 4 \\ 4 & -5 & 2 & 10 \\ -6 & 8 & -4 & -14 \end{array}\right] \xrightarrow[③+3\times①]{②-2\times①} \left[\begin{array}{ccc|c} 2 & -3 & 2 & 4 \\ 0 & 1 & -2 & 2 \\ 0 & -1 & 2 & -2 \end{array}\right]$$

$$\xrightarrow{③+②} \left[\begin{array}{ccc|c} 2 & -3 & 2 & 4 \\ 0 & 1 & -2 & 2 \\ 0 & 0 & 0 & 0 \end{array}\right] \Big\} r=2 \ [=rank\,A=rank\,A_a]$$

よって，$rank\,A=rank\,A_a=2$ である。これから，①′を変形すると，

$\begin{bmatrix} 2 & -3 & 2 \\ 0 & 1 & -2 \\ 0 & 0 & 0 \end{bmatrix}\begin{bmatrix} x \\ y \\ z \end{bmatrix}=\begin{bmatrix} 4 \\ 2 \\ 0 \end{bmatrix}$ となるので，これは本質的に次の2つの方程式：

$2x-3y+2z=4$ ……㋐，　$y-2z=2$ ……㋒ である。

ここで，自由度 $f=3-2=1$ より，1つの任意定数 $k$ を用いて，$z=k$ とおくと，㋒より，$y=2k+2$　㋐より，$2x-3(2k+2)+2k=4$

$2x=4k+10$　$\therefore x=2k+5$ となる。

∴①の解は，$\begin{bmatrix} x \\ y \\ z \end{bmatrix} = \begin{bmatrix} 2k+5 \\ 2k+2 \\ k \end{bmatrix}$ ($k$：任意定数) である。……………………(答)

(2) $A = \begin{bmatrix} 1 & 2 & -3 \\ 3 & 7 & -5 \\ -2 & -5 & 2 \end{bmatrix}$，$\boldsymbol{x} = \begin{bmatrix} x \\ y \\ z \end{bmatrix}$，$\boldsymbol{b} = \begin{bmatrix} 4 \\ 14 \\ 2 \end{bmatrix}$ とおくと，②の方程式は，

$A\boldsymbol{x} = \boldsymbol{b}$ ……②′ と表せる。

ここで，拡大係数行列 $A_a = [A \mid \boldsymbol{b}]$ に行基本変形を使って変形すると，

$$[A \mid \boldsymbol{b}] = \left[\begin{array}{ccc|c} 1 & 2 & -3 & 4 \\ 3 & 7 & -5 & 14 \\ -2 & -5 & 2 & 2 \end{array}\right] \xrightarrow[③+2\times①]{②-3\times①} \left[\begin{array}{ccc|c} 1 & 2 & -3 & 4 \\ 0 & 1 & 4 & 2 \\ 0 & -1 & -4 & 10 \end{array}\right]$$

$$\xrightarrow{③+②} \underset{\text{rank}\,A}{r=2} \left\{ \left[\begin{array}{ccc|c} 1 & 2 & -3 & 4 \\ 0 & 1 & 4 & 2 \\ 0 & 0 & 0 & 12 \end{array}\right] \right\} \underset{\text{rank}\,A_a}{r=3}$$

よって，$rank\,A = 2$，$rank\,A_a = 3$ より，$rank\,A < rank\,A_a$ であり，

②′を変形すると，

$\begin{bmatrix} 1 & 2 & -3 \\ 0 & 1 & 4 \\ 0 & 0 & 0 \end{bmatrix} \begin{bmatrix} x \\ y \\ z \end{bmatrix} = \begin{bmatrix} 4 \\ 2 \\ 12 \end{bmatrix}$ となる。これは，

矛盾！

$x+2y-3z=4$ ……㋐　$y+4z=2$ ……㋑　$0=12$ ……㋒ となって，

㋒は明らかに矛盾である。

∴②の解は存在しない。………………………………………………(答)

## 非同次3元1次連立方程式(Ⅲ)

演習問題 82　CHECK 1　CHECK 2　CHECK 3

次の連立方程式を解け。

(1) $\begin{cases} x+2y-2z=4 \\ 2x+4y-4z=8 \\ -3x-6y+6z=-12 \end{cases}$ ……①　(2) $\begin{cases} 2x-3y+2z=-6 \\ -2x+3y-2z=6 \\ 6x-9y+6z=-18 \end{cases}$ ……②

(3) $\begin{cases} 4x-y+3z=2 \\ 8x-2y+6z=9 \\ -4x+y-3z=-2 \end{cases}$ ……③

ヒント！ いずれも，非同次3元1次連立方程式なので，$A\boldsymbol{x}=\boldsymbol{b}$ の形で表せる。よって，$A_a=[A\,|\,\boldsymbol{b}]$ を行基本変形により変形して，階段行列を作って解いていこう。

### 解答＆解説

(1) $A=\begin{bmatrix} 1 & 2 & -2 \\ 2 & 4 & -4 \\ -3 & -6 & 6 \end{bmatrix}$，$\boldsymbol{x}=\begin{bmatrix} x \\ y \\ z \end{bmatrix}$，$\boldsymbol{b}=\begin{bmatrix} 4 \\ 8 \\ -12 \end{bmatrix}$ とおくと，①の方程式は，

$A\boldsymbol{x}=\boldsymbol{b}$ ……①′ と表せる。ここで，$A_a=[A\,|\,\boldsymbol{b}]$ に行基本変形を施すと，

$$[A\,|\,\boldsymbol{b}]=\left[\begin{array}{ccc|c} 1 & 2 & -2 & 4 \\ 2 & 4 & -4 & 8 \\ -3 & -6 & 6 & -12 \end{array}\right] \xrightarrow[③+3\times①]{②-2\times①} \left[\begin{array}{ccc|c} 1 & 2 & -2 & 4 \\ 0 & 0 & 0 & 0 \\ 0 & 0 & 0 & 0 \end{array}\right]\Big\} r=1$$ となる。

($rank\,A=rank\,A_a$)

よって，自由度 $f=3-1=2$ であり，①′は，　→ 2つの任意定数がいる。

$\begin{bmatrix} 1 & 2 & -2 \\ 0 & 0 & 0 \\ 0 & 0 & 0 \end{bmatrix}\begin{bmatrix} x \\ y \\ z \end{bmatrix}=\begin{bmatrix} 4 \\ 0 \\ 0 \end{bmatrix}$ より，本質的に1つの方程式：$x+2y-2z=4$ …㋐

である。ここで，$y=k$，$z=l$ ($k$, $l$：任意定数) とおくと，

㋐より，$x+2k-2l=4$　$\therefore x=4-2k+2l$

$\therefore$ ①の解は，$\begin{bmatrix} x \\ y \\ z \end{bmatrix}=\begin{bmatrix} 4-2k+2l \\ k \\ l \end{bmatrix}$ ($k$, $l$：任意定数) である。…………(答)

(2) $A=\begin{bmatrix} 2 & -3 & 2 \\ -2 & 3 & -2 \\ 6 & -9 & 6 \end{bmatrix}$，$\boldsymbol{x}=\begin{bmatrix} x \\ y \\ z \end{bmatrix}$，$\boldsymbol{b}=\begin{bmatrix} -6 \\ 6 \\ -18 \end{bmatrix}$ とおくと，②の方程式は，

$A\boldsymbol{x}=\boldsymbol{b}$ ……②′ と表せる。ここで，$A_a=[A\,|\,\boldsymbol{b}]$ に行基本変形を施すと，

$$[A\,|\,\boldsymbol{b}]=\left[\begin{array}{ccc|c}2&-3&2&-6\\-2&3&-2&6\\6&-9&6&-18\end{array}\right]\xrightarrow[③-3\times①]{②+①}\left[\begin{array}{ccc|c}2&-3&2&-6\\0&0&0&0\\0&0&0&0\end{array}\right]\}\,r=1$$ となる。

$rank\,A=rank\,A_a$

よって，自由度 $f=3-1=2$ であり，②′は，

$$\begin{bmatrix}2&-3&2\\0&0&0\\0&0&0\end{bmatrix}\begin{bmatrix}x\\y\\z\end{bmatrix}=\begin{bmatrix}-6\\0\\0\end{bmatrix}$$ より，本質的に1つの方程式：$2x-3y+2z=-6$ …㋐

である。ここで，$y=2k$，$z=l$ ($k$，$l$：任意定数) とおくと，

㋐より，$2x-6k+2l=-6$　　$\therefore\ x=3k-l-3$

$\therefore$ ②の解は，$\begin{bmatrix}x\\y\\z\end{bmatrix}=\begin{bmatrix}3k-l-3\\2k\\l\end{bmatrix}$ ($k$，$l$：任意定数) である。…………(答)

(3) $A=\begin{bmatrix}4&-1&3\\8&-2&6\\-4&1&-3\end{bmatrix}$，$\boldsymbol{x}=\begin{bmatrix}x\\y\\z\end{bmatrix}$，$\boldsymbol{b}=\begin{bmatrix}2\\9\\-2\end{bmatrix}$ とおくと，③の方程式は，

$A\boldsymbol{x}=\boldsymbol{b}$ ……③′ と表せる。ここで，$A_a=[A\,|\,\boldsymbol{b}]$ に行基本変形を施すと，

$$[A\,|\,\boldsymbol{b}]=\left[\begin{array}{ccc|c}4&-1&3&2\\8&-2&6&9\\-4&1&-3&-2\end{array}\right]\xrightarrow[③+①]{②-2\times①}\left[\begin{array}{ccc|c}4&-1&3&2\\0&0&0&5\\0&0&0&0\end{array}\right]$$

$r=1$ ($rank\,A$)，$r=2$ ($rank\,A_a$)

よって，$rank\,A=1$，$rank\,A_a=2$ より，$rank\,A<rank\,A_a$ であり，

③′を変形すると，

$$\begin{bmatrix}4&-1&3\\0&0&0\\0&0&0\end{bmatrix}\begin{bmatrix}x\\y\\z\end{bmatrix}=\begin{bmatrix}2\\5\\0\end{bmatrix}$$ となるので，これは本質的に次の2の方程式：

$4x-y+3z=2$ ……㋐　$0=5$ ……㋑ (矛盾) であり，㋑は明らかに矛盾である。

$\therefore$ ③の解は存在しない。……………………………………………(答)

# 実 3 次正方行列の対角化 (Ⅰ)

**演習問題 83** CHECK 1 CHECK 2 CHECK 3

行列 $A = \begin{bmatrix} 4 & 0 & 1 \\ 0 & 2 & 0 \\ 1 & 0 & 4 \end{bmatrix}$ について，次の各問いに答えよ。

(1) $A$ の 3 つの固有値 $\lambda_1$, $\lambda_2$, $\lambda_3$ $(\lambda_1 < \lambda_2 < \lambda_3)$ を求めよ。

(2) $\lambda_1$, $\lambda_2$, $\lambda_3$ にそれぞれ対応する固有ベクトル $\boldsymbol{x}_1$, $\boldsymbol{x}_2$, $\boldsymbol{x}_3$ を定めて，変換行列 $P$ とその逆行列 $P^{-1}$ を求めよ。

(3) $P^{-1}AP$ より，行列 $A$ を対角化せよ。

**ヒント！** (1) $T = A - \lambda E$ は，逆行列をもたないので，$|T| = 0$ となる。これから，$\lambda$ の 3 次方程式を導いて，固有値 $\lambda_1$, $\lambda_2$, $\lambda_3$ を求めよう。(1) $A\boldsymbol{x}_k = \lambda_k \boldsymbol{x}_k$ $(k = 1, 2, 3)$ から固有ベクトル $\boldsymbol{x}_1$, $\boldsymbol{x}_2$, $\boldsymbol{x}_3$ を求める。ただし，これら固有ベクトルは一意には定まらないので，条件をみたすように自分で適当に決定すればいいんだね。これから，変換行列 $P$ は $P = [\boldsymbol{x}_1\ \boldsymbol{x}_2\ \boldsymbol{x}_3]$ で求まる。$P^{-1}$ は，掃き出し法により求める。(3) では，実際に $P^{-1}AP$ を計算することにより，対角行列が得られることが分かるはずだ。頑張ろう！

## 解答＆解説

(1) 行列 $A$ の固有値を $\lambda$，固有ベクトルを $\boldsymbol{x}$ $(\neq \boldsymbol{0})$ とおくと，

$A\boldsymbol{x} = \lambda\boldsymbol{x}$ ……① より，　$(\underbrace{A - \lambda E}_{T\text{とおく}})\boldsymbol{x} = \boldsymbol{0}$ ……①′ となる。

ここで，$T = A - \lambda E = \begin{bmatrix} 4 & 0 & 1 \\ 0 & 2 & 0 \\ 1 & 0 & 4 \end{bmatrix} - \lambda \begin{bmatrix} 1 & 0 & 0 \\ 0 & 1 & 0 \\ 0 & 0 & 1 \end{bmatrix} = \begin{bmatrix} 4-\lambda & 0 & 1 \\ 0 & 2-\lambda & 0 \\ 1 & 0 & 4-\lambda \end{bmatrix}$ …②

とおくと，②より，$T\boldsymbol{x} = \boldsymbol{0}$ ……①′ は，

$\begin{bmatrix} 4-\lambda & 0 & 1 \\ 0 & 2-\lambda & 0 \\ 1 & 0 & 4-\lambda \end{bmatrix} \begin{bmatrix} x \\ y \\ z \end{bmatrix} = \begin{bmatrix} 0 \\ 0 \\ 0 \end{bmatrix}$ …①″ となる。ここで，$\boldsymbol{x} \neq \boldsymbol{0}$ より，$|T| = 0$ …③

$T^{-1}$ が存在すると仮定すれば，$T^{-1}$ を①′ の両辺に左からかけて，$\boldsymbol{x} = \boldsymbol{0}$ となり，$\boldsymbol{x} \neq \boldsymbol{0}$ の条件に反する。よって，$T^{-1}$ は存在しないので，$|T| = 0$ となる。

となる。よって，③を計算すると，

$$|T| = \begin{vmatrix} 4-\lambda & 0 & 1 \\ 0 & 2-\lambda & 0 \\ 1 & 0 & 4-\lambda \end{vmatrix} = (4-\lambda)^2(2-\lambda)-(2-\lambda)=0$$

$(2-\lambda)\{(4-\lambda)^2-1\}=0$　　両辺に $-1$ をかけて，

$(4-\lambda)^2-1 = \lambda^2-8\lambda+15=(\lambda-3)(\lambda-5)$

$(\lambda-2)(\lambda-3)(\lambda-5)=0$　　$\therefore \lambda=2,\ 3,\ 5$ より，

$\lambda_1=2,\ \lambda_2=3,\ \lambda_3=5$ である。……………………………………(答)

$(\because \lambda_1<\lambda_2<\lambda_3)$

**(2)**（ⅰ）$\lambda_1=2$ のとき，①″は，

$$\begin{bmatrix} 2 & 0 & 1 \\ 0 & 0 & 0 \\ 1 & 0 & 2 \end{bmatrix}\begin{bmatrix} x \\ y \\ z \end{bmatrix}=\begin{bmatrix} 0 \\ 0 \\ 0 \end{bmatrix}$$ より，

$$\begin{bmatrix} 1 & 0 & 2 \\ 0 & 0 & 1 \\ 0 & 0 & 0 \end{bmatrix}\begin{bmatrix} x \\ y \\ z \end{bmatrix}=\begin{bmatrix} 0 \\ 0 \\ 0 \end{bmatrix}$$ となる。

係数行列の行基本変形

$$\begin{bmatrix} 2 & 0 & 1 \\ 0 & 0 & 0 \\ 1 & 0 & 2 \end{bmatrix} \to \begin{bmatrix} 1 & 0 & 2 \\ 0 & 0 & 0 \\ 2 & 0 & 1 \end{bmatrix} \to \begin{bmatrix} 1 & 0 & 2 \\ 2 & 0 & 1 \\ 0 & 0 & 0 \end{bmatrix} \to \begin{bmatrix} 1 & 0 & 2 \\ 0 & 0 & -3 \\ 0 & 0 & 0 \end{bmatrix} \to \begin{bmatrix} 1 & 0 & 2 \\ 0 & 0 & 1 \\ 0 & 0 & 0 \end{bmatrix} \Big\} r=2$$

自由度 $f=3-2=1$（1つの任意定数）

よって，$x+2z=0$ ……㋐　$z=0$ ……㋑　　㋐，㋑より，$x=z=0$

$y=k$（任意定数）とおくと，$\lambda_1=2$ のときの固有ベクトル $\boldsymbol{x}_1$ は，

$$\boldsymbol{x}_1=\begin{bmatrix} 0 \\ k \\ 0 \end{bmatrix}$$（$k$：任意定数）より，$$\boldsymbol{x}_1=\begin{bmatrix} 0 \\ 1 \\ 0 \end{bmatrix}$$ ……④ とする。……(答)

（ⅱ）$\lambda_2=3$ のとき，①″は，

$$\begin{bmatrix} 1 & 0 & 1 \\ 0 & -1 & 0 \\ 1 & 0 & 1 \end{bmatrix}\begin{bmatrix} x \\ y \\ z \end{bmatrix}=\begin{bmatrix} 0 \\ 0 \\ 0 \end{bmatrix}$$ より，

$$\begin{bmatrix} 1 & 0 & 1 \\ 0 & 1 & 0 \\ 0 & 0 & 0 \end{bmatrix}\begin{bmatrix} x \\ y \\ z \end{bmatrix}=\begin{bmatrix} 0 \\ 0 \\ 0 \end{bmatrix}$$ となる。

係数行列の行基本変形

$$\begin{bmatrix} 1 & 0 & 1 \\ 0 & -1 & 0 \\ 1 & 0 & 1 \end{bmatrix} \to \begin{bmatrix} 1 & 0 & 1 \\ 0 & -1 & 0 \\ 0 & 0 & 0 \end{bmatrix} \to \begin{bmatrix} 1 & 0 & 1 \\ 0 & 1 & 0 \\ 0 & 0 & 0 \end{bmatrix} \Big\} r=2$$

自由度 $f=3-2=1$

よって，$x+z=0$ ……㋐　$y=0$ ……㋑ より，

$x=k$（任意定数）とおくと，$k+z=0$ より，$z=-k$ となる。よって，

$\lambda_2=3$ のときの固有ベクトル $\boldsymbol{x}_2$ は，

$$\boldsymbol{x}_2 = \begin{bmatrix} k \\ 0 \\ -k \end{bmatrix} \quad (k：任意定数) より，$$

$$\boldsymbol{x}_2 = \begin{bmatrix} 1 \\ 0 \\ -1 \end{bmatrix} \cdots\cdots ⑤ とする。\cdots\cdots(答)$$

$A = \begin{bmatrix} 4 & 0 & 1 \\ 0 & 2 & 0 \\ 1 & 0 & 4 \end{bmatrix}$

$\lambda_1 = 2,\ \lambda_2 = 3,\ \lambda_3 = 5$

$\begin{bmatrix} 4-\lambda & 0 & 1 \\ 0 & 2-\lambda & 0 \\ 1 & 0 & 4-\lambda \end{bmatrix} \begin{bmatrix} x \\ y \\ z \end{bmatrix} = \begin{bmatrix} 0 \\ 0 \\ 0 \end{bmatrix} \cdots ①''$

$\boldsymbol{x}_1 = \begin{bmatrix} 0 \\ 1 \\ 0 \end{bmatrix} \cdots\cdots ④$

(iii) $\lambda_3 = 5$ のとき，①''は，

$$\begin{bmatrix} -1 & 0 & 1 \\ 0 & -3 & 0 \\ 1 & 0 & -1 \end{bmatrix} \begin{bmatrix} x \\ y \\ z \end{bmatrix} = \begin{bmatrix} 0 \\ 0 \\ 0 \end{bmatrix} より，$$

$$\begin{bmatrix} 1 & 0 & -1 \\ 0 & 1 & 0 \\ 0 & 0 & 0 \end{bmatrix} \begin{bmatrix} x \\ y \\ z \end{bmatrix} = \begin{bmatrix} 0 \\ 0 \\ 0 \end{bmatrix} となる。$$

係数行列の行基本変形

$$\begin{bmatrix} -1 & 0 & 1 \\ 0 & -3 & 0 \\ 1 & 0 & -1 \end{bmatrix} \to \begin{bmatrix} 1 & 0 & -1 \\ 0 & 1 & 0 \\ 1 & 0 & -1 \end{bmatrix} \to \begin{bmatrix} 1 & 0 & -1 \\ 0 & 1 & 0 \\ 0 & 0 & 0 \end{bmatrix} \Big\} r = 2$$

自由度 $f = 3 - 2 = 1$

よって，$x - z = 0$ ……㋐　$y = 0$ ……㋑

より，$z = k$ とおくと，$x = k$

よって，$\lambda_3 = 5$ のときの固有ベクトル $\boldsymbol{x}_3$ は，

$$\boldsymbol{x}_3 = \begin{bmatrix} k \\ 0 \\ k \end{bmatrix} \quad (k：任意定数) より，\ \boldsymbol{x}_3 = \begin{bmatrix} 1 \\ 0 \\ 1 \end{bmatrix} \cdots\cdots ⑥ とする。\cdots\cdots(答)$$

以上(i)(ii)(iii)の④，⑤，⑥より，$P^{-1}AP$ により $A$ を対角化する変換行列 $P$ は，

$$P = [\boldsymbol{x}_1\ \boldsymbol{x}_2\ \boldsymbol{x}_3] = \begin{bmatrix} 0 & 1 & 1 \\ 1 & 0 & 0 \\ 0 & -1 & 1 \end{bmatrix} \cdots\cdots ⑦ である。\cdots\cdots(答)$$

$P$ の逆行列 $P^{-1}$ を掃き出し法により求めると，

$$[P \mid E] = \left[\begin{array}{ccc|ccc} 0 & 1 & 1 & 1 & 0 & 0 \\ 1 & 0 & 0 & 0 & 1 & 0 \\ 0 & -1 & 1 & 0 & 0 & 1 \end{array}\right] \to \left[\begin{array}{ccc|ccc} 1 & 0 & 0 & 0 & 1 & 0 \\ 0 & 1 & 1 & 1 & 0 & 0 \\ 0 & -1 & 1 & 0 & 0 & 1 \end{array}\right]$$

$$\to \left[\begin{array}{ccc|ccc} 1 & 0 & 0 & 0 & 1 & 0 \\ 0 & 1 & 1 & 1 & 0 & 0 \\ 0 & 0 & 2 & 1 & 0 & 1 \end{array}\right] \to \left[\begin{array}{ccc|ccc} 1 & 0 & 0 & 0 & 1 & 0 \\ 0 & 1 & 1 & 1 & 0 & 0 \\ 0 & 0 & 1 & \frac{1}{2} & 0 & \frac{1}{2} \end{array}\right]$$

$$\longrightarrow \left[\begin{array}{ccc|ccc} 1 & 0 & 0 & 0 & 1 & 0 \\ 0 & 1 & 0 & \frac{1}{2} & 0 & -\frac{1}{2} \\ 0 & 0 & 1 & \frac{1}{2} & 0 & \frac{1}{2} \end{array}\right] = [E \mid P^{-1}]$$

$\therefore P^{-1} = \frac{1}{2}\begin{bmatrix} 0 & 2 & 0 \\ 1 & 0 & -1 \\ 1 & 0 & 1 \end{bmatrix}$ ……⑧ である。……………………………(答)

(3) ⑦, ⑧を用いて, $P^{-1}AP$ により, 行列 $A$ を対角化すると,

$$P^{-1}AP = \frac{1}{2}\begin{bmatrix} 0 & 2 & 0 \\ 1 & 0 & -1 \\ 1 & 0 & 1 \end{bmatrix}\begin{bmatrix} 4 & 0 & 1 \\ 0 & 2 & 0 \\ 1 & 0 & 4 \end{bmatrix}\begin{bmatrix} 0 & 1 & 1 \\ 1 & 0 & 0 \\ 0 & -1 & 1 \end{bmatrix}$$

$$= \frac{1}{2}\begin{bmatrix} 0 & 4 & 0 \\ 3 & 0 & -3 \\ 5 & 0 & 5 \end{bmatrix}\begin{bmatrix} 0 & 1 & 1 \\ 1 & 0 & 0 \\ 0 & -1 & 1 \end{bmatrix} = \frac{1}{2}\begin{bmatrix} 4 & 0 & 0 \\ 0 & 6 & 0 \\ 0 & 0 & 10 \end{bmatrix}$$

$= \begin{bmatrix} 2 & 0 & 0 \\ 0 & 3 & 0 \\ 0 & 0 & 5 \end{bmatrix}$ となる。……………………………(答)

**参考**

⑦により, $P = [\boldsymbol{x}_1\ \boldsymbol{x}_2\ \boldsymbol{x}_3] = \begin{bmatrix} 0 & 1 & 1 \\ 1 & 0 & 0 \\ 0 & -1 & 1 \end{bmatrix}$ を求めた後, 今回の問題では,

$P^{-1}$ を求めるように指示されていたので, これを計算したんだね。しかし, 一般に, 行列 $A$ を対角化する問題の解答では, $P$ が求められた時点で,

$P^{-1}AP = \begin{bmatrix} \lambda_1 & 0 & 0 \\ 0 & \lambda_2 & 0 \\ 0 & 0 & \lambda_3 \end{bmatrix} = \begin{bmatrix} 2 & 0 & 0 \\ 0 & 3 & 0 \\ 0 & 0 & 5 \end{bmatrix}$ と書いて, 結果としていいんだね。

このように対角化できることが, 数学的に証明されているからだ。

また, $P$ の列を入れ替えて, たとえば, $P = [\boldsymbol{x}_3\ \boldsymbol{x}_1\ \boldsymbol{x}_2]$ としたときは,

$P^{-1}AP = \begin{bmatrix} \lambda_3 & 0 & 0 \\ 0 & \lambda_1 & 0 \\ 0 & 0 & \lambda_2 \end{bmatrix}$ となる。対角成分の固有値の順番に気を付けよう!

# 実3次正方行列の対角化(Ⅱ)

**演習問題 84** CHECK1 CHECK2 CHECK3

行列 $A=\begin{bmatrix} 2 & 1 & 2 \\ 0 & 3 & 2 \\ -1 & 1 & 4 \end{bmatrix}$ について，次の各問いに答えよ。

**(1)** $A$ の $3$ つの固有値 $\lambda_1$，$\lambda_2$，$\lambda_3$ $(\lambda_1<\lambda_2<\lambda_3)$ を求めよ。

**(2)** $\lambda_1$，$\lambda_2$，$\lambda_3$ にそれぞれ対応する固有ベクトル $\boldsymbol{x}_1$，$\boldsymbol{x}_2$，$\boldsymbol{x}_3$ を定めて，変換行列 $P$ を求め，$P^{-1}AP$ により $A$ を対角化せよ。

**ヒント！** (1) では，$T=A-\lambda E$ の行列式 $|T|=0$ から，$\lambda$ の固有方程式 ($\lambda$ の 3 次方程式) を導いて，これを解き，$\lambda_1$，$\lambda_2$，$\lambda_3$ を求めよう。(2) では，各 $\lambda$ の値に対応する固有ベクトルは一意には定まらないが，任意定数を適当な値に定めて決定すればいい。後は，変換行列 $P$ を $P=[\boldsymbol{x}_1\ \boldsymbol{x}_2\ \boldsymbol{x}_3]$ として作れば，$P^{-1}AP$ により，対角行列が出来る。

## 解答＆解説

**(1)** 行列 $A$ の固有値を $\lambda$，固有ベクトルを $\boldsymbol{x}\ (\neq \boldsymbol{0})$ とおくと，

$A\boldsymbol{x}=\lambda\boldsymbol{x}$ ……① より，　$(A-\lambda E)\boldsymbol{x}=\boldsymbol{0}$ ……①′ となる。
（$A-\lambda E$ を $T$ とおく）

ここで，$T=A-\lambda E=\begin{bmatrix} 2 & 1 & 2 \\ 0 & 3 & 2 \\ -1 & 1 & 4 \end{bmatrix}-\lambda\begin{bmatrix} 1 & 0 & 0 \\ 0 & 1 & 0 \\ 0 & 0 & 1 \end{bmatrix}=\begin{bmatrix} 2-\lambda & 1 & 2 \\ 0 & 3-\lambda & 2 \\ -1 & 1 & 4-\lambda \end{bmatrix}$ …②

とおくと，②より，$T\boldsymbol{x}=\boldsymbol{0}$ ……①′ は，

$\begin{bmatrix} 2-\lambda & 1 & 2 \\ 0 & 3-\lambda & 2 \\ -1 & 1 & 4-\lambda \end{bmatrix}\begin{bmatrix} x \\ y \\ z \end{bmatrix}=\begin{bmatrix} 0 \\ 0 \\ 0 \end{bmatrix}$ …①″ となる。ここで，$T^{-1}$ が存在するものと仮定すると，これを①′の両辺に左からかけて，$\boldsymbol{x}=\boldsymbol{0}$ となって，$\boldsymbol{x}\neq\boldsymbol{0}$ の条件に反する。

よって，$T^{-1}$ は存在しないので，$T$ の行列式 $|T|$ は，

$|T|=0$ ……③ となる。

③を計算すると，

$$\begin{vmatrix} 2-\lambda & 1 & 2 \\ 0 & 3-\lambda & 2 \\ -1 & 1 & 4-\lambda \end{vmatrix} = (2-\lambda)(3-\lambda)(4-\lambda)-2+2(3-\lambda)-2(2-\lambda)=0$$ より，

$$-2+6-2\lambda-4+2\lambda=0$$

$-(\lambda-2)(\lambda-3)(\lambda-4)=0$，$(\lambda-2)(\lambda-3)(\lambda-4)=0$　$\therefore \lambda=2,\ 3,\ 4$

よって，$\lambda_1=2$，$\lambda_2=3$，$\lambda_3=4$ である。……………………………………(答)

$(\because \lambda_1<\lambda_2<\lambda_3)$

**(2)** (ⅰ) $\lambda_1=2$ のとき，①″は，

$$\begin{bmatrix} 0 & 1 & 2 \\ 0 & 1 & 2 \\ -1 & 1 & 2 \end{bmatrix}\begin{bmatrix} x \\ y \\ z \end{bmatrix}=\begin{bmatrix} 0 \\ 0 \\ 0 \end{bmatrix}$$ より，

$$\begin{bmatrix} 1 & -1 & -2 \\ 0 & 1 & 2 \\ 0 & 0 & 0 \end{bmatrix}\begin{bmatrix} x \\ y \\ z \end{bmatrix}=\begin{bmatrix} 0 \\ 0 \\ 0 \end{bmatrix}$$ となる。

係数行列の行基本変形

$$\begin{bmatrix} 0 & 1 & 2 \\ 0 & 1 & 2 \\ -1 & 1 & 2 \end{bmatrix} \to \begin{bmatrix} 0 & 1 & 2 \\ 0 & 1 & 2 \\ 1 & -1 & -2 \end{bmatrix} \to \begin{bmatrix} 1 & -1 & -2 \\ 0 & 1 & 2 \\ 0 & 1 & 2 \end{bmatrix} \to \begin{bmatrix} 1 & -1 & -2 \\ 0 & 1 & 2 \\ 0 & 0 & 0 \end{bmatrix} \Big\} r=2$$

自由度 $f=3-2=1$

よって，$x-y-2z=0$ ……㋐　$y+2z=0$ ……㋑　ここで，$z=k$ (任意定数) とおくと，㋑より，$y=-2k$，㋐より，$x=-2k+2k=0$ となる。

よって，$\lambda_1=2$ のときの固有ベクトル $\boldsymbol{x}_1$ は，

$$\boldsymbol{x}_1=\begin{bmatrix} 0 \\ -2k \\ k \end{bmatrix}\ (k：任意定数) より，\boldsymbol{x}_1=\begin{bmatrix} 0 \\ -2 \\ 1 \end{bmatrix}$$ ……④ とする。……(答)

(ⅱ) $\lambda_2=3$ のとき，①″は，

$$\begin{bmatrix} -1 & 1 & 2 \\ 0 & 0 & 2 \\ -1 & 1 & 1 \end{bmatrix}\begin{bmatrix} x \\ y \\ z \end{bmatrix}=\begin{bmatrix} 0 \\ 0 \\ 0 \end{bmatrix}$$ より，

$$\begin{bmatrix} 1 & -1 & -2 \\ 0 & 0 & 1 \\ 0 & 0 & 0 \end{bmatrix}\begin{bmatrix} x \\ y \\ z \end{bmatrix}=\begin{bmatrix} 0 \\ 0 \\ 0 \end{bmatrix}$$ となる。

係数行列の行基本変形

$$\begin{bmatrix} -1 & 1 & 2 \\ 0 & 0 & 2 \\ -1 & 1 & 1 \end{bmatrix} \to \begin{bmatrix} 1 & -1 & -2 \\ 0 & 0 & 2 \\ -1 & 1 & 1 \end{bmatrix} \to \begin{bmatrix} 1 & -1 & -2 \\ 0 & 0 & 2 \\ 0 & 0 & -1 \end{bmatrix} \to \begin{bmatrix} 1 & -1 & -2 \\ 0 & 0 & 1 \\ 0 & 0 & 1 \end{bmatrix} \to \begin{bmatrix} 1 & -1 & -2 \\ 0 & 0 & 1 \\ 0 & 0 & 0 \end{bmatrix} \Big\} r=2$$

自由度 $f=3-2=1$

よって，$x-y-2z=0$ ……㋐　$z=0$ ……㋑　ここで，$y=k$ とおくと，㋐より，$x=k$ となる。

よって，$\lambda_2=3$ のときの固有ベクトル $\boldsymbol{x}_2$ は，

$\boldsymbol{x}_2 = \begin{bmatrix} k \\ k \\ 0 \end{bmatrix}$ ($k$：任意定数) より，

$\boldsymbol{x}_2 = \begin{bmatrix} 1 \\ 1 \\ 0 \end{bmatrix}$ ……⑤ とする。……(答)

$A = \begin{bmatrix} 2 & 1 & 2 \\ 0 & 3 & 2 \\ -1 & 1 & 4 \end{bmatrix}$

$\lambda_1 = 2$，$\lambda_2 = 3$，$\lambda_3 = 4$

$\begin{bmatrix} 2-\lambda & 1 & 2 \\ 0 & 3-\lambda & 2 \\ -1 & 1 & 4-\lambda \end{bmatrix}\begin{bmatrix} x \\ y \\ z \end{bmatrix} = \begin{bmatrix} 0 \\ 0 \\ 0 \end{bmatrix}$ …①″

$\boldsymbol{x}_1 = \begin{bmatrix} 0 \\ -2 \\ 1 \end{bmatrix}$ ……………………④

(ⅲ) $\lambda_3 = 4$ のとき，①″ は，

$\begin{bmatrix} -2 & 1 & 2 \\ 0 & -1 & 2 \\ -1 & 1 & 0 \end{bmatrix}\begin{bmatrix} x \\ y \\ z \end{bmatrix} = \begin{bmatrix} 0 \\ 0 \\ 0 \end{bmatrix}$ より，

係数行列の行基本変形

$\begin{bmatrix} -2 & 1 & 2 \\ 0 & -1 & 2 \\ -1 & 1 & 0 \end{bmatrix} \rightarrow \begin{bmatrix} -2 & 1 & 2 \\ 0 & 1 & -2 \\ 1 & -1 & 0 \end{bmatrix} \rightarrow \begin{bmatrix} 1 & -1 & 0 \\ 0 & 1 & -2 \\ -2 & 1 & 2 \end{bmatrix}$

$\rightarrow \begin{bmatrix} 1 & -1 & 0 \\ 0 & 1 & -2 \\ 0 & -1 & 2 \end{bmatrix} \rightarrow \begin{bmatrix} 1 & -1 & 0 \\ 0 & 1 & -2 \\ 0 & 0 & 0 \end{bmatrix} \Big\} r = 2$

自由度 $f = 3 - 2 = 1$

$\begin{bmatrix} 1 & -1 & 0 \\ 0 & 1 & -2 \\ 0 & 0 & 0 \end{bmatrix}\begin{bmatrix} x \\ y \\ z \end{bmatrix} = \begin{bmatrix} 0 \\ 0 \\ 0 \end{bmatrix}$ となる。

よって，$x - y = 0$ ……㋐

$y - 2z = 0$ ……㋑

ここで，$z = k$ (任意定数) とおくと，㋑より，$y = 2k$，㋐より，$x = 2k$

よって，$\lambda_3 = 4$ のときの固有ベクトル $\boldsymbol{x}_3$ は，

$\boldsymbol{x}_3 = \begin{bmatrix} 2k \\ 2k \\ k \end{bmatrix}$ ($k$：任意定数) より，$\boldsymbol{x}_3 = \begin{bmatrix} 2 \\ 2 \\ 1 \end{bmatrix}$ ……⑥ とする。……(答)

以上(ⅰ)(ⅱ)(ⅲ)の④，⑤，⑥より，求める変換行列 $P$ は，

$P = [\boldsymbol{x}_1\ \boldsymbol{x}_2\ \boldsymbol{x}_3] = \begin{bmatrix} 0 & 1 & 2 \\ -2 & 1 & 2 \\ 1 & 0 & 1 \end{bmatrix}$ である。……………………(答)

また，$|P| = 2 - 2 + 2 = 2\ (\neq 0)$ より，$P^{-1}$ は存在する。

よって，$A$ を $P^{-1}AP$ により対角化すると，

$P^{-1}AP = \begin{bmatrix} \lambda_1 & 0 & 0 \\ 0 & \lambda_2 & 0 \\ 0 & 0 & \lambda_3 \end{bmatrix} = \begin{bmatrix} 2 & 0 & 0 \\ 0 & 3 & 0 \\ 0 & 0 & 4 \end{bmatrix}$ となる。……………………(答)

参考

答案としてはこれで完璧なんだけれど，良い計算練習になるので，検算を兼ねて，実際に $P^{-1}$ と $P^{-1}AP$ を計算しておこう。

まず，$[P|E]$ に行基本変形を行って，$[E|P^{-1}]$ にする。

$$[P|E]=\left[\begin{array}{ccc|ccc}0&1&2&1&0&0\\-2&1&2&0&1&0\\1&0&1&0&0&1\end{array}\right]\longrightarrow\left[\begin{array}{ccc|ccc}1&0&1&0&0&1\\-2&1&2&0&1&0\\0&1&2&1&0&0\end{array}\right]$$

$$\longrightarrow\left[\begin{array}{ccc|ccc}1&0&1&0&0&1\\0&1&4&0&1&2\\0&1&2&1&0&0\end{array}\right]\longrightarrow\left[\begin{array}{ccc|ccc}1&0&1&0&0&1\\0&1&4&0&1&2\\0&0&-2&1&-1&-2\end{array}\right]$$

$$\longrightarrow\left[\begin{array}{ccc|ccc}1&0&1&0&0&1\\0&1&4&0&1&2\\0&0&1&-\frac{1}{2}&\frac{1}{2}&1\end{array}\right]\longrightarrow\left[\begin{array}{ccc|ccc}1&0&0&\frac{1}{2}&-\frac{1}{2}&0\\0&1&0&2&-1&-2\\0&0&1&-\frac{1}{2}&\frac{1}{2}&1\end{array}\right]=[E|P^{-1}]$$

$P^{-1}$

$$\therefore P^{-1}=\frac{1}{2}\begin{bmatrix}1&-1&0\\4&-2&-4\\-1&1&2\end{bmatrix}$$ である。

次に，$P^{-1}AP$ を求めると，

$$P^{-1}AP=\frac{1}{2}\begin{bmatrix}1&-1&0\\4&-2&-4\\-1&1&2\end{bmatrix}\begin{bmatrix}2&1&2\\0&3&2\\-1&1&4\end{bmatrix}\begin{bmatrix}0&1&2\\-2&1&2\\1&0&1\end{bmatrix}$$

$$=\frac{1}{2}\begin{bmatrix}2&-2&0\\12&-6&-12\\-4&4&8\end{bmatrix}\begin{bmatrix}0&1&2\\-2&1&2\\1&0&1\end{bmatrix}$$

$$=\begin{bmatrix}1&-1&0\\6&-3&-6\\-2&2&4\end{bmatrix}\begin{bmatrix}0&1&2\\-2&1&2\\1&0&1\end{bmatrix}=\begin{bmatrix}2&0&0\\0&3&0\\0&0&4\end{bmatrix}$$ となって，

答案の結果と一致する。

演習問題 85　CHECK 1　CHECK 2　CHECK 3

行列 $A=\begin{bmatrix}1&3&3\\2&1&2\\-2&-3&-4\end{bmatrix}$ について，次の各問いに答えよ。

(1) $A$ の3つの固有値 $\lambda_1,\ \lambda_2,\ \lambda_3\ (\lambda_1>\lambda_2>\lambda_3)$ を求めよ。

(2) $\lambda_1,\ \lambda_2,\ \lambda_3$ にそれぞれ対応する固有ベクトル $\boldsymbol{x}_1,\ \boldsymbol{x}_2,\ \boldsymbol{x}_3$ を定めて，変換行列 $P$ を求め，$P^{-1}AP$ により $A$ を対角化せよ。

ヒント！ (1)では，$T=A-\lambda E$ の行列式 $|T|=0$ から，$\lambda$ の固有方程式を導き，これを解いて，固有値 $\lambda_1,\ \lambda_2,\ \lambda_3$ を求める。(2)では，それぞれの固有値に対応する固有ベクトル $\boldsymbol{x}_1,\ \boldsymbol{x}_2,\ \boldsymbol{x}_3$ により，変換行列 $P=[\boldsymbol{x}_1\ \boldsymbol{x}_2\ \boldsymbol{x}_3]$ を作って，行列 $A$ を対角化する。一連の流れがスムーズに出来るようになるまで，練習しよう！

## 解答＆解説

(1) 行列 $A$ の固有値を $\lambda$，固有ベクトルを $\boldsymbol{x}\ (\neq\boldsymbol{0})$ とおくと，

$A\boldsymbol{x}=\lambda\boldsymbol{x}$ ……① より，　$(\underbrace{A-\lambda E}_{T\text{とおく}})\boldsymbol{x}=\boldsymbol{0}$ ……①′ となる。ここで，

$$T=A-\lambda E=\begin{bmatrix}1&3&3\\2&1&2\\-2&-3&-4\end{bmatrix}-\lambda\begin{bmatrix}1&0&0\\0&1&0\\0&0&1\end{bmatrix}=\begin{bmatrix}1-\lambda&3&3\\2&1-\lambda&2\\-2&-3&-4-\lambda\end{bmatrix}\ \cdots\cdots②$$

とおくと，②より，$T\boldsymbol{x}=\boldsymbol{0}$ ……①′ は，

$$\begin{bmatrix}1-\lambda&3&3\\2&1-\lambda&2\\-2&-3&-4-\lambda\end{bmatrix}\begin{bmatrix}x\\y\\z\end{bmatrix}=\begin{bmatrix}0\\0\\0\end{bmatrix}\cdots①''$$

となる。ここで，$T^{-1}$ が存在するとすると，$\boldsymbol{x}=\boldsymbol{0}$ となって，$\boldsymbol{x}\neq\boldsymbol{0}$ の条件に矛盾する。

よって，$T^{-1}$ は存在しないので，

$|T|=0$ ……③ となる。③を計算すると，

$$\begin{vmatrix}1-\lambda&3&3\\2&1-\lambda&2\\-2&-3&-4-\lambda\end{vmatrix}=(1-\lambda)^2(-4-\lambda)-12-18+6(1-\lambda)+6(1-\lambda)-6(-4-\lambda)=0$$

より，

$$-\underline{(\lambda-1)^2(\lambda+4)}-30+12-12\lambda+24+6\lambda=0$$ 両辺に $-1$ をかけて，

$$(\lambda+4)(\lambda^2-2\lambda+1)=\lambda^3+2\lambda^2-7\lambda+4$$

$$\lambda^3+2\lambda^2-7\lambda+4+6\lambda-6=0$$

$$\lambda^3+2\lambda^2-\lambda-2=0 \qquad \lambda^2(\lambda+2)-(\lambda+2)=0$$

$$(\lambda+2)(\lambda^2-1)=0 \qquad (\lambda-1)(\lambda+1)(\lambda+2)=0 \qquad \therefore\ \lambda=1,\ -1,\ -2$$

よって，$\lambda_1=1$，$\lambda_2=-1$，$\lambda_3=-2$ である。……………………………(答)

$(\because \lambda_1>\lambda_2>\lambda_3)$

**(2)** (i) $\lambda_1=1$ のとき，①″ は，

$$\begin{bmatrix}0&3&3\\2&0&2\\-2&-3&-5\end{bmatrix}\begin{bmatrix}x\\y\\z\end{bmatrix}=\begin{bmatrix}0\\0\\0\end{bmatrix}$$ より，

$$\begin{bmatrix}1&0&1\\0&1&1\\0&0&0\end{bmatrix}\begin{bmatrix}x\\y\\z\end{bmatrix}=\begin{bmatrix}0\\0\\0\end{bmatrix}$$ となる。

係数行列の行基本変形

$$\begin{bmatrix}0&3&3\\2&0&2\\-2&-3&-5\end{bmatrix}\to\begin{bmatrix}0&1&1\\1&0&1\\2&3&5\end{bmatrix}\to\begin{bmatrix}1&0&1\\0&1&1\\2&3&5\end{bmatrix}\to\begin{bmatrix}1&0&1\\0&1&1\\0&3&3\end{bmatrix}\to\begin{bmatrix}1&0&1\\0&1&1\\0&1&1\end{bmatrix}\to\begin{bmatrix}1&0&1\\0&1&1\\0&0&0\end{bmatrix}\Big\}r=2$$

自由度 $f=3-2=1$

よって，$x+z=0$ ……㋐　$y+z=0$ ……㋑　ここで，$z=-k$ (任意定数)

とおくと，㋐，㋑より，$x=k$，$y=k$ となる。

よって，$\lambda_1=1$ のときの固有ベクトル $\boldsymbol{x}_1$ は，

$$\boldsymbol{x}_1=\begin{bmatrix}k\\k\\-k\end{bmatrix}\ (k：任意定数)\ より，\ \boldsymbol{x}_1=\begin{bmatrix}1\\1\\-1\end{bmatrix}$$ ……④ とする。……(答)

(ii) $\lambda_2=-1$ のとき，①″ は，

$$\begin{bmatrix}2&3&3\\2&2&2\\-2&-3&-3\end{bmatrix}\begin{bmatrix}x\\y\\z\end{bmatrix}=\begin{bmatrix}0\\0\\0\end{bmatrix}$$ より，

$$\begin{bmatrix}1&1&1\\0&1&1\\0&0&0\end{bmatrix}\begin{bmatrix}x\\y\\z\end{bmatrix}=\begin{bmatrix}0\\0\\0\end{bmatrix}$$ となる。

係数行列の行基本変形

$$\begin{bmatrix}2&3&3\\2&2&2\\-2&-3&-3\end{bmatrix}\to\begin{bmatrix}2&3&3\\1&1&1\\2&3&3\end{bmatrix}\to\begin{bmatrix}2&3&3\\1&1&1\\0&0&0\end{bmatrix}\to\begin{bmatrix}1&1&1\\2&3&3\\0&0&0\end{bmatrix}\to\begin{bmatrix}1&1&1\\0&1&1\\0&0&0\end{bmatrix}\Big\}r=2$$

自由度 $f=3-2=1$

よって，$x+y+z=0$ ……㋐　$y+z=0$ ……㋑　ここで，$z=k$ (任意定数)

とおくと，㋐，㋑より，$y=-k$，$x=0$ となる。

よって，$\lambda_2=-1$ のときの固有ベクトル $\boldsymbol{x}_2$ は，

$$\boldsymbol{x}_2 = \begin{bmatrix} 0 \\ -k \\ k \end{bmatrix}$$ ($k$：任意定数) より，

$$\boldsymbol{x}_2 = \begin{bmatrix} 0 \\ -1 \\ 1 \end{bmatrix}$$ ……⑤ とする。……(答)

$A = \begin{bmatrix} 1 & 3 & 3 \\ 2 & 1 & 2 \\ -2 & -3 & -4 \end{bmatrix}$

$\lambda_1 = 1$，$\lambda_2 = -1$，$\lambda_3 = -2$

$\begin{bmatrix} 1-\lambda & 3 & 3 \\ 2 & 1-\lambda & 2 \\ -2 & -3 & -4-\lambda \end{bmatrix}\begin{bmatrix} x \\ y \\ z \end{bmatrix} = \begin{bmatrix} 0 \\ 0 \\ 0 \end{bmatrix}$ …①''

$\boldsymbol{x}_1 = \begin{bmatrix} 1 \\ 1 \\ -1 \end{bmatrix}$ ……………………………④

(iii) $\lambda_3 = -2$ のとき，①'' は，

$$\begin{bmatrix} 3 & 3 & 3 \\ 2 & 3 & 2 \\ -2 & -3 & -2 \end{bmatrix}\begin{bmatrix} x \\ y \\ z \end{bmatrix} = \begin{bmatrix} 0 \\ 0 \\ 0 \end{bmatrix}$$ より，

係数行列の行基本変形

$\begin{bmatrix} 3 & 3 & 3 \\ 2 & 3 & 2 \\ -2 & -3 & -2 \end{bmatrix} \to \begin{bmatrix} 1 & 1 & 1 \\ 2 & 3 & 2 \\ 2 & 3 & 2 \end{bmatrix} \to \begin{bmatrix} 1 & 1 & 1 \\ 2 & 3 & 2 \\ 0 & 0 & 0 \end{bmatrix}$

$\to \begin{bmatrix} 1 & 1 & 1 \\ 0 & 1 & 0 \\ 0 & 0 & 0 \end{bmatrix} \Big\} r = 2$

自由度 $f = 3 - 2 = 1$

$$\begin{bmatrix} 1 & 1 & 1 \\ 0 & 1 & 0 \\ 0 & 0 & 0 \end{bmatrix}\begin{bmatrix} x \\ y \\ z \end{bmatrix} = \begin{bmatrix} 0 \\ 0 \\ 0 \end{bmatrix}$$ となる。

よって，$x + y + z = 0$ ……㋐

$y = 0$ ……㋑

ここで，$x = k$ (任意定数) とおくと，㋐, ㋑より，$z = -k$ となる。

よって，$\lambda_3 = -2$ のときの固有ベクトル $\boldsymbol{x}_3$ は，

$$\boldsymbol{x}_3 = \begin{bmatrix} k \\ 0 \\ -k \end{bmatrix}$$ ($k$：任意定数) より，$\boldsymbol{x}_3 = \begin{bmatrix} 1 \\ 0 \\ -1 \end{bmatrix}$ ……⑥ とする。……(答)

以上 (i)(ii)(iii) の④, ⑤, ⑥より，求める変換行列 $P$ は，

$$P = [\boldsymbol{x}_1\ \boldsymbol{x}_2\ \boldsymbol{x}_3] = \begin{bmatrix} 1 & 0 & 1 \\ 1 & -1 & 0 \\ -1 & 1 & -1 \end{bmatrix}$$ である。……………………………(答)

また，$|P| = 1 + 1 - 1 = 1\ (\neq 0)$ より，$P^{-1}$ は存在する。

よって，$A$ を $P^{-1}AP$ により対角化すると，

$$P^{-1}AP = \begin{bmatrix} \lambda_1 & 0 & 0 \\ 0 & \lambda_2 & 0 \\ 0 & 0 & \lambda_3 \end{bmatrix} = \begin{bmatrix} 1 & 0 & 0 \\ 0 & -1 & 0 \\ 0 & 0 & -2 \end{bmatrix}$$ となる。………………………(答)

もちろん，任意定数 $k$ のとり方によって，変換行列 $P$ は様々な形になるけれど，$P = [\boldsymbol{x}_1\ \boldsymbol{x}_2\ \boldsymbol{x}_3]$ として，$P^{-1}AP$ を求めれば，同じ対角行列が得られる。

参考

それでは，この問題についても，検算を兼ねて，$P^{-1}$ と $P^{-1}AP$ を実際に計算しておこう。

まず，$[P|E] \xrightarrow{\text{行基本変形}} [E|P^{-1}]$ を計算してみよう。

$$[P|E] = \left[\begin{array}{ccc|ccc} 1 & 0 & 1 & 1 & 0 & 0 \\ 1 & -1 & 0 & 0 & 1 & 0 \\ -1 & 1 & -1 & 0 & 0 & 1 \end{array}\right] \longrightarrow \left[\begin{array}{ccc|ccc} 1 & 0 & 1 & 1 & 0 & 0 \\ 0 & -1 & -1 & -1 & 1 & 0 \\ 0 & 1 & 0 & 1 & 0 & 1 \end{array}\right]$$

$$\longrightarrow \left[\begin{array}{ccc|ccc} 1 & 0 & 1 & 1 & 0 & 0 \\ 0 & 1 & 1 & 1 & -1 & 0 \\ 0 & 1 & 0 & 1 & 0 & 1 \end{array}\right] \longrightarrow \left[\begin{array}{ccc|ccc} 1 & 0 & 1 & 1 & 0 & 0 \\ 0 & 1 & 1 & 1 & -1 & 0 \\ 0 & 0 & -1 & 0 & 1 & 1 \end{array}\right]$$

$$\longrightarrow \left[\begin{array}{ccc|ccc} 1 & 0 & 1 & 1 & 0 & 0 \\ 0 & 1 & 1 & 1 & -1 & 0 \\ 0 & 0 & 1 & 0 & -1 & -1 \end{array}\right] \longrightarrow \left[\begin{array}{ccc|ccc} 1 & 0 & 0 & 1 & 1 & 1 \\ 0 & 1 & 0 & 1 & 0 & 1 \\ 0 & 0 & 1 & 0 & -1 & -1 \end{array}\right] = [E|P^{-1}]$$

$P^{-1}$

$$\therefore P^{-1} = \begin{bmatrix} 1 & 1 & 1 \\ 1 & 0 & 1 \\ 0 & -1 & -1 \end{bmatrix} \text{ である。}$$

次に，$P^{-1}AP$ を求めると，

$$P^{-1}AP = \begin{bmatrix} 1 & 1 & 1 \\ 1 & 0 & 1 \\ 0 & -1 & -1 \end{bmatrix}\begin{bmatrix} 1 & 3 & 3 \\ 2 & 1 & 2 \\ -2 & -3 & -4 \end{bmatrix}\begin{bmatrix} 1 & 0 & 1 \\ 1 & -1 & 0 \\ -1 & 1 & -1 \end{bmatrix}$$

$$= \begin{bmatrix} 1 & 1 & 1 \\ -1 & 0 & -1 \\ 0 & 2 & 2 \end{bmatrix}\begin{bmatrix} 1 & 0 & 1 \\ 1 & -1 & 0 \\ -1 & 1 & -1 \end{bmatrix} = \begin{bmatrix} 1 & 0 & 0 \\ 0 & -1 & 0 \\ 0 & 0 & -2 \end{bmatrix} \text{ となって，}$$

答案の結果と一致するんだね。納得いった？

# 複素3次正方行列の対角化(I)

**演習問題 86** CHECK 1 CHECK 2 CHECK 3

行列 $A=\begin{bmatrix} 2 & 0 & i \\ 0 & 4 & 0 \\ -i & 0 & 2 \end{bmatrix}$ ($i$：虚数単位) について，次の各問いに答えよ。

**(1)** $A$ の 3 つの固有値 $\lambda_1$, $\lambda_2$, $\lambda_3$ ($\lambda_1<\lambda_2<\lambda_3$) を求めよ。

**(2)** $\lambda_1$, $\lambda_2$, $\lambda_3$ にそれぞれ対応する固有ベクトル $\boldsymbol{x}_1$, $\boldsymbol{x}_2$, $\boldsymbol{x}_3$ を定めて，変換行列 $P$ とその逆行列 $P^{-1}$ を求めよ。

**(3)** $P^{-1}AP$ により，行列 $A$ を対角化せよ。

ヒント！ 複素行列でも実行列のときと同様に対角化できる。(1) では，$T=A-\lambda E$ の行列式 $|T|=0$ から，固有値 $\lambda$ の固有方程式を導き，$\lambda_1$, $\lambda_2$, $\lambda_3$ を求める。(2) 各固有値に対応する固有ベクトル $\boldsymbol{x}_1$, $\boldsymbol{x}_2$, $\boldsymbol{x}_3$ を定めたら，変換行列 $P$ は，$P=[\boldsymbol{x}_1\ \boldsymbol{x}_2\ \boldsymbol{x}_3]$ で求まる。$P^{-1}$ は行基本変形を使って求めよう。(3) では，$P^{-1}AP$ で $A$ を対角化すればいい。

## 解答＆解説

**(1)** 複素行列 $A$ の固有値を $\lambda$，固有ベクトルを $\boldsymbol{x}$ $(\neq \boldsymbol{0})$ とおくと，

$A\boldsymbol{x}=\lambda\boldsymbol{x}$ ……① より， $(\underbrace{A-\lambda E}_{T\text{とおく}})\boldsymbol{x}=\boldsymbol{0}$ ……①′ となる。

ここで，$T=A-\lambda E=\begin{bmatrix} 2 & 0 & i \\ 0 & 4 & 0 \\ -i & 0 & 2 \end{bmatrix}-\lambda\begin{bmatrix} 1 & 0 & 0 \\ 0 & 1 & 0 \\ 0 & 0 & 1 \end{bmatrix}=\begin{bmatrix} 2-\lambda & 0 & i \\ 0 & 4-\lambda & 0 \\ -i & 0 & 2-\lambda \end{bmatrix}$ …②

とおくと，②より，$T\boldsymbol{x}=\boldsymbol{0}$ ……①′ は，

$\begin{bmatrix} 2-\lambda & 0 & i \\ 0 & 4-\lambda & 0 \\ -i & 0 & 2-\lambda \end{bmatrix}\begin{bmatrix} x \\ y \\ z \end{bmatrix}=\begin{bmatrix} 0 \\ 0 \\ 0 \end{bmatrix}$ ……①″ となる。ここで，$T^{-1}$ が存在すると

仮定すると，$\boldsymbol{x}=\boldsymbol{0}$ となって，$\boldsymbol{x}\neq\boldsymbol{0}$ の条件に反する。

よって，$T^{-1}$ は存在しないので，

$|T|=0$ ……③ となる。③を計算すると，

$\begin{vmatrix} 2-\lambda & 0 & i \\ 0 & 4-\lambda & 0 \\ -i & 0 & 2-\lambda \end{vmatrix}=(2-\lambda)^2(4-\lambda)+(4-\lambda)\underbrace{i^2}_{(-1)}=0$ より，

$-(\lambda-4)(\lambda-2)^2+(\lambda-4)=0$　　両辺に$-1$をかけて，

$(\lambda-4)(\lambda-2)^2-(\lambda-4)=0$　　$(\lambda-4)\{(\lambda-2)^2-1\}=0$

$\lambda^2-4\lambda+4-1=\lambda^2-4\lambda+3=(\lambda-1)(\lambda-3)$

$(\lambda-1)(\lambda-3)(\lambda-4)=0$　　$\therefore \lambda=1,\ 3,\ 4$ より，

$\lambda_1=1,\ \lambda_2=3,\ \lambda_3=4$ である。……………………………………(答)

$(\because \lambda_1<\lambda_2<\lambda_3)$

**(2)** (i) $\lambda_1=1$ のとき，①″は，

$$\begin{bmatrix}1&0&i\\0&3&0\\-i&0&1\end{bmatrix}\begin{bmatrix}x\\y\\z\end{bmatrix}=\begin{bmatrix}0\\0\\0\end{bmatrix}$$ より，

$$\begin{bmatrix}1&0&i\\0&1&0\\0&0&0\end{bmatrix}\begin{bmatrix}x\\y\\z\end{bmatrix}=\begin{bmatrix}0\\0\\0\end{bmatrix}$$ となる。

係数行列の行基本変形

$$\begin{bmatrix}1&0&i\\0&3&0\\-i&0&1\end{bmatrix}\to\begin{bmatrix}1&0&i\\0&3&0\\0&0&0\end{bmatrix}\to\begin{bmatrix}1&0&i\\0&1&0\\0&0&0\end{bmatrix}\Big\}r=2$$

自由度 $f=3-2=1$

よって，$x+iz=0$ ……㋐　$y=0$ ……㋑　ここで，$z=ki$ ($k$：任意実定数)

とおくと，㋐より，$x+i^2k=0$　$\therefore x=k$ となる。

($i^2 = (-1)$)

よって，$\lambda_1=1$ のときの固有ベクトル $\boldsymbol{x}_1$ は，

$$\boldsymbol{x}_1=\begin{bmatrix}k\\0\\ki\end{bmatrix}$$ ($k$：任意定数) より，$$\boldsymbol{x}_1=\begin{bmatrix}1\\0\\i\end{bmatrix}$$ ……④ とする。……(答)

(ii) $\lambda_2=3$ のとき，①″は，

$$\begin{bmatrix}-1&0&i\\0&1&0\\-i&0&-1\end{bmatrix}\begin{bmatrix}x\\y\\z\end{bmatrix}=\begin{bmatrix}0\\0\\0\end{bmatrix}$$ より，

$$\begin{bmatrix}1&0&-i\\0&1&0\\0&0&0\end{bmatrix}\begin{bmatrix}x\\y\\z\end{bmatrix}=\begin{bmatrix}0\\0\\0\end{bmatrix}$$ となる。

係数行列の行基本変形

$$\begin{bmatrix}-1&0&i\\0&1&0\\-i&0&-1\end{bmatrix}\to\begin{bmatrix}1&0&-i\\0&1&0\\i&0&1\end{bmatrix}\to\begin{bmatrix}1&0&-i\\0&1&0\\0&0&0\end{bmatrix}\Big\}r=2$$

自由度 $f=3-2=1$

よって，$x-iz=0$ ……㋐　$y=0$ ……㋑　ここで，$z=-ik$ ($k$：任意実定数)

とおくと，$x+i^2k=0$ より，$x=k$ となる。

よって，$\lambda_2=3$ のときの固有ベクトル $\boldsymbol{x}_2$ は，

$$\boldsymbol{x}_2 = \begin{bmatrix} k \\ 0 \\ -ik \end{bmatrix}$$ ($k$：任意定数) より，

$$\boldsymbol{x}_2 = \begin{bmatrix} 1 \\ 0 \\ -i \end{bmatrix}$$ ……⑤ とする。……(答)

> $$A = \begin{bmatrix} 2 & 0 & i \\ 0 & 4 & 0 \\ -i & 0 & 2 \end{bmatrix}$$
> $\lambda_1 = 1$, $\lambda_2 = 3$, $\lambda_3 = 4$
> $$\begin{bmatrix} 2-\lambda & 0 & i \\ 0 & 4-\lambda & 0 \\ -i & 0 & 2-\lambda \end{bmatrix}\begin{bmatrix} x \\ y \\ z \end{bmatrix} = \begin{bmatrix} 0 \\ 0 \\ 0 \end{bmatrix} \cdots ①''$$
> $$\boldsymbol{x}_1 = \begin{bmatrix} 1 \\ 0 \\ i \end{bmatrix} \cdots\cdots ④$$

(iii) $\lambda_3 = 4$ のとき，①″ は，

$$\begin{bmatrix} -2 & 0 & i \\ 0 & 0 & 0 \\ -i & 0 & -2 \end{bmatrix}\begin{bmatrix} x \\ y \\ z \end{bmatrix} = \begin{bmatrix} 0 \\ 0 \\ 0 \end{bmatrix}$$ より，

$$\begin{bmatrix} 1 & 0 & -2i \\ 0 & 0 & 1 \\ 0 & 0 & 0 \end{bmatrix}\begin{bmatrix} x \\ y \\ z \end{bmatrix} = \begin{bmatrix} 0 \\ 0 \\ 0 \end{bmatrix}$$ となる。

> 係数行列の行基本変形
> $$\begin{bmatrix} -2 & 0 & i \\ 0 & 0 & 0 \\ -i & 0 & -2 \end{bmatrix} \to \begin{bmatrix} 2 & 0 & -i \\ 0 & 0 & 0 \\ 1 & 0 & -2i \end{bmatrix} \to \begin{bmatrix} 1 & 0 & -2i \\ 0 & 0 & 0 \\ 2 & 0 & -i \end{bmatrix}$$
> $$\to \begin{bmatrix} 1 & 0 & -2i \\ 2 & 0 & -i \\ 0 & 0 & 0 \end{bmatrix} \to \begin{bmatrix} 1 & 0 & -2i \\ 0 & 0 & 3i \\ 0 & 0 & 0 \end{bmatrix}$$
> $$\to \begin{bmatrix} 1 & 0 & -2i \\ 0 & 0 & 1 \\ 0 & 0 & 0 \end{bmatrix} \Big\} r = 2$$
> 自由度 $f = 3 - 2 = 1$

よって，$x - 2iz = 0$ …㋐

$z = 0$ …㋑

㋐，㋑より，$x = 0$　また，$y = k$

(任意実定数) とおく。

よって，$\lambda_3 = 4$ のときの固有ベクトル

$\boldsymbol{x}_3$ は，$\boldsymbol{x}_3 = \begin{bmatrix} 0 \\ k \\ 0 \end{bmatrix}$ ($k$：任意定数) より，$\boldsymbol{x}_3 = \begin{bmatrix} 0 \\ 1 \\ 0 \end{bmatrix}$ ……⑥ とする。…(答)

以上 (i)(ii)(iii) の④，⑤，⑥より，変換行列 $P$ は，

$$P = [\boldsymbol{x}_1\ \boldsymbol{x}_2\ \boldsymbol{x}_3] = \begin{bmatrix} 1 & 1 & 0 \\ 0 & 0 & 1 \\ i & -i & 0 \end{bmatrix}$$ ……⑦ である。……(答)

$P$ の逆行列 $P^{-1}$ を掃き出し法により求めると，

$$[P \mid E] = \left[\begin{array}{ccc|ccc} 1 & 1 & 0 & 1 & 0 & 0 \\ 0 & 0 & 1 & 0 & 1 & 0 \\ i & -i & 0 & 0 & 0 & 1 \end{array}\right] \longrightarrow \left[\begin{array}{ccc|ccc} 1 & 1 & 0 & 1 & 0 & 0 \\ 0 & 0 & 1 & 0 & 1 & 0 \\ 0 & -2i & 0 & -i & 0 & 1 \end{array}\right]$$

$$\longrightarrow \left[\begin{array}{ccc|ccc} 1 & 1 & 0 & 1 & 0 & 0 \\ 0 & -2i & 0 & -i & 0 & 1 \\ 0 & 0 & 1 & 0 & 1 & 0 \end{array}\right] \longrightarrow \left[\begin{array}{ccc|ccc} 1 & 1 & 0 & 1 & 0 & 0 \\ 0 & 1 & 0 & \frac{1}{2} & 0 & \frac{i}{2} \\ 0 & 0 & 1 & 0 & 1 & 0 \end{array}\right] \quad \left(\frac{1}{-2i} = \frac{-1}{2i} = \frac{i^2}{2i}\right)$$

$$\longrightarrow \left[\begin{array}{ccc|ccc} 1 & 0 & 0 & \frac{1}{2} & 0 & -\frac{i}{2} \\ 0 & 1 & 0 & \frac{1}{2} & 0 & \frac{i}{2} \\ 0 & 0 & 1 & 0 & 1 & 0 \end{array}\right] = [E \mid P^{-1}]$$

($P^{-1}$)

$\therefore P^{-1} = \frac{1}{2}\begin{bmatrix} 1 & 0 & -i \\ 1 & 0 & i \\ 0 & 2 & 0 \end{bmatrix}$ ……⑧ である。……………………………(答)

**(3)** ⑦, ⑧を用いて, $P^{-1}AP$ により, 行列 $A$ を対角化すると,

$$P^{-1}AP = \frac{1}{2}\begin{bmatrix} 1 & 0 & -i \\ 1 & 0 & i \\ 0 & 2 & 0 \end{bmatrix}\begin{bmatrix} 2 & 0 & i \\ 0 & 4 & 0 \\ -i & 0 & 2 \end{bmatrix}\begin{bmatrix} 1 & 1 & 0 \\ 0 & 0 & 1 \\ i & -i & 0 \end{bmatrix}$$

$$= \frac{1}{2}\begin{bmatrix} 1 & 0 & -i \\ 3 & 0 & 3i \\ 0 & 8 & 0 \end{bmatrix}\begin{bmatrix} 1 & 1 & 0 \\ 0 & 0 & 1 \\ i & -i & 0 \end{bmatrix} = \frac{1}{2}\begin{bmatrix} 2 & 0 & 0 \\ 0 & 6 & 0 \\ 0 & 0 & 8 \end{bmatrix}$$

$= \begin{bmatrix} 1 & 0 & 0 \\ 0 & 3 & 0 \\ 0 & 0 & 4 \end{bmatrix}$ となる。……………………………(答)

**参考**

複素行列 $A$ においても，その変換行列 $P$ が $P = [\boldsymbol{x}_1\ \boldsymbol{x}_2\ \boldsymbol{x}_3]$ で求まった時点で，$P^{-1}AP = \begin{bmatrix} \lambda_1 & 0 & 0 \\ 0 & \lambda_2 & 0 \\ 0 & 0 & \lambda_3 \end{bmatrix} = \begin{bmatrix} 1 & 0 & 0 \\ 0 & 3 & 0 \\ 0 & 0 & 4 \end{bmatrix}$ として，$A$ を対角化できるんだね。

今回の問題では，実際にこれを計算により確認したことになる。

# 複素3次正方行列の対角化(II)

演習問題 87　CHECK 1　CHECK 2　CHECK 3

行列 $A=\begin{bmatrix}0&-i&-1\\i&1&0\\-1&0&1\end{bmatrix}$ ($i$：虚数単位) について，次の各問いに答えよ。

**(1)** $A$ の3つの固有値 $\lambda_1$，$\lambda_2$，$\lambda_3$ ($\lambda_2<\lambda_1<\lambda_3$) を求めよ。

**(2)** $\lambda_1$，$\lambda_2$，$\lambda_3$ にそれぞれ対応する固有ベクトル $\boldsymbol{x}_1$，$\boldsymbol{x}_2$，$\boldsymbol{x}_3$ を定め，変換行列 $P$ を求め，$P^{-1}AP$ により $A$ を対角化せよ。

ヒント！ **(1)** 複素行列 $A$ においても，その固有値は実数で求められる。**(2)** 固有ベクトル $\boldsymbol{x}_1$，$\boldsymbol{x}_2$，$\boldsymbol{x}_3$ が求まったならば，$P=[\boldsymbol{x}_1\ \boldsymbol{x}_2\ \boldsymbol{x}_3]$ で $P$ を求め，$P^{-1}AP$ により，固有値 $\lambda_1$，$\lambda_2$，$\lambda_3$ を対角成分にもつ対角行列が得られるんだね。

## 解答&解説

**(1)** 行列 $A$ の固有値を $\lambda$，固有ベクトルを $\boldsymbol{x}$ ($\neq\boldsymbol{0}$) とおくと，

$A\boldsymbol{x}=\lambda\boldsymbol{x}$ ……① より，　$(\underbrace{A-\lambda E}_{T\text{とおく}})\boldsymbol{x}=\boldsymbol{0}$ ……①′ となる。

ここで，$T=A-\lambda E=\begin{bmatrix}0&-i&-1\\i&1&0\\-1&0&1\end{bmatrix}-\lambda\begin{bmatrix}1&0&0\\0&1&0\\0&0&1\end{bmatrix}=\begin{bmatrix}-\lambda&-i&-1\\i&1-\lambda&0\\-1&0&1-\lambda\end{bmatrix}$ …②

とおくと，②より，$T\boldsymbol{x}=\boldsymbol{0}$ ……①′ は，

$\begin{bmatrix}-\lambda&-i&-1\\i&1-\lambda&0\\-1&0&1-\lambda\end{bmatrix}\begin{bmatrix}x\\y\\z\end{bmatrix}=\begin{bmatrix}0\\0\\0\end{bmatrix}$ ……①″ となる。ここで，$T^{-1}$ が存在すると

仮定すると，$\boldsymbol{x}=\boldsymbol{0}$ となって，$\boldsymbol{x}\neq\boldsymbol{0}$ の条件に反する。

よって，$T^{-1}$ は存在しないので，

$|T|=0$ ……③ となる。③を計算すると，

$\begin{vmatrix}-\lambda&-i&-1\\i&1-\lambda&0\\-1&0&1-\lambda\end{vmatrix}=-\lambda(1-\lambda)^2-(1-\lambda)+\underbrace{i^2}_{(-1)}(1-\lambda)=0$ より，

$-\lambda(\lambda-1)^2+2(\lambda-1)=0$　両辺に$-1$をかけて，

$\lambda(\lambda-1)^2-2(\lambda-1)=0$　$(\lambda-1)\{\underline{\lambda(\lambda-1)-2}\}$

$\lambda^2-\lambda-2=(\lambda+1)(\lambda-2)$

$(\lambda-1)(\lambda+1)(\lambda-2)=0$　$\therefore \lambda=1, -1, 2$ より，

$\lambda_1=1,\ \lambda_2=-1,\ \lambda_3=2$ である。……………………………………(答)

$(\because \lambda_2<\lambda_1<\lambda_3)$

**(2)** ( i ) $\lambda_1=1$ のとき，①″は，

$$\begin{bmatrix}-1 & -i & -1\\ i & 0 & 0\\ -1 & 0 & 0\end{bmatrix}\begin{bmatrix}x\\y\\z\end{bmatrix}=\begin{bmatrix}0\\0\\0\end{bmatrix}$$ より，

$$\begin{bmatrix}1 & i & 1\\ 0 & 1 & -i\\ 0 & 0 & 0\end{bmatrix}\begin{bmatrix}x\\y\\z\end{bmatrix}=\begin{bmatrix}0\\0\\0\end{bmatrix}$$ となる。

係数行列の行基本変形

$$\begin{bmatrix}-1 & -i & -1\\ i & 0 & 0\\ -1 & 0 & 0\end{bmatrix}\to\begin{bmatrix}1 & i & 1\\ i & 0 & 0\\ 1 & 0 & 0\end{bmatrix}\to\begin{bmatrix}1 & i & 1\\ 0 & 1 & -i\\ 0 & -i & -1\end{bmatrix}$$

$$\to\begin{bmatrix}1 & i & 1\\ 0 & 1 & -i\\ 0 & 0 & 0\end{bmatrix}\Bigg\} r=2$$

自由度 $f=3-2=1$

よって，$x+iy+z=0$ …㋐　$y-iz=0$ …㋑　ここで，$z=k$ ($k$：任意実定数)

とおくと，㋑より，$y=ik$　㋐より，$x-k+k=0$　$\therefore x=0$ となる。

よって，$\lambda_1=1$ のときの固有ベクトル $\boldsymbol{x}_1$ は，

$$\boldsymbol{x}_1=\begin{bmatrix}0\\ik\\k\end{bmatrix}$$ ($k$：任意定数) より，$$\boldsymbol{x}_1=\begin{bmatrix}0\\i\\1\end{bmatrix}$$ ……④ とする。……(答)

(ii) $\lambda_2=-1$ のとき，①″は，

$$\begin{bmatrix}1 & -i & -1\\ i & 2 & 0\\ -1 & 0 & 2\end{bmatrix}\begin{bmatrix}x\\y\\z\end{bmatrix}=\begin{bmatrix}0\\0\\0\end{bmatrix}$$ より，

$$\begin{bmatrix}1 & -i & -1\\ 0 & 1 & i\\ 0 & 0 & 0\end{bmatrix}\begin{bmatrix}x\\y\\z\end{bmatrix}=\begin{bmatrix}0\\0\\0\end{bmatrix}$$ となる。

係数行列の行基本変形

$$\begin{bmatrix}1 & -i & -1\\ i & 2 & 0\\ -1 & 0 & 2\end{bmatrix}\longrightarrow\begin{bmatrix}1 & -i & -1\\ 0 & 1 & i\\ 0 & -i & 1\end{bmatrix}$$

$$\longrightarrow\begin{bmatrix}1 & -i & -1\\ 0 & 1 & i\\ 0 & 0 & 0\end{bmatrix}\Bigg\} r=2$$

自由度 $f=3-2=1$

よって，$x-iy-z=0$ …㋐　$y+iz=0$ …㋑　ここで，$z=ki$ ($k$：任意実定数)

とおくと，㋑より，$y-k=0$，$y=k$　㋐より，$x-ki-ki=0$　$x=2ki$

となる。

よって，$\lambda_2=-1$ のときの固有ベクトル $\boldsymbol{x}_2$ は，

$$\boldsymbol{x}_2=\begin{bmatrix}2ki\\k\\ki\end{bmatrix}\ (k：任意定数)\ より，$$

$$\boldsymbol{x}_2=\begin{bmatrix}2i\\1\\i\end{bmatrix}\ \cdots\cdots⑤\ とする。\cdots\cdots(答)$$

$$A=\begin{bmatrix}0&-i&-1\\i&1&0\\-1&0&1\end{bmatrix}$$

$\lambda_1=1$，$\lambda_2=-1$，$\lambda_3=2$

$$\begin{bmatrix}-\lambda&-i&-1\\i&1-\lambda&0\\-1&0&1-\lambda\end{bmatrix}\begin{bmatrix}x\\y\\z\end{bmatrix}=\begin{bmatrix}0\\0\\0\end{bmatrix}\cdots①''$$

$$\boldsymbol{x}_1=\begin{bmatrix}0\\i\\1\end{bmatrix}\cdots\cdots\cdots\cdots\cdots\cdots④$$

(iii) $\lambda_3=2$ のとき，①″は，

$$\begin{bmatrix}-2&-i&-1\\i&-1&0\\-1&0&-1\end{bmatrix}\begin{bmatrix}x\\y\\z\end{bmatrix}=\begin{bmatrix}0\\0\\0\end{bmatrix}\ より，$$

係数行列の行基本変形

$$\begin{bmatrix}-2&-i&-1\\i&-1&0\\-1&0&-1\end{bmatrix}\to\begin{bmatrix}2&i&1\\i&-1&0\\1&0&1\end{bmatrix}\to\begin{bmatrix}1&0&1\\i&-1&0\\2&i&1\end{bmatrix}\to\begin{bmatrix}1&0&1\\0&-1&-i\\0&i&-1\end{bmatrix}\to\begin{bmatrix}1&0&1\\0&1&i\\0&i&-1\end{bmatrix}\to\begin{bmatrix}1&0&1\\0&1&i\\0&0&0\end{bmatrix}\Big\}\,r=2$$

自由度 $f=3-2=1$

$$\begin{bmatrix}1&0&1\\0&1&i\\0&0&0\end{bmatrix}\begin{bmatrix}x\\y\\z\end{bmatrix}=\begin{bmatrix}0\\0\\0\end{bmatrix}\ となる。$$

よって，$x+z=0$ ……㋐

$y+iz=0$ ……㋑　ここで，

$z=-k$ ($k$：任意実定数) とおくと，

㋑より，$y=ki$，㋐より，$x=k$

よって，$\lambda_3=2$ のときの固有ベクトル $\boldsymbol{x}_3$ は，

$$\boldsymbol{x}_3=\begin{bmatrix}k\\ki\\-k\end{bmatrix}\ (k：任意定数)\ より，\ \boldsymbol{x}_3=\begin{bmatrix}1\\i\\-1\end{bmatrix}\ \cdots\cdots⑥\ とする。\cdots\cdots(答)$$

以上(i)(ii)(iii)の④，⑤，⑥より，求める変換行列 $P$ は，

$$P=[\boldsymbol{x}_1\ \boldsymbol{x}_2\ \boldsymbol{x}_3]=\begin{bmatrix}0&2i&1\\i&1&i\\1&i&-1\end{bmatrix}\ である。\cdots\cdots\cdots\cdots(答)$$

また，$|P|=-2-1-1-2=-6\ (\neq 0)$ より，$P^{-1}$ は存在する。

よって，$A$ を $P^{-1}AP$ により対角化すると，

$$P^{-1}AP=\begin{bmatrix}\lambda_1&0&0\\0&\lambda_2&0\\0&0&\lambda_3\end{bmatrix}=\begin{bmatrix}1&0&0\\0&-1&0\\0&0&2\end{bmatrix}\ となる。\cdots\cdots\cdots\cdots(答)$$

参考

それでは，いい計算練習になるので，検算も兼ねて，$P^{-1}$ と $P^{-1}AP$ を実際に計算して確認しておこう。

$$[P\,|\,E]=\left[\begin{array}{ccc|ccc}0&2i&1&1&0&0\\ i&1&i&0&1&0\\ 1&i&-1&0&0&1\end{array}\right]\longrightarrow\left[\begin{array}{ccc|ccc}1&i&-1&0&0&1\\ i&1&i&0&1&0\\ 0&2i&1&1&0&0\end{array}\right]$$

$$\longrightarrow\left[\begin{array}{ccc|ccc}1&i&-1&0&0&1\\ 0&2&2i&0&1&-i\\ 0&2i&1&1&0&0\end{array}\right]\longrightarrow\left[\begin{array}{ccc|ccc}1&i&-1&0&0&1\\ 0&1&i&0&\frac{1}{2}&-\frac{i}{2}\\ 0&2i&1&1&0&0\end{array}\right]$$

$$\longrightarrow\left[\begin{array}{ccc|ccc}1&0&0&0&-\frac{i}{2}&\frac{1}{2}\\ 0&1&i&0&\frac{1}{2}&-\frac{i}{2}\\ 0&0&3&1&-i&-1\end{array}\right]\longrightarrow\left[\begin{array}{ccc|ccc}1&0&0&0&-\frac{i}{2}&\frac{1}{2}\\ 0&1&i&0&\frac{1}{2}&-\frac{i}{2}\\ 0&0&1&\frac{1}{3}&-\frac{i}{3}&-\frac{1}{3}\end{array}\right]$$

$$\longrightarrow\left[\begin{array}{ccc|ccc}1&0&0&0&-\frac{i}{2}&\frac{1}{2}\\ 0&1&0&-\frac{i}{3}&\frac{1}{6}&-\frac{i}{6}\\ 0&0&1&\frac{1}{3}&-\frac{i}{3}&-\frac{1}{3}\end{array}\right]=[E\,|\,P^{-1}]$$

$\therefore P^{-1}=\frac{1}{6}\begin{bmatrix}0&-3i&3\\-2i&1&-i\\2&-2i&-2\end{bmatrix}$ である。次に，$P^{-1}AP$ を求めると，

$$P^{-1}AP=\frac{1}{6}\begin{bmatrix}0&-3i&3\\-2i&1&-i\\2&-2i&-2\end{bmatrix}\begin{bmatrix}0&-i&-1\\i&1&0\\-1&0&1\end{bmatrix}\begin{bmatrix}0&2i&1\\i&1&i\\1&i&-1\end{bmatrix}$$

$$=\frac{1}{6}\begin{bmatrix}0&-3i&3\\2i&-1&i\\4&-4i&-4\end{bmatrix}\begin{bmatrix}0&2i&1\\i&1&i\\1&i&-1\end{bmatrix}=\frac{1}{6}\begin{bmatrix}6&0&0\\0&-6&0\\0&0&12\end{bmatrix}$$

$=\begin{bmatrix}1&0&0\\0&-1&0\\0&0&2\end{bmatrix}$ となって，答案の結果と一致する。

# 複素3次正方行列の対角化(Ⅲ)

**演習問題 88** CHECK 1 CHECK 2 CHECK 3

行列 $A=\begin{bmatrix}-1 & -2i & 0\\ 2i & 1 & 2i\\ 0 & -2i & -1\end{bmatrix}$ ($i$：虚数単位) について，次の各問いに答えよ。

(1) $A$ の3つの固有値 $\lambda_1$，$\lambda_2$，$\lambda_3$ ($\lambda_3<\lambda_1<\lambda_2$) を求めよ。

(2) $\lambda_1$，$\lambda_2$，$\lambda_3$ にそれぞれ対応する固有ベクトル $\boldsymbol{x}_1$，$\boldsymbol{x}_2$，$\boldsymbol{x}_3$ を定め，変換行列 $P$ を求め，$P^{-1}AP$ により $A$ を対角化せよ。

**ヒント！** (1) 複素行列 $A$ の固有値は，固有方程式 $|A-\lambda E|=0$ から求められるんだね。(2) 各固有値に対応する固有ベクトル $\boldsymbol{x}_1$，$\boldsymbol{x}_2$，$\boldsymbol{x}_3$ から変換行列 $P=[\boldsymbol{x}_1\ \boldsymbol{x}_2\ \boldsymbol{x}_3]$ を求めて，$P^{-1}AP$ により，$A$ を対角化しよう。スラスラ結果が出せるまで，シッカリ練習しよう！

## 解答＆解説

(1) 行列 $A$ の固有値を $\lambda$，固有ベクトルを $\boldsymbol{x}$ $(\neq \boldsymbol{0})$ とおくと，

$A\boldsymbol{x}=\lambda\boldsymbol{x}$ ……① より，$\underbrace{(A-\lambda E)}_{T\text{とおく}}\boldsymbol{x}=\boldsymbol{0}$ ……①′ となる。

ここで，$T=A-\lambda E=\begin{bmatrix}-1 & -2i & 0\\ 2i & 1 & 2i\\ 0 & -2i & -1\end{bmatrix}-\lambda\begin{bmatrix}1&0&0\\0&1&0\\0&0&1\end{bmatrix}=\begin{bmatrix}-1-\lambda & -2i & 0\\ 2i & 1-\lambda & 2i\\ 0 & -2i & -1-\lambda\end{bmatrix}$ …②

とおくと，②より，$T\boldsymbol{x}=\boldsymbol{0}$ ……①′ は，

$\begin{bmatrix}-1-\lambda & -2i & 0\\ 2i & 1-\lambda & 2i\\ 0 & -2i & -1-\lambda\end{bmatrix}\begin{bmatrix}x\\y\\z\end{bmatrix}=\begin{bmatrix}0\\0\\0\end{bmatrix}$ ……①″ となる。ここで，$T^{-1}$ が存在すると仮定すると，$\boldsymbol{x}=\boldsymbol{0}$ となって，$\boldsymbol{x}\neq\boldsymbol{0}$ の条件に反する。

よって，$T^{-1}$ は存在しないので，

$|T|=0$ ……③ となる。③を計算すると，

$$\begin{vmatrix}-1-\lambda & -2i & 0\\ 2i & 1-\lambda & 2i\\ 0 & -2i & -1-\lambda\end{vmatrix}=(1-\lambda)(-1-\lambda)^2+4\underbrace{i^2}_{(-1)}(-1-\lambda)+4\underbrace{i^2}_{(-1)}(-1-\lambda)=0$$

$-(\lambda-1)(\lambda+1)^2+8(\lambda+1)=0$　　両辺に $-1$ をかけて，

$(\lambda-1)(\lambda+1)^2-8(\lambda+1)=0$　　$(\lambda+1)\{(\lambda-1)(\lambda+1)-8\}=0$

$\lambda^2-1-8=\lambda^2-9=(\lambda+3)(\lambda-3)$

$(\lambda+1)(\lambda+3)(\lambda-3)=0$　　$\therefore \lambda=-1,\ 3,\ -3$ より，

$\lambda_1=-1,\ \lambda_2=3,\ \lambda_3=-3$ である。……………………………………(答)

$(\because \lambda_3<\lambda_1<\lambda_2)$

(2) (i) $\lambda_1=-1$ のとき，①″ は，

$$\begin{bmatrix} 0 & -2i & 0 \\ 2i & 2 & 2i \\ 0 & -2i & 0 \end{bmatrix}\begin{bmatrix} x \\ y \\ z \end{bmatrix}=\begin{bmatrix} 0 \\ 0 \\ 0 \end{bmatrix}$$ より，

$$\begin{bmatrix} i & 1 & i \\ 0 & 1 & 0 \\ 0 & 0 & 0 \end{bmatrix}\begin{bmatrix} x \\ y \\ z \end{bmatrix}=\begin{bmatrix} 0 \\ 0 \\ 0 \end{bmatrix}$$ となる。

係数行列の行基本変形

$$\begin{bmatrix} 0 & -2i & 0 \\ 2i & 2 & 2i \\ 0 & -2i & 0 \end{bmatrix} \rightarrow \begin{bmatrix} 0 & 1 & 0 \\ i & 1 & i \\ 0 & 1 & 0 \end{bmatrix} \rightarrow \begin{bmatrix} i & 1 & i \\ 0 & 1 & 0 \\ 0 & 1 & 0 \end{bmatrix} \rightarrow \begin{bmatrix} i & 1 & i \\ 0 & 1 & 0 \\ 0 & 0 & 0 \end{bmatrix} \Big\} r=2$$

自由度 $f=3-2=1$

よって，$ix+y+iz=0$ …㋐　$y=0$ …㋑　ここで，$z=-k$ ($k$：任意実定数)

とおくと，㋐より，$x-k=0$　$\therefore x=k$ となる。

よって，$\lambda_1=-1$ のときの固有ベクトル $\boldsymbol{x}_1$ は，

$$\boldsymbol{x}_1=\begin{bmatrix} k \\ 0 \\ -k \end{bmatrix}$$ ($k$：任意定数) より，$$\boldsymbol{x}_1=\begin{bmatrix} 1 \\ 0 \\ -1 \end{bmatrix}$$ ……④ とする。……(答)

(ii) $\lambda_2=3$ のとき，①″ は，

$$\begin{bmatrix} -4 & -2i & 0 \\ 2i & -2 & 2i \\ 0 & -2i & -4 \end{bmatrix}\begin{bmatrix} x \\ y \\ z \end{bmatrix}=\begin{bmatrix} 0 \\ 0 \\ 0 \end{bmatrix}$$ より，

$$\begin{bmatrix} 1 & i & 1 \\ 0 & i & 2 \\ 0 & 0 & 0 \end{bmatrix}\begin{bmatrix} x \\ y \\ z \end{bmatrix}=\begin{bmatrix} 0 \\ 0 \\ 0 \end{bmatrix}$$ となる。

係数行列の行基本変形

$$\begin{bmatrix} -4 & -2i & 0 \\ 2i & -2 & 2i \\ 0 & -2i & -4 \end{bmatrix} \rightarrow \begin{bmatrix} 2 & i & 0 \\ 1 & i & 1 \\ 0 & i & 2 \end{bmatrix} \rightarrow \begin{bmatrix} 1 & i & 1 \\ 2 & i & 0 \\ 0 & i & 2 \end{bmatrix} \rightarrow \begin{bmatrix} 1 & i & 1 \\ 0 & -i & -2 \\ 0 & i & 2 \end{bmatrix} \rightarrow \begin{bmatrix} 1 & i & 1 \\ 0 & i & 2 \\ 0 & i & 2 \end{bmatrix} \rightarrow \begin{bmatrix} 1 & i & 1 \\ 0 & i & 2 \\ 0 & 0 & 0 \end{bmatrix} \Big\} r=2$$

自由度 $f=3-2=1$

よって，$x+iy+z=0$ ……㋐

$iy+2z=0$ ……㋑　ここで，

$z=ki$ ($k$：任意実定数) とおくと，㋑より，$iy+2ki=0$，$y=-2k$

㋐より，$x-2ki+ki=0$　$\therefore x=ki$

よって，$\lambda_2=3$ のときの固有ベクトル $\boldsymbol{x}_2$ は，

$$\boldsymbol{x}_2=\begin{bmatrix} ki \\ -2k \\ ki \end{bmatrix}$$ ($k$：任意定数) より，

$$\boldsymbol{x}_2=\begin{bmatrix} i \\ -2 \\ i \end{bmatrix}$$ ……⑤ とする。……(答)

$$A=\begin{bmatrix} -1 & -2i & 0 \\ 2i & 1 & 2i \\ 0 & -2i & -1 \end{bmatrix}$$

$\lambda_1=-1$，$\lambda_2=3$，$\lambda_3=-3$

$$\begin{bmatrix} -1-\lambda & -2i & 0 \\ 2i & 1-\lambda & 2i \\ 0 & -2i & -1-\lambda \end{bmatrix}\begin{bmatrix} x \\ y \\ z \end{bmatrix}=\begin{bmatrix} 0 \\ 0 \\ 0 \end{bmatrix} \cdots ①''$$

$$\boldsymbol{x}_1=\begin{bmatrix} 1 \\ 0 \\ -1 \end{bmatrix} \cdots\cdots ④$$

(iii) $\lambda_3=-3$ のとき，①″は，

$$\begin{bmatrix} 2 & -2i & 0 \\ 2i & 4 & 2i \\ 0 & -2i & 2 \end{bmatrix}\begin{bmatrix} x \\ y \\ z \end{bmatrix}=\begin{bmatrix} 0 \\ 0 \\ 0 \end{bmatrix}$$ より，

係数行列の行基本変形

$$\begin{bmatrix} 2 & -2i & 0 \\ 2i & 4 & 2i \\ 0 & -2i & 2 \end{bmatrix} \to \begin{bmatrix} 1 & -i & 0 \\ i & 2 & i \\ 0 & -i & 1 \end{bmatrix} \to \begin{bmatrix} 1 & -i & 0 \\ 0 & 1 & i \\ 0 & -i & 1 \end{bmatrix} \to \begin{bmatrix} 1 & -i & 0 \\ 0 & 1 & i \\ 0 & 0 & 0 \end{bmatrix} \Big\} r=2$$

自由度 $f=3-2=1$

$$\begin{bmatrix} 1 & -i & 0 \\ 0 & 1 & i \\ 0 & 0 & 0 \end{bmatrix}\begin{bmatrix} x \\ y \\ z \end{bmatrix}=\begin{bmatrix} 0 \\ 0 \\ 0 \end{bmatrix}$$ となる。

よって，$x-iy=0$ ……㋐

$y+iz=0$ ……㋑　ここで，

$z=ki$ ($k$：任意実定数) とおくと，㋑より，$y=k$，㋐より，$x=ki$

よって，$\lambda_3=-3$ のときの固有ベクトル $\boldsymbol{x}_3$ は，

$$\boldsymbol{x}_3=\begin{bmatrix} ki \\ k \\ ki \end{bmatrix}$$ ($k$：任意定数) より，$\boldsymbol{x}_3=\begin{bmatrix} i \\ 1 \\ i \end{bmatrix}$ ……⑥ とする。……(答)

以上(i)(ii)(iii)の④，⑤，⑥より，求める変換行列 $P$ は，

$$P=[\boldsymbol{x}_1\ \boldsymbol{x}_2\ \boldsymbol{x}_3]=\begin{bmatrix} 1 & i & i \\ 0 & -2 & 1 \\ -1 & i & i \end{bmatrix}$$ である。……………………(答)

また，$|P|=-2i-i-2i-i=-6i\ (\neq 0)$ より，$P^{-1}$ は存在する。

よって，$A$ を $P^{-1}AP$ により対角化すると，

$$P^{-1}AP=\begin{bmatrix} \lambda_1 & 0 & 0 \\ 0 & \lambda_2 & 0 \\ 0 & 0 & \lambda_3 \end{bmatrix}=\begin{bmatrix} -1 & 0 & 0 \\ 0 & 3 & 0 \\ 0 & 0 & -3 \end{bmatrix}$$ となる。……………………(答)

参考

最後に，計算練習と検算を兼ねて，$P^{-1}$と$P^{-1}AP$を実際に計算してみよう。

$$[P\,|\,E]=\left[\begin{array}{ccc|ccc}1 & i & i & 1 & 0 & 0\\ 0 & -2 & 1 & 0 & 1 & 0\\ -1 & i & i & 0 & 0 & 1\end{array}\right]\longrightarrow\left[\begin{array}{ccc|ccc}1 & i & i & 1 & 0 & 0\\ 0 & -2 & 1 & 0 & 1 & 0\\ 0 & 2i & 2i & 1 & 0 & 1\end{array}\right]$$

$$\longrightarrow\left[\begin{array}{ccc|ccc}1 & i & i & 1 & 0 & 0\\ 0 & 1 & -\frac{1}{2} & 0 & -\frac{1}{2} & 0\\ 0 & 2i & 2i & 1 & 0 & 1\end{array}\right]\longrightarrow\left[\begin{array}{ccc|ccc}1 & 0 & \frac{3}{2}i & 1 & \frac{i}{2} & 0\\ 0 & 1 & -\frac{1}{2} & 0 & -\frac{1}{2} & 0\\ 0 & 0 & 3i & 1 & i & 1\end{array}\right]$$

$$\longrightarrow\left[\begin{array}{ccc|ccc}1 & 0 & \frac{3}{2}i & 1 & \frac{i}{2} & 0\\ 0 & 1 & -\frac{1}{2} & 0 & -\frac{1}{2} & 0\\ 0 & 0 & 1 & -\frac{i}{3} & \frac{1}{3} & -\frac{i}{3}\end{array}\right]\longrightarrow\left[\begin{array}{ccc|ccc}1 & 0 & 0 & \frac{1}{2} & 0 & -\frac{1}{2}\\ 0 & 1 & 0 & -\frac{i}{6} & -\frac{1}{3} & -\frac{i}{6}\\ 0 & 0 & 1 & -\frac{i}{3} & \frac{1}{3} & -\frac{i}{3}\end{array}\right]=[E\,|\,P^{-1}]$$

$\therefore P^{-1}=\dfrac{1}{6}\begin{bmatrix}3 & 0 & -3\\ -i & -2 & -i\\ -2i & 2 & -2i\end{bmatrix}$ である。次に，$P^{-1}AP$を求めると，

$$P^{-1}AP=\frac{1}{6}\begin{bmatrix}3 & 0 & -3\\ -i & -2 & -i\\ -2i & 2 & -2i\end{bmatrix}\begin{bmatrix}-1 & -2i & 0\\ 2i & 1 & 2i\\ 0 & -2i & -1\end{bmatrix}\begin{bmatrix}1 & i & i\\ 0 & -2 & 1\\ -1 & i & i\end{bmatrix}$$

$$=\frac{1}{6}\begin{bmatrix}-3 & 0 & 3\\ -3i & -6 & -3i\\ 6i & -6 & 6i\end{bmatrix}\begin{bmatrix}1 & i & i\\ 0 & -2 & 1\\ -1 & i & i\end{bmatrix}=\frac{1}{6}\begin{bmatrix}-6 & 0 & 0\\ 0 & 18 & 0\\ 0 & 0 & -18\end{bmatrix}$$

$=\begin{bmatrix}-1 & 0 & 0\\ 0 & 3 & 0\\ 0 & 0 & -3\end{bmatrix}$ となって，答案の結果と一致することが分かった。

## ◆◆ 補充問題 (additional questions) ◆◆

| 補充問題 1 | 実行列の対角化 | CHECK 1 | CHECK 2 | CHECK 3 |
|---|---|---|---|---|

行列 $A=\begin{bmatrix}-1 & 4\\ 1 & 2\end{bmatrix}$ の2つの固有値と，これらに対応する適当な固有ベクトルを求めて，行列 $P$ を作り，$P^{-1}AP$ により行列 $A$ を対角化せよ。

ヒント！ 行列 $T=A-\lambda E$ の行列式 $|T|=0$ とすることにより，2つの固有値 $\lambda_1$ と $\lambda_2$ を求めよう。そして，それぞれの固有値に対応する固有ベクトル $\begin{bmatrix}x_1\\ y_1\end{bmatrix}$ と $\begin{bmatrix}x_2\\ y_2\end{bmatrix}$ を求めて，行列 $P=\begin{bmatrix}x_1 & x_2\\ y_1 & y_2\end{bmatrix}$ とすれば，$P^{-1}AP=\begin{bmatrix}\lambda_1 & 0\\ 0 & \lambda_2\end{bmatrix}$ と対角化できるんだね。ここで，2つの固有ベクトルは，条件さえ満たせばいいので，一意に(一通りに)は定まらないことにも要注意だ。

### 解答＆解説

$\begin{bmatrix}-1 & 4\\ 1 & 2\end{bmatrix}\begin{bmatrix}x\\ y\end{bmatrix}=\lambda\begin{bmatrix}x\\ y\end{bmatrix}$　すなわち，$A\begin{bmatrix}x\\ y\end{bmatrix}=\lambda E\begin{bmatrix}x\\ y\end{bmatrix}$ ……① より，

$(A-\lambda E)\begin{bmatrix}x\\ y\end{bmatrix}=\begin{bmatrix}0\\ 0\end{bmatrix}$ ……①′ となる。

ここで，$T=A-\lambda E=\begin{bmatrix}-1 & 4\\ 1 & 2\end{bmatrix}-\lambda\begin{bmatrix}1 & 0\\ 0 & 1\end{bmatrix}=\begin{bmatrix}-1-\lambda & 4\\ 1 & 2-\lambda\end{bmatrix}$ とおくと，①′は，

$\begin{bmatrix}-1-\lambda & 4\\ 1 & 2-\lambda\end{bmatrix}\begin{bmatrix}x\\ y\end{bmatrix}=\begin{bmatrix}0\\ 0\end{bmatrix}$ ……①″ となる。ここで，$\begin{bmatrix}x\\ y\end{bmatrix}\neq\begin{bmatrix}0\\ 0\end{bmatrix}$ より，

$T$ は逆行列 $T^{-1}$ をもたない。よって，$|T|=0$ となるので，

$|T|=(-1-\lambda)(2-\lambda)-4\cdot 1=(\lambda+1)(\lambda-2)-4=\boxed{\lambda^2-\lambda-6=0}$

これを解いて，$(\lambda+2)(\lambda-3)=0$ より，$\lambda=-2$ または $3$ である。……(答)

(i) $\lambda_1=-2$ のとき，

①″より，$\begin{bmatrix}1 & 4\\ 1 & 4\end{bmatrix}\begin{bmatrix}x\\ y\end{bmatrix}=\begin{bmatrix}0\\ 0\end{bmatrix}$ となる。これから，

$x+4y=0$ ……② より，$x=4$，$y=-1$ とすると，

> ②をみたせば，$(x,\ y)=(-4,\ 1),\ \left(2,\ -\frac{1}{2}\right)$ …などでも構わない。

$\lambda_1=-2$ のときの固有ベクトル $\begin{bmatrix}x_1\\ y_1\end{bmatrix}=\begin{bmatrix}4\\ -1\end{bmatrix}$ …③ が得られた。…(答)

(ⅱ) $\lambda_2 = 3$ のとき，

①′′より，$\begin{bmatrix} -4 & 4 \\ 1 & -1 \end{bmatrix}\begin{bmatrix} x \\ y \end{bmatrix} = \begin{bmatrix} 0 \\ 0 \end{bmatrix}$ となる。これから，

$x - y = 0$ ……④ より，$x = 1$，$y = 1$ とすると，

④をみたせばいいので，$(x, y) = (2, 2)$，$(-1, -1)$ …でも構わない。

$\lambda_2 = 3$ のときの固有ベクトル $\begin{bmatrix} x_2 \\ y_2 \end{bmatrix} = \begin{bmatrix} 1 \\ 1 \end{bmatrix}$ ……⑤ が得られた。……(答)

以上 (ⅰ)(ⅱ) の③と⑤より，$A$ を対角化するための行列 $P$ として，

$P = \begin{bmatrix} x_1 & x_2 \\ y_1 & y_2 \end{bmatrix} = \begin{bmatrix} 4 & 1 \\ -1 & 1 \end{bmatrix}$ ……⑥ が求められた。

ここで，$|P| = \det P = 4 \times 1 - 1 \times (-1) = 5 (\neq 0)$ より，逆行列 $P^{-1}$ が存在する。

よって，行列 $A$ は，$P^{-1}AP$ により，次のように対角化される。

$P^{-1}AP = \begin{bmatrix} \lambda_1 & 0 \\ 0 & \lambda_2 \end{bmatrix} = \begin{bmatrix} -2 & 0 \\ 0 & 3 \end{bmatrix}$ ……⑥ ……………………………………………(答)

**参考**

$P = \begin{bmatrix} 4 & 1 \\ -1 & 1 \end{bmatrix}$，$P^{-1} = \frac{1}{\Delta}\begin{bmatrix} 1 & -1 \\ 1 & 4 \end{bmatrix} = \frac{1}{5}\begin{bmatrix} 1 & -1 \\ 1 & 4 \end{bmatrix}$ より，⑥の $P^{-1}AP$ を実

($\Delta$ = $\det P$)

際に計算してみると，

$P^{-1}AP = \frac{1}{5}\begin{bmatrix} 1 & -1 \\ 1 & 4 \end{bmatrix}\begin{bmatrix} -1 & 4 \\ 1 & 2 \end{bmatrix}\begin{bmatrix} 4 & 1 \\ -1 & 1 \end{bmatrix}$

$= \frac{1}{5}\begin{bmatrix} -2 & 2 \\ 3 & 12 \end{bmatrix}\begin{bmatrix} 4 & 1 \\ -1 & 1 \end{bmatrix} = \frac{1}{5}\begin{bmatrix} -10 & 0 \\ 0 & 15 \end{bmatrix}$

$= \begin{bmatrix} -2 & 0 \\ 0 & 3 \end{bmatrix}$ となって，固有値を対角要素にもつ対角行列になることが確認できたんだね。大丈夫？

ここで，$P$ は一意には決まらないので，たとえば，$P = \begin{bmatrix} -4 & 2 \\ 1 & 2 \end{bmatrix}$ として $P^{-1}$ を求めて，$P^{-1}AP$ を計算しても，同じ結果が得られるんだね。自分で確認してみるといいよ。

### 補充問題 2　ベクトルの外積　CHECK1　CHECK2　CHECK3

次の 2 組のベクトルの外積 $a \times b$ を求めよ。
(i) $a = [2, 0, -1]$, $b = [1, 3, 0]$
(ii) $a = [1, -1, -2]$, $b = [-2, 3, 1]$

**レクチャー**　2つの空間ベクトル $a$ と $b$ の外積 $a \times b$ はベクトルであり，これを $c = a \times b$ とおくと，外積 $c = a \times b$ は，次の3つの性質をもつ。

(i) $c \perp a$ かつ $c \perp b$
(ii) $\|c\|$ は，$a$ と $b$ を 2 辺にもつ平行四辺形の面積に等しい。
(iii) $c$ の向きは，$a$ から $b$ に向かうように回転するとき，右ネジが進む向きに一致する。

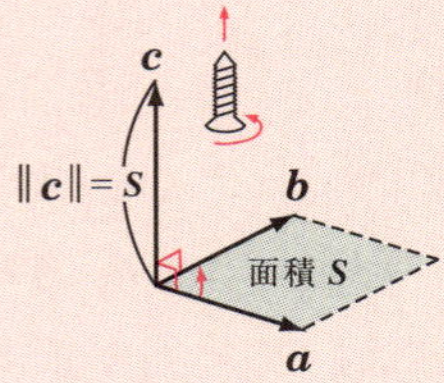

$a = [x_1, y_1, z_1]$, $b = [x_2, y_2, z_2]$ のとき，外積 $c = a \times b$ の $x$, $y$, $z$ 成分は，右図のように，テクニカルに求められて，
$c = a \times b = [y_1 z_2 - z_1 y_2,\ z_1 x_2 - x_1 z_2,\ x_1 y_2 - y_1 x_2]$
となる。

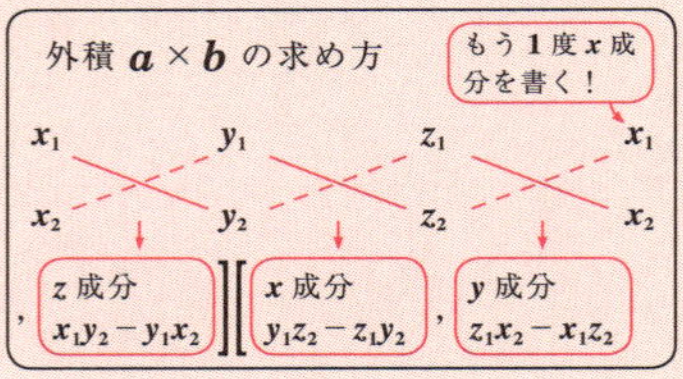

### 解答&解説

(1) $a = [2, 0, -1]$ と $b = [1, 3, 0]$ の外積 $a \times b$ を右のように計算して求めると，
$a \times b = [3, -1, 6]$ となる。 ……（答）

外積 $a \times b$ の計算
```
 2     0    -1     2
 1     3     0     1
6-0] [0-(-3), -1-0,
```

(2) $a = [1, -1, -2]$ と $b = [-2, 3, 1]$ の外積 $a \times b$ を右のように計算して求めると，
$a \times b = [5, 3, 1]$ となる。 ……（答）

外積 $a \times b$ の計算
```
 1    -1    -2     1
-2     3     1    -2
3-2] [-1-(-6), 4-1,
```

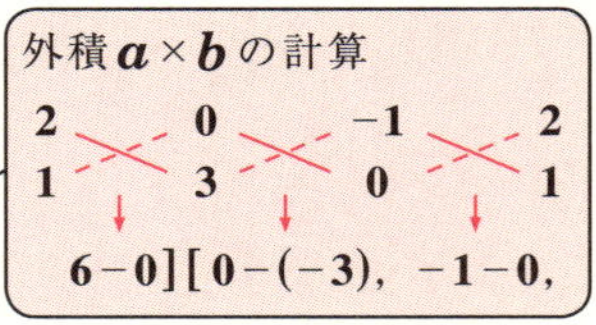

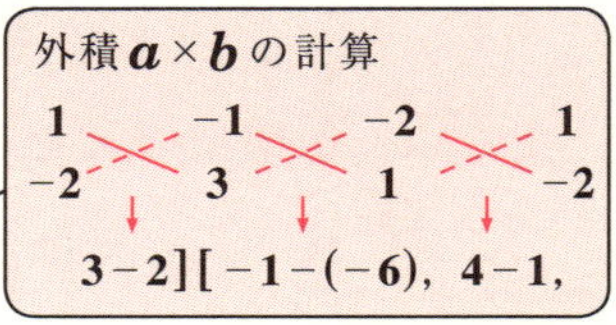

# Term・Index

メモ

メモ

# 大学数学入門編
# 初めから解ける 演習
# 線形代数 キャンパス・ゼミ

マセマ

著　者　馬場 敬之
発行者　馬場 敬之
発行所　マセマ出版社
〒 332-0023 埼玉県川口市飯塚 3-7-21-502
TEL 048-253-1734　FAX 048-253-1729
Email：info@mathema.jp
https://www.mathema.jp

編　集　七里 啓之
校閲・校正　高杉 豊　秋野 麻里子
制作協力　久池井 茂　印藤 治　久池井 努
野村 直美　野村 烈　滝本 修二
平城 俊介　真下 久志
間宮 栄二　町田 朱美
カバーデザイン　馬場 冬之
ロゴデザイン　馬場 利貞
印刷所　中央精版印刷株式会社

令和 6 年 1 月 22 日　初版発行

ISBN978-4-86615-325-4 C3041